微生物学核心理论
及发酵技术

牛宗亮　文少白　著

中国原子能出版社

图书在版编目(CIP)数据

微生物学核心理论及发酵技术 / 牛宗亮，文少白著．--北京：中国原子能出版社，2019.6

ISBN 978-7-5022-9871-5

Ⅰ．①微… Ⅱ．①牛… ②文… Ⅲ．①微生物—发酵—研究 Ⅳ．①TQ920.1

中国版本图书馆 CIP 数据核字(2019)第 134627 号

内容简介

微生物和人类生活密切相关。进入21世纪以来，随着工业生物技术的迅猛发展，微生物学越来越受到人们的重视。本书分为两部分进行研究，第一部分对微生物学涉及的核心理论展开讨论，第二部分主要论述了发酵技术的共性问题，并且紧密联系生产实践。本书内容丰富，兼顾前沿性和系统性，力求反映当前微生物发展的新知识、新技术、新成果，具有一定的可读性，是一本值得学习研究的著作，可供从事微生物及发酵工程领域的专业技术人员参考使用。

微生物学核心理论及发酵技术

出版发行	中国原子能出版社(北京市海淀区阜成路43号 100048)
责任编辑	张 琳
责任校对	冯莲凤
印 刷	北京亚吉飞数码科技有限公司
经 销	全国新华书店
开 本	787mm×1092mm 1/16
印 张	13.5
字 数	242千字
版 次	2019年9月第1版 2024年9月第2次印刷
书 号	ISBN 978-7-5022-9871-5 定 价 64.00元

网址：http://www.aep.com.cn E-mail:atomep123@126.com

发行电话：010－68452845

前　言

微生物是自然界中存在的数量庞大、个体微小、结构简单的生物群体。它们广泛分布在土壤、湖泊、矿层、人体以及动植物体内。微生物种类很多，我们所知道的不少于10万种，然而自然界实际存在的微生物种类远超过10万种。

微生物虽然个体微小，但它们代谢旺盛，能很快地分解环境中的糖、蛋白质等，其分解产物二氧化碳是绿色植物进行光合作用所必需的，它们参与了自然界的物质循环，从而使自然界保持平衡状态，所以微生物在自然界循环中有着不可替代的作用。人类在长期的生产实践活动中也逐渐认识到发酵本身就是微生物作用的结果。经过大量的试验和总结，人们掌握了利用生物机体、组织、细胞或其所产生的酶来生产生物科技产品，目前这一技术已经成功地应用到医药、农业、轻工业、食品、环保等领域。

从传统的发酵技术再到现代生物技术，其发展的时间和空间跨度也越来越短，从自然发酵到纯粹培养时期，人类经历了漫长的时间；从纯粹培养到通风搅拌发酵用了不到100年时间；从通风搅拌发酵到代谢控制发酵用了约20年时间；从代谢控制发酵到基因工程仅仅用了十几年的时间。特别是进入20世纪90年代以来，生物技术的发展更是异常迅速。

经过长期的工作、实验和总结，作者将自己多年来积累的知识写进了《微生物学核心理论及发酵技术》这本著作，撰写本书的主要目的有两点，第一是自我总结，第二是想要通过这次机会和所有的热爱微生物研究的人们进行交流，期望发现书中的错误，并进一步将微生物这门学问发扬光大。

本书共分为8章，第1章为微生物学概论，主要对微生物的基础知识进行了讨论并对微生物学的未来做了展望；第2章为发酵工业微生物，主要讲述了工业对微生物的要求并介绍了工业发酵菌；第3章为微生物的营养，详细说明了微生物的营养物质以及营养物质的运输方式；第4章为微生物的遗传育种与菌种保藏，主要介绍工业微生物菌种的培养技术；第5章为微生物发酵工程技术概述，着重说明了工业发酵的方式以及发酵设备；第6章为微生物发酵过程的控制与调节，主要讨论的是工业发酵过程的调控以及发酵染菌的危害；第7章为微生物发酵工程的下游工艺技术，这部分主要说明的是对生物发酵产品的进一步加工与处理；第 8 章为微生物在制药工业上的应用，分别讲述了微生物技术生产青霉素、红霉素、氨基酸等经典药物的方法。

本书在撰写过程中，参考了大量同行专家的著作，在此对相关作者表示衷心的感谢！同时也感谢海南省高等学校教育教学改革研究资助项目(Hnjg2019ZD-21)、海南医学院教育科学研究项目(HYZX201811)、海南省本科院校应用型转型专业建设(环境科学专业)及新工科研究与实践项目(医学院校环境科学专业建设探索与实践)等提供的资金支持。

由于作者水平有限，时间仓促，疏漏和错误在所难免，望同行和读者批评指正，以便进一步修正完善。

作　者

2019 年 1 月

目　录

第1章　微生物学概论

微生物与人类的关系十分密切,微生物给人类带来疾病和危害的同时也在很多方面对人类有益。正确使用微生物这把“双刃剑”、开发利用有益微生物、控制改造有害微生物、造福于人类正是我们学习和应用微生物学的目的。

1.1　微生物及其特点

1.1.1　微生物概述

微生物(microorganism,microbe)是一切肉眼看不见或者看不清的微小生物的总称,其成员主要包括原核细胞类生物、真核细胞类生物,以及非细胞类等。微生物的分类如图 1-1 所示。

绝大多数微生物只能借助显微镜才能看清楚其个体形态,所以微生物又称显微镜下的生物。观察微生物个体形态不但需要共同的仪器——显微镜,研究这些微生物需要的特殊技术,如纯种分离技术、消毒灭菌技术及无菌操作技术等也是相同的。

在生物进化的长河中,在 38 亿～39 亿年前,地球上出现了最早的细胞,且在很长的一段时期,这些有机体仅是微生物。因为地球最初的 20 亿年,大气中没有氧气,在这种条件下,只有厌氧代谢的产甲烷菌、光养紫色细菌及其他不产氧光合营养菌能够存活。经过近 10 亿年的进化,出现了能产生氧气的光养蓝细菌(cyanobacteria),开始向大气中释放氧气,随着大气中氧气的不断增加,多细胞生命逐渐进化,最终形成了我们今天所见到的动物和植物。可以说,微生物是地球上最早具有生命特征的生物体,而其中的蓝细菌在生物进化过程中起到了里程碑式的作用。长期以来,虽然人们一直在利用微生物,但真正认识和研究微生物是在显微镜发明之后,经过了 200 多年,才最终确认了微生物在生物界中的分类地位。微生物分布在由共同祖先进化形成的 3 个域(domain):细菌域、古生菌域和真核生物域,前两个域的生物不含细胞核,称为原核微生物,后一个域的生物含有细胞核,不仅包括了真菌、单细胞藻类、原生生物等真核微生物,还包括了动物和植物。

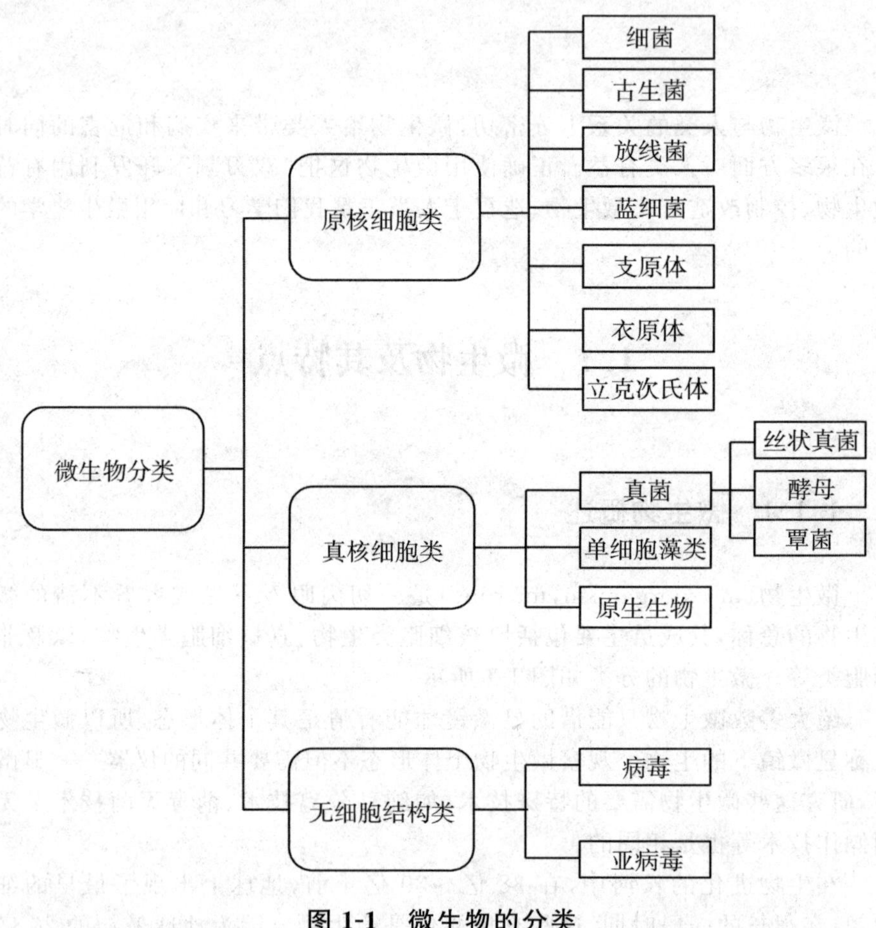

图 1-1 微生物的分类

1.1.2 微生物的特点

微生物具有与其他生物共有的特点,如它们能将从环境中摄取的营养转变为细胞中新的物质和废物,通过新陈代谢进行生长和繁殖;细胞在进化过程中,通过复制、转录、翻译等关键过程,可选择性地保留遗传变异;微生物与高等生物共用一套遗传密码子,其基因组上含有与高等生物同源的基因等。这充分说明了生物体之间具有高度的统一性和同一性。

除了上述这些共有特性外，微生物还具有其自身所特有的属性：

①形体微小、比表面积（表面积/体积）大。例如，杆菌的平均长度为 2 μm，1500 个杆菌首尾连接起来也只有一粒芝麻的长度，以人的比表面积为 1 的话，大肠杆菌（*Escherichia coli*）则为 30 万，如此大的比表面积非常有利于微生物与其周围环境进行物质、能量和信息的交换。该属性是微生物区别于其他生物最根本的特点，同时也决定了微生物的其他属性。

②吸收营养多、物质转化快。例如，产朊假丝酵母（*Candida utilis*）合成蛋白质的速度很快，约为大豆的 100 倍，微生物的这一属性为它的快速生长、繁殖提供了优良的物质基础，我们可以利用微生物的这一特性用来生产有益的代谢产物。例如，利用微生物菌种生产抗生素、氨基酸、酶类、有机酸、单细胞蛋白、生物农药、多糖、维生素等产品。

③生长旺盛、繁殖速度快。可以说微生物"生儿育女"的能力惊人，如大肠杆菌平均 20 min 就可以繁殖一代，酿酒酵母（*Saccharomyces cerevisiae*）也不过 120 min。因此，该特性使得微生物在实际生产应用中，可缩短发酵周期，提高生产效率。例如，利用酵母菌生长繁殖快的特点，采用基因工程技术在酿酒酵母、巴斯德毕赤酵母（*Pichia pastoris*）和多形汉逊酵母（*Hansenula polymorpha*）中生产乙肝疫苗。

④营养物质与营养类型多样。微生物可以利用纤维素、木质素、几丁质这些大分子化合物，也可以利用酚类、氰化物等有毒化合物作为其营养物质，主要原因是微生物除了具有植物的光能自养型、动物的化能异养型外，还具有化能自养型、光能异养型等独特的营养代谢类型，因此，微生物获取营养的方式之多、其食谱之广是动植物无法比拟的。

⑤对环境适应性强。在地球的大多数地方都可以找到微生物的存在，特别是在高温、高盐、高压、强酸、强碱、高辐射、高寒等极端环境中生长的微生物，称为"极端微生物"，其酶系统、代谢产物极具多样化，具有潜在的经济价值和应用前景。

⑥易变异。微生物由于具有个体微小、结构简单、生长繁殖快等特点，因此相对于动植物来说，其自发突变率高，同时理化因素可以提高基因突变率，这为微生物菌株优良性状的选育奠定了基础。例如，产黄青毒（*Penicillium chrysogenum*）最初生产青霉素时，其产率仅为 0.01%，经过菌种改造，目前产率达到 5%，提高了 500 倍。

⑦分布广、数量多。可以说我们生活在"微生物的海洋"中，它们无处不有、无时不在。例如，人体的肠道是人体微生物存在数量最多、种类最丰富的地方，大约 80% 的人体正常菌群都集中在此，微生物总量超过 100 万亿，种类达 400～500 种。

《伯杰氏系统细菌学手册》第 2 版记载了 875 属细菌，*Ainsworth & Bisby's Dictionary of the Fungi* 第 10 版描述的真菌达 8283 属，约 10 万种之多。虽然目前已定种的微生物远少于动植物，但一般认为目前被人类所发现的微生物还不到自然界微生物总数的 1%，因此微生物具有物种多样性、遗传多样性、代谢多样性和生态多样性的特点，大量的微生物资源有待人们去合理地开发利用。

1.2 微生物学及其研究内容

微生物学(microbiology)是生物学的一个分支，它研究的是微生物及其生命活动规律及应用的学科。它在群体、细胞或分子水平上研究微生物的形态结构、生理代谢、遗传变异、生态分布和分类进化等生命活动的基本规律，并将其应用于工业发酵、医疗卫生、环境保护和生物工程等领域。

微生物学的发展经历了一个多世纪，据研究对象与任务的不同，已经分化出大量的分支学科，现简单归为以下几类。

①根据研究对象的类群可分为：细菌学、真菌学、病毒学、藻类学和原生动物学以及自养菌生物学和厌氧菌生物学等。

②根据研究微生物生命活动的基本规律可分为：总学科为普通微生物学，其分枝学科有微生物形态学、微生物分类学、微生物生理学、微生物生物化学、微生物遗传学、微生物资源学、微生物细胞生物学及分子微生物学等。

③根据微生物的应用领域可分为：总学科为应用微生物学，其分枝学科有工业微生物学、农业微生物学、石油微生物学、医学微生物学、药用微生物学、诊断微生物学、兽医微生物学、卫生微生物学、食品微生物学、乳品微生物学及抗生素学等。

④根据微生物所处的生态环境可分为：环境微生物学、土壤微生物学、海洋微生物学、水生微生物学、地质微生物学、宇宙微生物学及微生态学等。

将以上分类归纳为图 1-2，如下所示。

此外，微生物学与其他学科之间的交叉、融合又形成了一些新的学科，如分析微生物学、化学微生物学、微生物信息学、微生物地球化学、微生物化学分类学、微生物数值分类学、微生物生物工程学及微生物基因组学等。

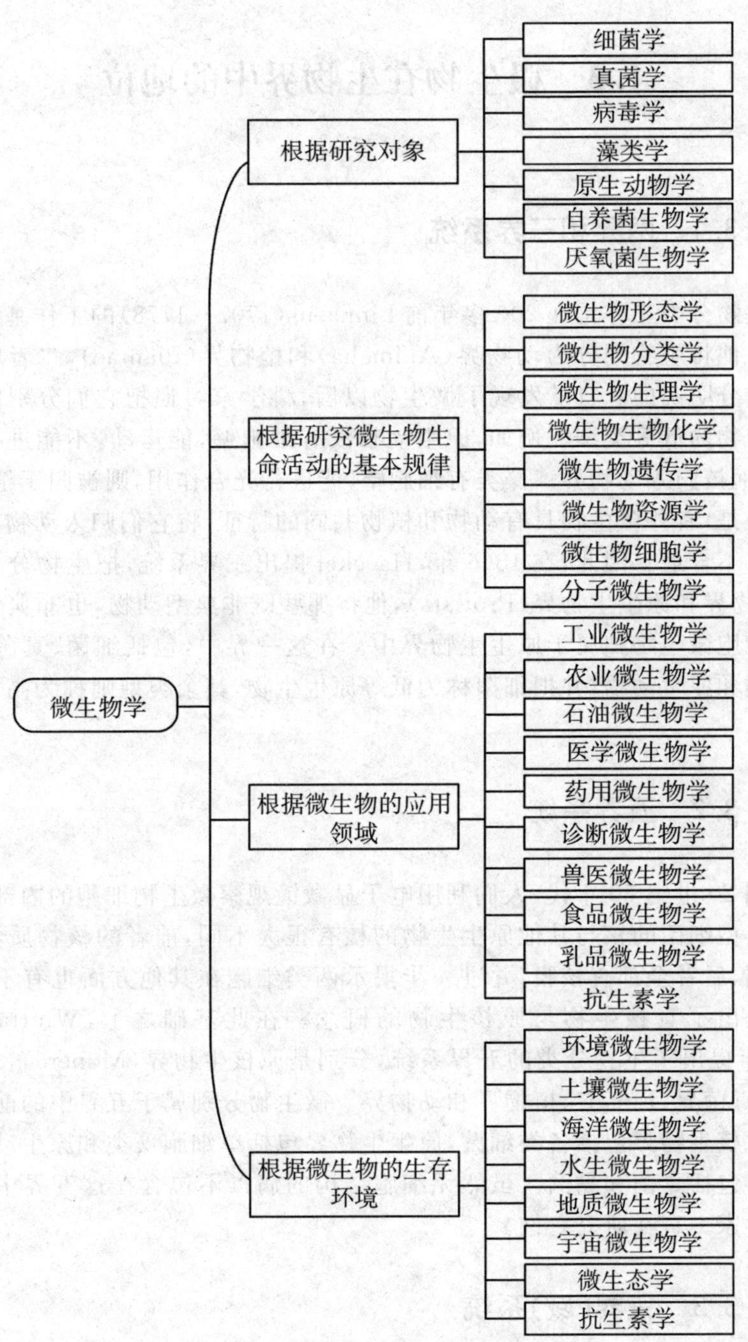

图 1-2　微生物学分类

1.3 微生物在生物界中的地位

1.3.1 两界和三界系统

生物分类工作是在 200 多年前 Linnaeus(1707—1778)的工作基础上建立的。他将生物划分为动物界(Animalia)和植物界(Plantae),二者在概念上是十分明确的。自从发现了微生物以后,科学家习惯把它们分别归入动物和植物的低等类型。例如,原生动物没有细胞壁,能运动,不能进行光合作用,而被归入动物界。藻类有细胞壁,能进行光合作用,则被归于植物界。

但是,有些微生物具有动物和植物共同的特征,将它们归入动物界或植物界都不合适。因此,在 1866 年,Haeckel 提出三界系统,把生物分为动物界、植物界和原生生物界(Protista),他将那些既非典型动物,也非典型植物的单细胞微生物归属于原生生物界中。在这一界中,包括细菌、真菌、单细胞藻类和原生动物,并把细菌称为低等原生生物,其余类型则称为高等原生生物。

1.3.2 五界系统

到 20 世纪 50 年代,人们利用电子显微镜观察微生物细胞的内部结构,发现典型细菌的核与其他原生生物的核有很大不同,前者的核物质不被核膜包围,后者全都有核膜,并进一步揭示两类细胞在其他方面也有不同,由此而提出了真核生物与原核生物的概念。在此基础之上,Whittaker 在 1969 年提出了生物分类的五界系统,分别是原核生物界(Monera)、原生生物界、真菌界(Fungi)、植物界和动物界。微生物分别属于五界中的前三界,其中原核生物界包括各类细菌,原生生物界包括单细胞藻类和原生动物,而真菌界包括真菌和黏菌。虽然无细胞结构的病毒不包含在这五界中,但微生物学家一直在研究它们。

1.3.3 三界(域)系统

在 20 世纪 60 年代,Woese 使用寡核苷酸编目法对各类生物的 rRNA 特征序列进行比较,并且采用了序列分析的方法确定了 16S rRNA 和类似的 rRNA 基因序列为合适的系统发育指标。他在测定原核生物 16S rRNA 与真核生物的 18S rRNA 的寡核苷酸顺序谱后，根据序列差异计算出了它们之间的进化距离，最后绘制出系统的发育树（universal phylogenetic tree）。1977 年，Woese 测定了产甲烷细菌 16S rRNA 的序列，从而揭示了古菌这个第三种生命形式。从 Woese 的发育树可知，地球上的所有细胞生命都沿着三个主要的谱系（域）进化，即细菌、古菌和真核生物，如图 1-3 所示。古菌域的提出是近年来微生物学的重要发现。由图 1-3 可以看出，这三个域有着共同的祖先，发育树朝着两个不同的方向发展，虽然细菌与古菌同属于原核生物，但是古菌与原核生物的关系并不亲近，反而古菌与真核生物的关系更为亲近。研究发现，古菌和真核生物有一些共同的特性，与细菌有着明显的差别。

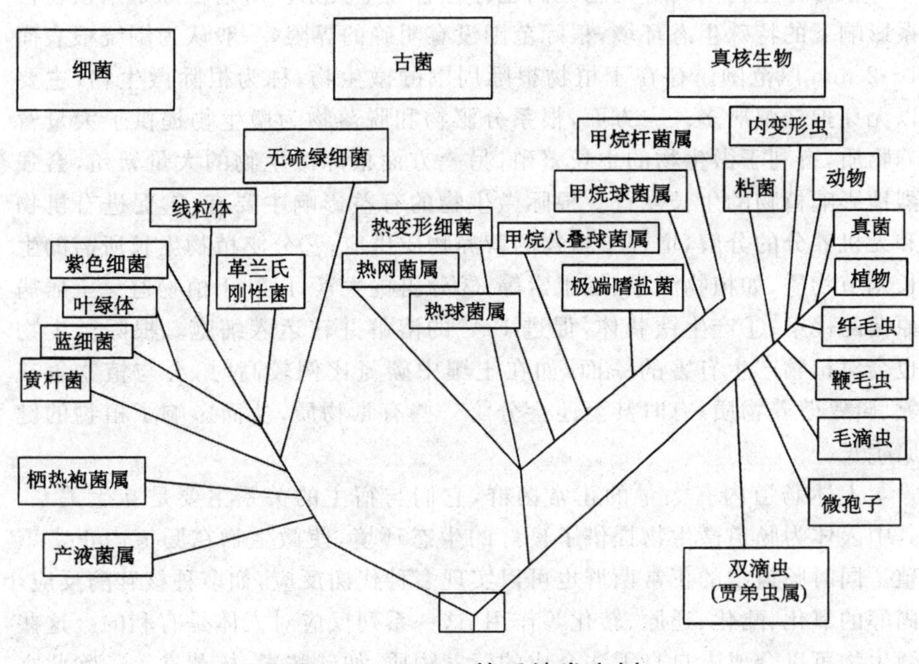

图 1-3　Woese 的系统发育树

1.4　微生物与生物群体的相互作用

自然界中的微生物极少有独立存在的现象，它们总是多种群的集聚在一起，当多种微生物同时出现在一定空间中，它们之间会产生相互的影响，既相互依赖又相互排斥,关系极为复杂,但从总体上来看,这种关系可概括为四种:互生、共生、寄生和拮抗。

1.4.1 互生

互生关系,就是指两种生物生活在一起时,它们各自的代谢对对方有着积极的影响,或者偏利于一方的生活方式。互生关系的生物可以单独生活,但生活在一起会更好些。互生关系在自然界相当普遍,例如,在土壤中,亚硝化细菌和硝化细菌生活在一起时,亚硝化细菌氧化氨生成的亚硝酸为硝化细菌提供了必需生活条件,反过来,硝化细菌氧化亚硝酸生成硝酸,清除了亚硝酸在环境中的积累,避免亚硝酸对亚硝化细菌或其他生物带来危害。

根际微生物与高等植物之间也存在着互生关系。所谓根际是指植物根系影响下的特殊生态环境,根际范围没有明确的界限,一般认为围绕根表面1～2 mm厚范围。存在于植物根际周围的微生物,称为根际微生物,主要以无芽孢杆菌居多。一方面,根系分泌物和脱落物为微生物提供了大量营养物质,有利于微生物的生长繁殖;另一方面根际微生物的大量繁殖,会强烈地影响植物的生长发育。根际微生物的有益影响主要有:①促进有机物和无机养分的分解,增强了植物的营养物质供应;②分泌植物生长所需的生长调节物质,如植物激素、维生素等;③分泌抗生素,以利于植物避免土居病原菌的侵染;④产生铁载体,促进 Fe^{3+} 的溶解并转运入细胞。根际微生物也会对植物产生有害的一面,如在土壤中碳氮比例较高时,会与植物争夺氮、磷等营养物质;有时甚至还会分泌一些有毒物质,从而影响了植物的健康生长。

人体肠道内有大量的正常菌群,它们与宿主的关系主要是互生关系。其中人体为肠道微生物提供了良好的生态环境,使微生物在肠道内正常繁殖。同时肠道中的正常菌群也可以实现多种代谢反应,如多种核苷酶反应,固醇的氧化、酯化、还原、转化等作用,这一系列反应对人体是有利的。这些微生物可以合成人自身无法合成的营养物质,如硫胺素、核黄素等。除此之外,肠道中的正常细菌还可以抑制或者排斥外来的致病细菌的入侵。

1.4.2 共生

所谓共生是指两种或多种微生物紧密地结合起来,相互依存,互换营养物质,共同形成生理上的整体结构或某种特殊结构。共生关系是一种非常密切的关系,以至于分离两者会造成双方不能很好的生活,这种关系又称为互惠共生。

地衣是真菌和藻类共生形成的一种叶状植物体。藻类能够进行光合作用,它的光合产物可作为真菌的营养物质,同时真菌在代谢时产生的有机酸能够分解岩石中的一些成分,分解产物中有许多的矿物元素,矿物元素也是藻类所必需的矿质元素。

根瘤菌与豆科植物的根共生形成根瘤,根瘤菌能够固定大气中的氮气,为植物提供了氮素养料,而豆科植物的根所分泌的物质能够帮助根瘤菌更好地生长,同时豆科植物的根为根瘤菌提供了稳定的生长环境。

菌根是真菌与植物的共生体。有些菌丝能够包围植物的根部或者侵入根的内部形成菌根。菌根一般有两种类型,一类是外生菌根,另一类是内生菌根。外生菌根的真菌在植物根部表面形成致密的鞘套,少量的菌丝进入根皮层细胞的间隙中;内生菌根的菌丝体大多数存在于根的皮层之中,在根外的较少,不能够形成鞘套。内生菌根又可以分为两类,一类是由隔膜真菌形成的菌根,另一种是由无隔膜真菌形成的菌根。据统计陆地上 97%以上的绿色植物具有菌根。

微生物除了与植物共生外,它还能与一些反刍动物,如牛、羊等反刍动物与微生物共生。

1.4.3 寄生

所谓寄生是指一种小型的生物生活在大型生物的内部或表面,其目的是从中获得营养物质以供自己的正常生长发育,同时还能够促使后者发病或者死亡。前者称为寄生物,或者称之为寄主。

寄生关系一般有两种,一种是专性寄生关系,另一种是兼性寄生关系。所谓专性寄生关系是指寄生物完全依靠寄主,一旦离开寄主就不能生长发育,如噬菌体只有在细菌或者放线菌体内才能够生存。而兼性寄生关系是指寄生物脱离寄主后以营腐生生活。

寄生关系在自然界普遍存在。已知微生物中存在着多种寄生关系,如噬菌体与细菌、真菌与真菌、细菌与真菌等的寄生关系。土壤之中也有寄生现象的存在,如土壤中存在一些溶源菌细菌,它们在有真菌存在的情况下,可直接侵入真菌体内并快速生长繁殖,最后将寄主的真菌杀死,导致真菌菌丝的溶解。

微生物寄生于植物之中,常引起植物病害,如细菌病害、真菌病害、病毒病害和线虫病害等。其中真菌病害最为普遍,约占 95%的植物病害属于真菌病害,受害植物会发生腐烂、猝倒、溃疡、根腐、叶腐、叶斑、萎蔫、过度生长等症状，严重影响作物产量甚至绝收。

微生物也常寄生于人或动物身上，造成疾病的发生。

1.4.4 拮抗

拮抗关系是指两种生物在一起生活时，一种生物的代谢产物改变了生物的生存环境，从而抑制了其他微生物的正常生长与繁殖。从拮抗作用的选择性出发，微生物间的拮抗关系可分为特异性拮抗关系和非特异性拮抗关系两类。

特异性拮抗关系：一种微生物因产生抗生素有选择性地对某一种或某一类微生物发生抑制和毒害作用。如青霉菌产生的青霉素能抑制革兰阳性细菌或部分革兰阴性细菌，链霉菌产生的制霉菌素能抑制酵母菌和霉菌。

非特异性拮抗关系：一种菌的生命活动改变了周围的环境条件，从而抑制其他微生物的生长繁殖。如乳酸菌在乳酸发酵过程中产生大量的乳酸，使环境的酸度增大，这样就抑制了不耐酸的微生物的生长。这种现象常用于食品发酵、食品保藏等方面，如酸菜、泡菜、酸乳的生产。

1.5 微生物学的未来

微生物学已深刻地影响着社会，微生物学对于人类面临的新的和再现的传染病威胁以及发展高效而不破坏环境的工业技术都是需要的。那么未来的微生物学将主要面向什么方面呢？哪些领域最有前途？我们将面临什么样的挑战呢？下面简要列举的内容可为把握未来的微生物学提供一些理念。

1.5.1 传染病防控方面

新传染病不断地出现，而老疾病又再一次广泛传播并具破坏性。艾滋病、出血热和结核病就是新的和再现的传染病的最好例证。微生物学家们必须对这些威胁（其中还存在许多未知因素）做出回答。

对于传染病的治疗，抗生素的抗药性增加将是一个严重的问题，特别是多重抗药性的传播，它们使抗生素在治疗中失效。微生物学家们或者研究新药来对付病原体，或者寻找新的治疗途径以应对抗药性。显然这些问题的解决需要综合多种技术。

在致病机理的研究方面，我们目前所了解的只是病原体与宿主感染的表面关系，至于感染机理和致病途径的了解才刚刚开始，我们还有很多知识需要进一步学习。

1.5.2　工农业方面

微生物在工业和环境控制中的作用显得日益重要，我们必须学会如何以多种新的途径来利用微生物，例如，微生物能够：

①用作高品质食物和其他实用产品(像工业用酶)的来源。

②降解污染物和有毒废物。

③用作治疗疾病和提高农业生产率的载体。此外，在防止微生物损害食品和农作物方面也一直显示其重要性。

1.5.3　微生物资源、微生物生态学方面

微生物的资源开发也是值得研究的另一领域。实际上，据统计我们目前已经认识的微生物种群还不到地球上的1%。我们必须研究开发新的分离技术和恰当的微生物分类方法，该分类包括在实验室不能培养的微生物。对生活在极端环境中的微生物也有大量工作需要进行，发现新的微生物资源将会使工业制造更加进步。

特殊微生物和微生物生态学的进一步研究将会让人们更好地认识微生物与非生命世界之间的相互作用。此外，这种认识还能使我们更有效地控制污染。同样，在微生物与高等有机体的共生关系中，微生物是必不可少的合作者。共生关系的大量知识有助于我们对生命世界的了解，它也将促进植物、牲畜和人类健康的改善。

1.5.4　微生物基因组学

许多微生物的基因组已测序，在今后几年内，将会有更多的基因组序列被测定。这些序列对于了解基因组与细胞结构是怎样的关系以及什么是生命存在所必需的最低限度提供了重要信息。基因组及其功能的分析将伴随生物信息学领域和应用计算机研究生物学问题等领域的发展而迅速发展。

1.5.5 微生物材料方面

由于微生物相对简单，所以它是研究生物学中各种基础性问题的极好材料。例如，复杂细胞结构是如何发育的，细胞相互之间如何通讯，又如何应答环境？微生物群落常常呈生物膜状生活，这些生物膜对于医学和微生物生态学都是非常重要的。生物膜研究刚刚起步，需要很多年我们才能较好地了解它们的本质，才能应用。总之，微生物与微生物的相互作用有待进一步探索。

最后，新发现和新技术也将使微生物学家面临严峻的挑战，他们将需要为这些事件对社会带来的正面和负面的长期影响发表全面客观见解。总之，微生物学的未来是光明的，微生物学将是最受益的职业之一，因为它给予它的从事者与所有其他的自然科学相联系的良机。

第2章　发酵工业微生物

在漫长的生物进化过程中，微生物细胞内部已经建立了完善的生长繁殖、营养物利用、代谢产物合成与调控机制。微生物细胞从不过量合成自己所不需要的代谢产物。随着研究的深入，细胞内部精细的调控机制越来越清楚。因此，人们过量生产某些代谢产物的发酵过程，对于生产用微生物细胞而言，就是一种“病态”过程。我们要研究在发酵过程中微生物细胞积累代谢产物的规律和特征，研究各种发酵方式，以便有效控制发酵过程，获得大量代谢产物。

2.1　微生物的特性及工业微生物的要求

微生物在自然界的分布十分广泛，它们是数量极其庞大的一个类群，它在自然物质循环以及生态平衡的过程中有着非常重要的作用，并且与人类及其生长环境的关系极为密切。微生物在其代谢过程中产生的代谢产物对人类有应用价值。人们已经工业化生产微生物产品，或者以微生物为主题生产产品，这些都对我们的生活提供了极大的帮助。

2.1.1　微生物的特性

科学研究与工业发酵中广泛采用微生物为研究对象，其根本原因是微生物个体是一个自繁殖、功能强大且具有很大交换面积单细胞反应体系。其特点可概括为体积小、面积大，吸收快、转化快，生长旺、繁殖快，易变异、适应性强，种类多、分布广等。

(1)微生物的体积小、面积大

生物体中微生物个体极其微小，各类微生物个体大小的差异十分明显。经估算，真核微生物、原核微生物、非细胞微生物、生物大分子、分子和原子之间大小之比，大都以10∶1的比例递减。一般表示它们的单位是微米和纳米。如杆状细菌的平均长度和宽度约2 μm和5 μm，3 000个头尾衔接的杆菌的长度仅为一粒籼米的长度，而60～80个肩并肩排列的杆菌长度仅为一根头发的直径。细菌的体重更微乎其微，每毫克的细菌约含有10亿～100亿个。通常物体被分割得越细，其单位体积的所占的表面积越大。正是由于微生物的小体积与大面积的体系，微生物能够很好地与周围环境进行物质交换和能量信息交换。这也是微生物与其他生物相区别的关键点。

(2)微生物吸收快、转化快

微生物的表面积大，且其整个细胞都能够吸收营养物质，因此它们的“胃口”显得很大。如大肠杆菌在适宜的条件之下，每小时能够消耗其自身体重的2000倍的糖。若以成年人每年消耗相当于200 kg的粮食来换算，则一个细菌在一小时内消耗的糖按重量比相当于一个人在500年时间内所消耗的粮食，约为人的几百万倍；产朊假丝酵母合成蛋白质的能力比食用公牛强10万倍；在呼吸速率方面，一些微生物也比高等动植物高很多，如表2-1所示。

表2-1　微生物和动植物组织的比呼吸速率

生物材料名称	温度/℃	$-QO_2$[1]/[μl/(mg·h)]	生物材料名称	温度/℃	$-QO_2$[μl/(mg·h)]
固氨菌	28	2000	面包酵母	28	110
醋杆菌	30	1800	肾和肝组织	37	10～20
假单胞菌	30	1	200	根和叶组织	20

[1] $-QO_2$ 为每小时每毫克生物(干重)所消耗 O_2 的微升数。

营养物吸收快、转化快的结果使微生物能迅速地生长繁殖，同时，能为人类生产大量的发酵产品。

(3)微生物生长旺、繁殖快

在生物界中，微生物的繁殖速度非常快，但是由于外界条件的限制，细菌的繁殖不可能始终保持较高的速度，通常细菌的快速繁殖只能保持数小时。经实验统计，在液体中培养细菌，每毫升培养液内菌体的个数只能达到10^8～10^9。由于微生物繁殖快，这给工业发酵提供了非常有利的条件。

(4)微生物易变异、适应性强

由于微生物繁殖很快、数量多，大多是单细胞单倍体，因此在变异频率很低的条件下，也能够在短时间内出现大量的变异体。微生物的变异特性使其具有极强的适应能力，从而表现出抗药性、抗盐性、抗热性、抗寒性、抗干燥性、抗酸性、抗氧性、抗高压、抗毒性及抗辐射等一系列能力。这一特性是微生物在漫长的进化历程中经过复杂的环境条件影响和选择的结果。

(5)微生物种类多、分布广

微生物在地球上已存活了 38 亿年，漫长的历史进化使它们具备了近乎无限的代谢能力。它们无处不在，构成了地球生物量的约 60%。其生物多样性还远没有被深入研究。不少人都认为，目前至多只开发利用了其中的 1%。如此众多的微生物充满整个地球，它们的分布可谓无孔不入。从生物圈、水圈直至大气圈、岩石圈，到处都有微生物。

微生物的代谢类型和代谢产物的多样性也是其他任何动植物无法比拟的，因此，微生物领域是一个亟待开发和利用的宝地。

微生物的以上特性也为生物学基本理论的研究带来了极大的便利，主要表现在使科研周期大大缩短、效率提高。当然对于危害人类、动植物的微生物，它们的这一特性也给人类带来了极大的不利。

2.1.2　工业化菌种的要求

微生物工业发酵所用的微生物称之为菌种。并不是所有的微生物都可以作为菌种，即使是同属于一个种的不同株的微生物。也不是所有的株都能用来进行发酵生产。工业上对菌种一般有以下要求：

第一，菌种在简单的条件下就能够大量、快速地繁殖。例如许多的发酵工业都是利用农副产品来配制发酵培养基，这不仅能够满足菌种发酵所需的营养成分，原料的转化率很高，重要的是发酵原料容易获得且价格低廉。

第二，菌种的合成产物应尽可能地简单，也就是说菌种容易改造。

第三，遗传性能比较稳定。这样就可以满足工业发酵的高产、稳产，而且为菌种的进一步改良、产品质和量的增加、成本的下降、应用基因工程技术创造了很好的条件。

第四，菌种不易感染它种微生物或噬菌体。防止菌种之外的杂菌大量繁殖，防止杂菌和菌种争夺营养成分和影响发酵产物的质量和产量。

第五，菌种及其产物对人、动植物不会造成短期的危害，在以后的发展过程中，需注意潜在的、长期的危害，因此需要充分地考虑。

第六，菌种发酵的副产品要尽可能的少。这样不但可以提高营养物质的有效转化率，还会减少分离纯化的难度，降低成本，提高产品的质量。

第七，菌种能够在容易控制的条件下快速地成长和发酵，且发酵过程中产生极少的泡沫，这对于提高装料系数、提高单罐产量、降低成本有着非常重要的意义。

2.2 已工业化产品发酵菌的介绍

微生物的应用领域非常广泛，如化工、医药、食品、水产、国防、石油勘探等领域。在微生物的应用方面，有的是直接利用微生物的菌体细胞，从而制备许多化工医药物质、化学生产中的科研试剂，以及制造人造蛋白质、脂肪和糖类；有的是利用它的代谢产物，如抗生素、氨基酸、柠檬酸、酒精、味精及甘油；还有的是利用它的酶，催化化学反应或制成酶制剂，用于加工某些产品。

2.2.1 抗生素生产有关的微生物

抗生素是菌种次级代谢产物，需要生物体进行复杂的代谢，目前发现的生物来源如下：

(1)芽孢杆菌属(*Bacillus*)

芽孢杆菌是细菌的一科，能形成芽孢(内生孢子)的杆菌或球菌。包括芽孢杆菌属、芽孢乳杆菌属、梭菌属、脱硫肠状菌属和芽孢八叠球菌属等。它们对外界有害因子抵抗力强，分布广，存在于土壤、水、空气以及动物肠道等处。芽孢杆菌属的共同特点是当环境条件不利时会形成内生孢子，它们是一类单细胞、杆状菌的总称，好氧或兼性厌氧，属于革兰氏阳性菌，通常借助于鞭毛进行运动。

芽孢杆菌产生的抗生素大多数属于多肽类抗生素，这与链霉菌合成的多肽有显著的区别，通常芽孢杆菌合成的多肽不含有缩酚酸肽，肽链的起始端是一个酰基，且肽链中没有被甲基化的氨基酸残基。芽孢杆菌也能产生非肽类抗生素，如 *B. circulans* 产生氨基糖苷类抗生素丁酰苷菌素 Butirosin，*B. megaterium* 能够产生安沙霉素类的 Lucomycotrienin。虽然丁酰苷菌素在医药领域并没有得到应用，但是它的结构特点可以给我们很多的借鉴，研究者受到启发由此而研制出多种氨基糖苷类抗生素的化学改性方法，在生物耐药性的研究领域开辟了新的领域。

抗生素的发展历程中，芽孢杆菌所产生的多肽抗生素曾经起了非常重要的作用。早在 1939 年研究者从 *B. brevis* 的培养液中分离得到短杆菌肽，时至今日，它仍然用于外用抗菌剂的配制；杆菌肽是 1945 年从 *B. licheniformis* 中分离得到的，曾经主要用它来治疗链球菌引起的严重感染，现在主要用于外用抗菌剂及饲料的添加剂；多黏菌素 B 和 E 曾经用于治疗严重的假单胞染菌引起的感染，但是由于毒性较大，目前已经停止使用。

芽孢杆菌在工业发酵中主要用于胞外蛋白酶类的生产，如枯草芽孢杆菌 AS. 398 是生产中性蛋白酶的菌种。苏云金杆菌 *B. thuringiensis* 芽孢中的毒蛋白晶体则可用作为生物杀虫剂，是一种广泛使用的生物农药。

(2)假单胞菌属(*Pseudomonas*)

假单胞菌是杆状的革兰氏阴性菌，好氧生长，能够借助于鞭毛运动。其菌株大多数能够降解有机物质。假单胞菌主要从土壤中分离而得，也有一些生活在植物的根系和叶子上。

在众多的假单胞菌属中能够产生抗生素的只有 *P. aeruginosa* 和 *P. fluorescens* 两个种。这类抗生素一般是含氮的杂环化合物，一般在氨基酸分解代谢的过程中合成，如吩嗪衍生物碘菌素(Iodinin)和绿脓菌素(Pyocyanine)。从假单胞菌中获得的抗生素在其他微生物中也有发现，如环丝氨酸、磷霉素及氨霉素等。真正从假单胞菌中分离然后用于医药的只有两种抗生素，分别是吡咯菌素(Pyrmlnitrin)和拟摩尼酸 A(Pseudomonjcacid A)。

假单胞菌的发酵产物有维生素 B_{12}、丙氨酸、葡萄糖酸、色素以及果胶酶等，也可以进行类固醇(淄体)的转化，有些菌株可利用烃类生产菌体蛋白(SCP)。

(3)链霉菌(*Streptomyces*)和链轮丝菌(*Streptoverticillium*)

链霉菌和链轮丝菌同属于放线菌，两者都属于革兰氏阳性菌、专性好氧、化学异氧型、以菌丝状生长。链霉菌在自然界中的分布十分广泛，主要分布于土壤中，且与土壤中的有机大分子，如几丁质、淀粉和纤维素等的降解有着十分密切的关系。链霉菌在工业上也有重要的应用，例如工业上将链霉菌作为葡萄糖异构酶、链霉蛋白酶及胆固醇氧化酶等的生产菌。链霉菌是生产抗生素的主要菌株，它能够产生数以千计的次级代谢产物，且大多数都具有抗菌的能力，这些代谢产物的化学结构差别较大，这反映了各种链霉菌代谢途径的多样性。

(4)其他放线菌生产的抗生素

其他生产的抗生素的放线菌有诺卡氏菌形放线菌(*Nocardioform Actinomycites*)、游动放线菌(*Actinoplanetes*)及足分枝菌(*Maduromyetes*)。

(5)青霉属(*Penicillum*)

青霉菌主要生存在土壤和腐败的水果及蔬菜中，它属于腐生菌。众所周知，工业上第一次生产的抗生素青霉素是青霉属中的 *Penicillum notatum* 中发现的，至今青霉素及其半成品仍然是用途最广的抗生素，因此青霉素在抗生素工业中有着举足轻重的作用。

(6)黏细菌(*Myxobacteria*)

黏细菌的次级代谢产物中抗菌活性物质的检出率非常之高,其中很多都是新发现的抗生素。如纤维素堆囊菌(*Sorangium cellulosum*)产生的大环内酯类抗生素堆囊菌素(Sorangcin)、*M. coralloides* 产生的珊瑚黏菌素(Corallopyronin)等。具有抗真菌能力的琥苍菌素(Ambruticin)也是由纤维素堆囊菌产生的。

(7)生产抗生素的其他微生物

除上述微生物之外,其他的微生物也能够产生一些重要的抗生素。在细菌中,从葡萄杆菌 *Gluconobacter* SQ26445 分离得到了磺胺净素(Sulfazecin),属于磺酰基单环 β-内酰胺类抗生素。以后发现农杆菌 *Agrobacterium*、色杆菌 *Chromobaeterium*、纤维黏细菌 *Cytophage* 和曲挠杆菌 *Flexibacter* 的一些种也能产生磺胺净素。黄杆菌 *Flavobacterium* 和黄单胞菌 *Zanthomonas* 的某些菌株则能产生头孢菌素 C。木霉属的 *Trichodermainflatum* 是环孢 A 的产生菌,环孢 A 能够起到抗霉菌的作用,此外它还能够作为器官移植的免疫抑制剂。

2.2.2 与氨基酸生产有关的微生物

任何微生物在培养时都能产生氨基酸,维持细胞生长所必需的营养成分,对于野生型微生物而言,由于其细胞中合成的各种氨基酸含量受到反馈调节而保持在一定的水平,因此积累的氨基酸量很少,所以不能直接用于工业发酵。在氨基酸的工业生产中,一般应使用调节工艺方法和改造野生型微生物来使氨基酸大量积累。调节工艺方法有以下几点需要注意。

(1)控制发酵环境条件

例如谷氨酸发酵必须严格控制菌体生长的环境条件,否则就几乎不积累谷氨酸,当溶解氧、NH_4^+、pH、磷酸和生物素等因子改变时,谷氨酸发酵就会转换为乳酸、琥珀酸、α-酮戊二酸、谷氨酰胺、N-乙酰谷酰胺、缬氨酸和脯氨酸等发酵。

(2)控制细胞渗透性

如谷氨酸发酵中影响谷氨酸产生菌细胞透性的物质有两大类;一类是生物素、油酸和表面活性剂,它们的主要作用是改变构成细胞膜的脂肪酸,主要是改变油酸的含量,从而改变细胞膜的通透性;另一类是青霉素,它能够抑制细胞壁的合成,使膜内外渗透压不同,最后导致谷氨酸泄露出来。

(3)控制代谢旁路

例如 L-异亮氨酸的生物合成是通过 L-苏氨酸的,但是 L-苏氨酸脱氨酶受异亮氨酸的反馈抑制,当异亮氨酸积累到某种程度时反应即停止。为了绕过此调节途径,使之积累异亮氨酸,采用黏质赛氏杆菌以 D-苏氨酸为底物进行发酵,D-苏氨酸脱氨酶不受异亮氨酸的抑制,反应能顺利进行,并可大量积累异亮氨酸(图 2-1)。

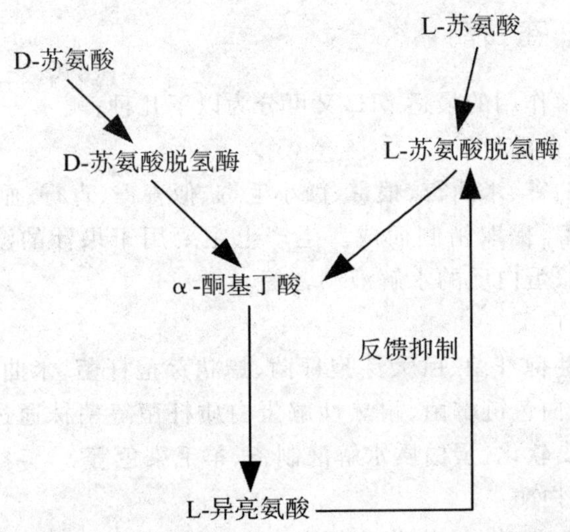

图 2-1　黏质赛氏杆菌由 D-苏氨酸生成 L-异亮氨酸的代谢机制

改造野生型微生物既可以采用传统的诱变育种方法,也可采用现代的基因重组技术。如利用诱变育种方法选育的营养缺陷型突变株,运用此菌株进行氨基酸发酵限制所要求的氨基酸量,这样就将反馈作用物浓度控制在反馈机制起作用的浓度之下;利用诱变育种方法选育的抗反馈抑制和抗反馈阻遏突变菌株可以消除终产物的反馈抑制与阻遏作用。使氨基酸的生成不受反馈调节的作用,从而大量积累氨基酸。

发酵生产氨基酸的微生物有谷氨酸棒杆菌、黄色短杆菌、积累 DL-丙氨酸的嗜氨微杆菌及产生 L-缬氨酸的乳酸发酵短杆菌。谷氨酸棒杆菌和黄色短杆菌是产生谷氨酸的菌种。最初筛选得到的菌种积累谷氨酸的能力都不强,不超过 30 g/L。经过不断的诱变育种,现在工业用的菌种产谷氨酸能力已经超过 100 g/L,有的甚至达到了 150 g/L 以上,大大提高了生产效率,降低了生产成本。

2.2.3 酶制剂生产有关的微生物

从生物界发现的酶约有 25 000 多种，目前工业上生产的酶有 60 多种，达到工业化规模的只有有限的几种，一般根据酶的习惯命名将常见的酶制剂产品分为不同种类。

2.2.3.1 蛋白酶

一般按水解作用的最适 pH，又可分为以下几种：

(1)酸性蛋白酶

常采用黑曲霉、米曲霉、根霉、微小毛霉、似青霉、青霉、血红色螺孔菌等菌株经深层发酵，提取精制而成。生产上主要用于果汁的澄清、啤酒的去浊、毛皮的软化、蛋白质的水解液制备等。

(2)中性蛋白酶

采用枯草芽孢杆菌、巨大芽孢杆菌、蜡状芽孢杆菌、米曲霉、栖土曲霉、灰色链霉菌、微白色链霉菌、耐热性解蛋白质杆菌等菌株通过发酵而制得。此酶可用于毛皮软化、蛋白质水解液制备、羊毛染色等。

(3)碱性蛋白酶

由枯草芽孢杆菌、蜡状芽孢杆菌、米曲霉、栖土曲霉、灰色链霉菌、镰刀菌经深层发酵提取精制而成。可用于皮革脱毛、丝绸脱胶、加酶洗涤剂等。

2.2.3.2 淀粉酶

淀粉酶是一类水解淀粉、糖原酶类的总称。按水解淀粉方式的不同可以分为四类，分别为 α-淀粉酶、β-淀粉酶、糖化酶和异淀粉酶。

(1)中温 α-淀粉酶

生产此酶的微生物主要有枯草杆菌 BF7658 等。应用于食品制造、制药、纺织等许多方面。

(2)β-淀粉酶

此酶主要由巨大芽孢杆菌生产。生产上用于啤酒酿造等方面。

(3)糖化酶

此酶产生菌主要是曲霉(佐美曲霉、泡盛曲霉)、根霉(雪白根霉、德氏根霉)、拟内孢霉、红曲霉等。主要应用在葡萄糖工业、酿酒工业和氨基酸工业等领域。

(4)耐高温淀粉酶

生产菌种主要有白地霉等。应用在发酵淀粉原料的软化等方面。

(5)异淀粉酶

此酶主要由产气气杆菌、芽孢杆菌及某些假单孢杆菌等细菌菌株产生。主要应用于制造直链淀粉和麦芽糖等方面。

2.2.3.3　纤维素酶

纤维素酶是指降解纤维素后生成葡萄糖的一组酶的总称。它并不是单种酶,而是起协同作用的多组分酶系。纤维素酶是由绿色木霉、康氏木霉、黑曲霉、青霉和根霉等菌株经深层发酵制成的酶制剂产品。此外,漆斑霉、反刍动物瘤胃菌、嗜纤维菌、产黄纤维单孢菌、侧孢菌、黏细菌、梭状芽孢杆菌等也能产生纤维素酶。该酶主要用于纺织工业、饲料工业以及其他需要纤维素的领域。

2.2.3.4　葡萄糖异构酶

葡萄糖异构酶可使葡萄糖异构化为果糖。葡萄糖异构酶采用米苏里放线菌等菌种,经发酵制得。葡萄糖异构酶用于制造果糖。

2.2.3.5　脂肪酶

此酶由毕赤酵母、假丝酵母及扩展青霉等菌株深层发酵制成。该酶广泛应用于洗涤剂工业、皮革工业、食品工业等行业。

2.2.4　有机酸产生微生物

有机酸是一类含有羧基的有机物,是微生物的初级代谢产物。包括柠檬酸、乳酸、苹果酸、衣康酸、抗坏血酸、葡萄糖酸、透明质酸、植酸、古龙酸、曲酸、长链二元酸、乙醛酸、十二碳二元酸。其中柠檬酸、乳酸、苹果酸、衣康酸等是目前几种重要的有机酸。有机酸应用极其广泛,在食品、医药、化工等领域都有着重要的用途,是发酵工业中历史最悠久、价格最低的产品。目前已经达到了较高水平,在国际上具有一定的竞争力。

自然界中的微生物能产生并积累有机酸的种类很多,但具有工业生产价值的则有限,目前用于发酵生产柠檬酸、乳酸、苹果酸、衣康酸等主要有机酸的微生物如表 2-2 所示。

表 2-2 有机酸产生菌

有机酸	产生菌
柠檬酸	黑曲霉(*Aspergillusniger*) 解脂假丝酵母(*Candida lipolytica*) 解脂复膜孢酵母(*Saccharomycopsis lipolytica*) 季也蒙假丝酵母(*Candida guilliermondii*)
乳酸	德氏乳杆菌(*Lactobacillus delbrueckii*) 赖氏乳杆菌(*Lactobacillus leichmannii*) 植物乳杆菌(*Lactobacillus plantarum*) 米根霉(*Rhizopus oryzae*)
苹果酸	黄曲霉(*Aspergillus flavus*) 米曲霉(*Aspergillus oryzae*) 寄生曲霉(*Aspergillus parasiticus*) 华根霉(*Rhizopns chinensis*) 无根根霉(*Rhizopns arrhizus*) 膜醭毕赤酵母(*Pichia membranaefaciens*)
衣康酸	土曲霉(*Aspergillus terrus*) 衣康酸曲霉(*Aspergillus itavonicus*) 假丝酵母 S-10(*Candida species* S-10)

2.2.5 有机溶剂产生微生物

有机溶剂是微生物的初级代谢产物,长期以来使用微生物发酵生产。自 20 世纪 50 年代以来,有机溶剂发酵工业受到了来自石油化工业竞争,但是由于它们的原料是可再生物质资源(如淀粉、纤维素等),与化学合成相比,发酵获得的产品更适用于食品、医药工业等领域,这些传统的发酵工业仍发挥其优势。近年来,在微生物育种和生产工艺等方面的进步,赋予了传统发酵工业新的活力,使这些传统发酵工业具有强大的生命力。

下面主要介绍酒精、丙酮有机溶剂以及甘油产生的微生物。

2.2.5.1 酒精发酵生产菌种

酒精发酵是由酵母菌的作用引起的。常用菌种有:

(1)拉斯 2 号(RasseⅡ)酵母

又叫德国二号酵母,细胞长卵形。发酵葡萄糖、蔗糖、麦芽糖,不能利用乳糖。在玉米醪中发酵特别旺盛,适用于淀粉质原料发酵生产酒精。

(2)拉斯 12 号(RasseⅫ)酵母

细胞圆形或近卵圆形,细胞间连接较多。能发酵葡萄糖、果糖、蔗糖、麦芽糖、半乳糖,不发酵乳糖。

(3)K 字酵母

K 字酵母是从日本引进的菌种,细胞呈卵圆形,个体小,但生长十分迅速。利用 K 字酵母能够使高粱、大米、薯类原料发酵生产酒精。目前,我国多数企业使用该种酵母。

(4)南阳五号酵母(1300)

是南阳酒厂选育的菌株。细胞呈椭圆形,少数腊肠形。能发酵葡萄糖、蔗糖、麦芽糖,不能利用乳糖、菊糖、密二糖。

(5)南阳混合酵母(1308)

细胞圆形,少数卵圆形。能发酵葡萄糖、蔗糖、麦芽糖,不能利用乳糖、菊糖、蜜二糖。

另外,还有日本发研 1 号、卡尔斯伯酵母、耐高温 WVHY8 酵母、浓醪粟酒裂殖酵母、呼吸缺陷型突变株 Sb724 酵母。

2.2.5.2 丙酮、丁醇生产菌种

丙酮丁醇菌在分类法中属裂殖菌纲,真细菌目,真亚细菌亚目,芽孢杆菌科,梭菌属的细菌,是厌氧性有鞭毛的杆状菌,在生成芽孢时会呈纺锤体或鼓槌状体。能发酵玉米、山芋、马铃薯、大米等淀粉原料,也能发酵葡萄糖、蔗糖、废糖蜜等糖质原料,生成丙酮、正丁醇和乙醇。主要菌种有乙酪酸梭状芽孢杆菌(*Clostridium acetobutyricum*)、糖丁基丙酮梭菌(*C. sacharobutylacetonicum*)等。

2.2.5.3 甘油发酵生产菌种

国内外已有多种微生物应用于发酵生产甘油,绝大多数为酵母菌。例如产酸结合酵母、柳氏结合酵母、木兰球拟酵母 I_2B_2(只产甘油而无其他副产物)、耐高渗透压毕赤氏酵母。

2.2.6 核苷酸类物质生产菌

核苷酸类物质的生产方法有多种,常见的方法有酶解法、半合成法和微生物直接发酵法。

①酶解法：主要以酵母菌体为原料，采用水解酶进行酶解制成各种核苷酸。

②半合成法：所谓半合成法是指采用生物发酵与化学合成法并用的合成方法，如首先利用发酵法生成肌苷，然后利用化学和微生物的磷酸化作用，最后使肌苷转化成肌苷酸。

③直接发酵法：所谓直接发酵法是利用生产菌种进行一步发酵，直接生成所需的某种核苷和核苷酸，如用产氨短杆菌腺嘌呤缺陷型突变株直接发酵生产肌苷酸。

我们比较常见的微生物菌体中都含有比较丰富的核酸资源，如啤酒酵母、纸浆酵母、石油酵母、面包酵母、白地霉以及青霉菌等；采用直接发酵法生产核酸的产生菌主要有枯草芽孢杆菌、短小芽孢杆菌、产氨短杆菌及其变异株。肌苷产生菌及其遗传特性如表 2-3 所示。

表 2-3 肌苷酸产生菌的遗传特征

枯草芽孢杆菌 C-30	Ade^-，His^-，$Tyre^-$
枯草芽孢杆菌 K 菌株的变异株	AMP-脱氨酶阴性，$8\text{-}AG^r$
枯草芽孢杆菌 C_3-46-22-6	Ade^-，Xan^- $8\text{-}AG^r$
枯草芽孢杆菌 C_3-46-22-6 的变异株	Ade^-，Xan^- $8\text{-}AG^r$ 但为莽草酸缺陷型不能利用 D-葡萄糖酸等
枯草芽孢杆菌变异株	对磺胺哒嗪抗性
短小芽孢杆菌	培养基中含有不溶性的磷酸钙
短小芽孢杆菌变异株 NO. 148-SS	Ade^-，$Biot^-$，GMP 还原酶阴性
短小芽孢杆菌 148-SS-105	Ade^-，$Blot^-$，GMP 还原酶阴性，但为双氢链霉素抗性
短小芽孢杆菌 NO. 160-4-3	对腺嘌呤系化合物抗性
产氨杆菌变异株 KYl3714	Ade^-（渗漏型），$6\text{-}MG^r$
产氨杆菌变异株 KYl3761	Ade^-（渗漏型），$6\text{-}MG^r$，6-甲硫嘌呤 Gua^-
产氨短杆菌 ATCC6872 变异株 41021	$6\text{-}MG^r$ IMP 生物合成的酶系不被 AMP、ATP 和 GMP 阻遏，不被腺嘌呤、鸟嘌呤抑制，Ade^-，Gua^-

注：营养缺陷型：Ade^-：腺苷；$Biot^-$：生物素；His^-：组氨酸；Tyr^-：络氨酸；Gua^-：鸟嘌呤；Xan^-：黄嘌呤；

类似物抗性：$8\text{-}AG^r$：8-氮鸟嘌呤；$6\text{-}MG^r$：6-巯基鸟嘌呤。

目前，我们对微生物的了解还不够深入，已经得到初步研究的还不到自然界微生物总量的 10%。微生物的代谢产物已经超过了 1390 多种，然而工业上大规模生产的微生物总计不超过 100 种；已知的微生物酶约有几千种，而工业化利用的仅仅有五十多种。由此可见，微生物的资源十分丰富，其发掘的潜力十分巨大。

第 3 章　微生物的营养

各种生物都需要从外界环境中不断地摄取营养物质以获取能量及合成自身的细胞组分，微生物也不例外，也需要通过代谢，产生能量，用以合成细胞物质，同时产生废物并排泄到体外，从而保证生命能够维持与延续下去。那些能够满足微生物机体生长、繁殖和完成各种生理活动所需的物质称为营养物质(nutrient)。营养物质在机体中的作用可概括为参与细胞组成、构成酶的活性成分与物质运输系统、提供机体进行各种生理活动所需要的能量。

3.1　微生物的营养物质与功能

各种化学元素主要以营养物质的形式供给微生物细胞，微生物从外界获取的营养物质，根据其在机体中生理功能的不同，可将它们分为六大类：碳源、氮源、能源、无机盐、生长因子和水。

微生物细胞中主要物质含量见表 3-1。

表 3-1　微生物细胞中主要物质含量

微生物类型	水分/%	干物质/%	占细胞干物质百分数				
			蛋白质	核酸	碳水化合物	脂肪	无机元素
细菌	75～85	15～25	58～80	10～20	12～28	5～20	2～30
酵母菌	70～80	20～30	32～75	6～8	27～63	2～5	4～7
丝状真菌	85～95	5～15	14～52	1～2	27～40	4～40	6～12

3.1.1　碳源

碳源(carbon source)是在微生物生长过程中为微生物提供碳素来源的物质。碳占微生物细胞干物质的 50%左右，因此，碳素是除水外微生物需要量最大的营养物。碳源物质在微生物细胞内经过一系列复杂的化学变化转化为糖类、脂、蛋白质等细胞物质、代谢产物和细胞内贮藏物质。微生物所能利用的碳源远远超过动植物,至今人类已发现或合成的700多万种有机含碳化合物,几乎都能被微生物分解和利用。微生物可利用的碳源范围称作碳源谱(spectrum carbon source)。微生物的碳源谱极其广泛,见表 3-2。

表 3-2 微生物的碳源谱

类型	构成元素	化合物	培养基原料
有机碳	C·H·O·N·X*	复杂蛋白质、核酸等	牛肉膏、蛋白胨、花生饼粉等
	C·H·O·N	多数氨基酸、简单蛋白质等	一般氨基酸、明胶等
	C·H·O	糖、醇、有机酸、脂类等	葡萄糖、蔗糖、淀粉、糖蜜等
	C·H	烃类	天然气、石油及其不同馏分、液体石蜡等
无机碳	C·O	CO_2	CO_2
	C·O·X	Na_2CO_3、$CaCO_3$	Na_2CO_3、$CaCO_3$ 等

注:*:X 指除 C、H、O、N 外的任何一种或几种元素。

从表 3-2 可看出,碳源谱可分为有机碳和无机碳两大类。凡必须利用有机碳源的微生物,就是自然界数量占多数的异养微生物。对一切异养微生物而言,其碳源又兼作能源,这种碳源被称作双功能营养物(difunctional nutrient),如糖及糖的衍生物、醇类、有机酸、脂类、烃类、芳香族化合物等复杂的天然有机化合物。几乎各种有机碳素化合物,即使是高度不活泼的碳氢化合物,如石蜡、甚至人工合成的塑料,都可被不同的化能异养微生物所利用。因此在垃圾和污水处理中,常常根据处理物质的不同选用能分解这种物质的微生物。种类较少的自养微生物,则以 CO_2 为主要碳源,合成碳水化合物,进而转化成复杂的多糖、蛋白质、核酸、类脂等细胞物质。

微生物的碳源非常丰富,常见的简单无机碳化合物 CO_2、碳酸盐类以及比较复杂的有机物都能被其利用。自养微生物以 CO_2 作为唯一或主要碳源。异养微生物吸收利用有机碳源的能力各不相同,最适合作为碳源的是"C·H·O"型,糖类是最好的碳源,绝大多数微生物均能利用葡萄糖和果糖,己糖的使用是最普遍的。微生物对糖类的利用,单糖优于双糖和多糖,己糖优于戊糖，葡萄糖、果糖优于半乳糖、甘露糖；在多糖中，淀粉优于几丁质、纤维素等多糖，同型多糖则优于杂多糖及其他聚合物如木质素等。

不同微生物有着不同的碳源谱。有些微生物能够利用的碳源物质很多，例如假单胞菌（*Pseudomonas*）的某些种属可利用100多种不同的有机碳源。然而有的微生物却只能利用为数不多的几种碳源，例如甲基营养型微生物只能以一碳化合物作为碳源。某些古菌只能利用 CO_2 作为其唯一的碳源；寄生型钩端螺旋体属（*Leptospira*）的细菌只能利用长链脂肪酸作为它们的主要碳源和能源。

实验室中，微生物培养基的碳源常用葡萄糖、蔗糖、果糖、淀粉、甘露醇、有机酸、甘油等。而在工业发酵生产中的碳源，大多数来源于植物体，如米糠、麸皮、面粉、玉米粉、糖蜜等，其成分以碳源为主，但也包含其他成分。

3.1.2 氮源

氮源（nitrogen source）是指能够给微生物提供氮元素来源的营养物质。它也是细胞蛋白质和核酸的主要组成成分。微生物对氮源有着较高的需求，仅次于对碳源的需求。通常，细菌、酵母菌中细胞的氮含量约占细胞干重的7%～13%，霉菌为5%左右。通常氮源类物质不能作为能源被利用，经实验发现只有少数几种自养型微生物能够将铵盐、亚硝酸盐既作为氮源也作为能源。此外，一些厌氧微生物在碳源物质匮乏的厌氧条件下，也可以将某些氨基酸作为能源物质。

微生物可以利用的氮源范围称之为氮源谱（spectrum of nitrogen source）。如表3-3所示为微生物的氮源谱，且明显比动物或植物的广，可分为有机氮源和无机氮源两大类。有机氮源又称为蛋白质类氮源，主要是动、植物蛋白及其不同程度的降解产物，蛋白胨、牛肉浸膏、酵母浸膏、黄豆饼粉、花生饼粉、玉米浆、鱼粉、蚕蛹粉等是常用有机氮源。无机氮源是一些含氮无机物，主要有铵盐、硝酸盐、NH_3 和 N_2 等。有机氮源和无机氮源都可以作为大多数微生物生长的氮源。

表3-3　微生物的氮源谱

类型	构成元素	化合物	培养基原料
有机氮	N·CHO·X	复杂蛋白质、核酸等	牛肉膏、蛋白胨、饼粉等
	N·CHO	氨基酸、简单蛋白质、尿素等	蛋白胨、尿素、明胶等

续表

类型	构成元素	化合物	培养基原料
无机氮	N·H	NH_3、NH_4^+	$(NH_4)SO_4$、NH_4NO_3
	N·O	NO_3^-	KNO_3 等
	N	N_2	空气

微生物对氮源的利用具有选择性，不同微生物利用的氮源各异。异养微生物对氮源的利用顺序通常是："N·CHO"或"N·CHO·X"类优于"N·H"类，更优于"N·O"类，而最不易被利用的是"N"类。蛋白胨、牛肉膏、酵母粉等有机氮源因含多种营养因子，故可作为多数微生物的氮源物质。微生物吸收、利用硝酸盐的能力较强，一般铵盐利用率比硝酸盐利用率高。细菌可以利用铵盐或硝酸盐作为氮源；放线菌、霉菌可利用硝酸盐作为氮源；而固氮微生物能利用分子态氮作为氮源物质，合成自己所需要的氨基酸和蛋白质。

根据微生物对氮源利用的不同可将其分为 3 种类型：一是氨基酸自养型(amino acid autotrophs)，不需要利用氨基酸作氮源，能以铵盐、硝酸盐等无机氮为唯一氮源，自行合成所需要的一切氨基酸，进而转化成蛋白质及其他含氮有机物，不少微生物和所有绿色植物是氨基酸自养型生物；二是氨基酸异养型(amino acid heterotrophs)，不能合成某些必需氨基酸，需要从外界吸收现成的氨基酸作氮源，所有动物和大量异养微生物属于该类型；三是固氮微生物(nitrogen-fixing organisms, diazotrophs)，能以空气中的氮气为氮源，其固氮酶系统将其还原为 NH_3，进一步合成所需的各种有机氮化合物，如固氮菌、根瘤菌、弗兰克氏菌等。将微生物按对氮源利用的不同分成三种类型具有重要的实践意义。因为人类和动物都需外界提供现成的氨基酸和蛋白质，这些营养成分往往在其食物或饲料中较缺乏，为满足人类和动物对这些营养物质的需求，主要向绿色植物索取，因此，应该充分利用固氮微生物的固氮作用将空气中氮气转化为植物能吸收利用的氮素营养，尤其是与豆科植物共生的根瘤菌；除了向植物索取外，还应更多地发挥氨基酸自养型微生物的作用：将廉价的尿素、铵盐、硝酸盐等转化成菌株蛋白(SCP 或食用菌)或各种氨基酸，是解决人类食物和其他动物饲料蛋白质不足的一个重要途径。

3.1.3 能源

能源(energy source)是指为微生物提供能量的物质。通常我们可以将能源物质分为两类,一类是化学能,另一类是光能。多数微生物以化学物质作为能源,少数的微生物利用光能生长。由此可见微生物的能源谱十分简单,各种微生物的能源谱如下:

能源谱
- 辐射能(光能营养型):光能自养和光能异养微生物的能源
- 化学物质(化能营养型)
  - 有机物:化能异养微生物的能源
  - 机物:化能自养微生物的能源

通常各类异养微生物的能源就是其碳源;化能自养微生物的能源是其还原型的无机物,如 NH_3、NO_2^-、H_2、H_2S、S、Fe^{2+} 等氧化放出的化学能,因此自养微生物生长所需的能源不是来自碳源,目前所发现的能够利用这些物质作为能源的微生物均为原核生物,如亚硝酸细菌、硝酸细菌、氢细菌、硫细菌、铁细菌等。

在能源中,有些能源要素或物质仅有一种功能,有些则具有多种功能。如光辐射能是单功能营养物质,还原态无机物如 NH_4^+ 是双功能营养物(兼具氮源、能源功能),氨基酸和蛋白质类是三功能营养物(兼具碳源、氮源、能源功能)。

3.1.4 无机盐

无机盐(mineral salt)为微生物的生长提供了除碳源、氮源以外的各种重要元素,对微生物而言,无机盐也是必不可少的物质。实验发现,微生物中矿物元素的质量占细胞干重的 3%~10%,它在机体内主要构成细胞的组成成分,作为酶活性的组成部分,它的功能主要有调节细胞渗透压、氧化还原电位与 pH 的功能,维持生物大分子及细胞结构的稳定性,某些元素如 S、Fe 还可作为一些自养微生物如硫细菌、铁细菌的能源。

根据微生物生长对矿质元素的需要量,可将其分为大量元素(macroelements)和微量元素(microelements)。生长所需浓度在 10^{-4}~10^{-3} mol/L 范围内的称为大量元素,如 S、P、K、Mg、Na、Ca、Fe 等。生长所需浓度在 10^{-8}~10^{-6} mol/L 范围内的称为微量元素,如 Cu、Zn、Mo、Mn、Se、Co、Ni、Sn 等。

除了大量元素和微量元素外,一些具有特殊形态结构和在特殊环境下生长的微生物,具有特殊的矿质元素要求。例如,大多数细菌不需要大量的钠,但一些生活在盐湖和海洋中的细菌则依靠高浓度的钠离子(Na^+)才能正常生存;硅藻需要硅酸来合成其富含二氧化硅的细胞壁。

在配制微生物培养基时,对大量元素来说,首选的无机盐是 K_2HPO_4

和 $MgSO_4$，可同时提供多种需要量大的元素。就微量元素来说，因水、玻璃器皿、一般化学试剂或其他天然成分中微量元素以杂质状态普遍存在，一般培养基无须加入，只有在做特别精密的营养、代谢研究时，才专门加入。同时，许多微量元素是重金属，不能过量，否则可能产生毒害作用。

3.1.5 生长因子

所谓生长因子(growth factor)是指微生物自身无法直接合成的或者合成量极少而不能满足其生长需求的有机化合物。生长因子有广义和狭义之分，广义的生长因子主要有维生素、氨基酸、嘌呤和嘧啶碱基等，狭义的生长因子专指维生素。维生素是最早发现的生长因子，不提供能量，也不参与细胞结构组成，它们大多数是辅酶或辅基的成分，与微生物代谢有着密切的关系。微生物最大生长时所需要的维生素浓度大约是 0.2 μg/mL。

氨基酸是许多微生物都需要的生长因子。如果维生素不能够合成一些必需的氨基酸，那么就需要通过在培养基中补充这些氨基酸以达到正常生长代谢。一般来说，革兰氏阴性细菌合成氨基酸的能力比革兰氏阳性细菌强。不同微生物合成氨基酸的能力不同。如肠膜明串珠菌合成氨基酸的能力很弱，需要补充 17 种氨基酸和维生素等生长因子才能正常生长；伤寒沙门氏菌能合成所需的大部分氨基酸，仅需要补充色氨酸；大肠杆菌能合成自己所需要的全部氨基酸。微生物需要氨基酸的量为 20～30 μg/mL。

嘌呤和嘧啶也是非常重要的生长因子，它们的主要作用是构成核酸、辅酶和辅基。微生物生长旺盛时需要嘌呤和嘧啶的浓度为 10～20 μg/mL。嘌呤和嘧啶进入微生物细胞后须转化为核苷和核苷酸才能被利用。有的微生物不但无法合成嘌呤和嘧啶，还不能将它们结合到核苷酸上，因此还需要补给核苷或核苷酸以维持正常的生长。

生长因子并不是都要从外界获取，有些微生物能够自己合成。根据微生物与生长因子的关系，可将微生物分为以下三类：

(1)生长因子自养型微生物

所谓自养型微生物是指生长所需的能量完全由自行合成而不需要外界提供生长因子的菌株。通常我们将不需补充外界生长因子而能够在基础培养基上生长的菌株称为野生型菌株(wild type strain)。多数真菌、放线菌与许多细菌都属于自养型微生物。

(2)生长因子异养型微生物

所谓生长因子异养型微生物是指自身无法合成生长因子，需外界补充后才能正常生长的微生物，如各种乳酸菌、动物致病菌、支原体、原生动物等。通常将由于自发突变或诱发突变等原因从野生型菌株产生的丧失合成某种生长因子能力的菌株称为营养缺陷型(auxotroph)菌株。如某种乳酸杆菌的一些菌系中,有的是谷氨酸的缺陷型,有的是维生素 B_1 的缺陷型,有的是谷氨酸和维生素 B_1 的双重缺陷型,还有甚者是多种氨基酸和维生素的缺陷型。造成某种缺陷型的原因是由于它们失去了有关合成该物质的酶。

(3)生长因子过量合成型微生物

实验发现,有的微生物在代谢过程中能够合成大量的生长因子,我们将这类微生物称作生长因子过量合成型微生物。有几种水溶性和脂溶性维生素已全部或部分地利用工业发酵生产。如阿舒假囊酵母(*Eremothecium ashbyil*)和棉阿舒囊霉(*Ashbya gossypii*)是维生素 B_2 产生菌;谢氏丙酸杆菌(*Propionibacterium shermanii*)、巴氏甲烷八叠球菌(*Methanosarcina barkeri*)、橄榄链霉菌(Streptomyces olivaceus)、灰色链霉菌(*S. griseus*)等是维生素 B_{12} 产生菌;梭菌属、阿舒囊霉属、假丝酵母属、假囊酵母属等可生产核黄素;棒杆菌属、欧文氏菌属、葡萄杆菌属等可生产维生素 C;酵母菌属可生产维生素 D;杜氏藻可生产 β-胡萝卜素等。现今研究的焦点是发掘能产生大量其他维生素的微生物并提高其产量。

通常对某些微生物生长所需的生长因子要求不了解,因此在配制相应培养基时,一般用生长因子含量丰富的天然物质如酵母膏、牛肉膏、麦芽汁、玉米浆或其他新鲜动、植物组织浸出液等作原料,以保证微生物对它们的需要。

3.1.6 水

微生物细胞的含水量比较高,细菌、霉菌以及酵母菌的含水量分别为80%、85%和75%左右,霉菌孢子含水量约39%,细菌芽孢核心部位则低于30%。除少数微生物如蓝细菌能利用水的氢还原 CO_2 合成糖外,其他微生物并不把水当作真正的营养物。但微生物的生长离不开水,因此水仍作为营养要素。

细胞通过水才能吸收营养物质和排泄废物。水作为微生物细胞的重要组成成分,占细胞湿重的70%~90%,水还供给微生物氢和氧元素;水组成原生质胶体,保证细胞内一系列生物化学反应的正常进行,维持各种生物大分子(蛋白质、DNA)结构的稳定性;水是优良的溶剂,起运输介质的作用;水的比热高,能很好地吸收代谢过程所放出的热量,且能够将热量散发到体外,实现了温度的调节;水维持细胞的正常形态,当含水量减少后,原生质由溶胶变为凝胶,细胞的生命活动开始减弱,发生了质壁分离,含水量过多时,原生质胶体破坏，菌体膨胀死亡。由此可见，微生物离开水便不能进行正常的生命活动。

微生物细胞中的水分有游离水和结合水两部分，游离水处于自由流动状态，是最基本的溶剂，可被微生物利用。结合水是水与溶质或其他分子形成的水合物，它不流动、不易蒸发、不冻结、不能作为溶剂、不渗透、不能被微生物利用。微生物细胞内游离水和结合水的比例大约是 4∶1。

3.2 微生物的营养类型

根据能源、氢供体以及碳源来源的不同，我们将微生物四类，分别是光能自养型(photolithoautotrophy)、光能异养型(phtoorganoheterotrophy)、化能自养型(chemolithoautotrophy)和化能异养型(chemoorganoheterotrophy)。如表 3-4 所示为微生物的营养类型。

表 3-4 微生物的营养类型

营养类型	能源	主要碳源	氢或电子供体	举例
光能自养型	日光	CO_2	水或还原态无机物	蓝细菌、紫硫细菌
光能异养型	日光	CO_2 或简单有机物	简单有机物	红螺菌属
化能自养型	无机物的氧化	CO_2 或可溶性碳酸盐	还原态无机物	硝化细菌、硫细菌
化能异养型	有机物的氧化	有机物	有机物	大部分细菌、放线菌和真菌

3.2.1 光能自养型

光能自养型也称为光能无机营养型。这类微生物以 CO_2 为主要碳源进行光能生长。它们的共同点是能够将无机物作为氢供体，然后将 CO_2 固定并将其还原为细胞物质，同时还释放出氮、氧元素的释放。其中蓝细菌、绿硫细菌以及紫硫细菌等都属于这类的营养型。光能自养型微生物能够完全在无机环境中生长。

蓝细菌体内含有叶绿素，因此它们也能够进行光合作用，它们以水为氢供体，还原 CO_2，同时释放出 O_2。

$$CO_2 + H_2O \xrightarrow[\text{叶绿素}]{\text{光}} (CH_2O) + O_2$$

紫硫细菌和绿硫细菌中含有菌绿素，它们不能以水作为氢供体，而是用硫化氢等无机硫化合物还原 CO_2，且这些反应是在严格的厌氧条件下以光为能源的条件下进行的。这类光合细菌在生长时不会释放 O_2，代谢所产生的硫元素被分泌到细胞外或沉积在细胞内。

$$CO_2 + 2H_2S \xrightarrow[\text{光合色素}]{\text{光}} (CH_2O) + H_2O + 2S$$

3.2.2 光能异养型

光能异养型又称为光能有机营养型。它们的碳源比较丰富，CO_2 不是其唯一的碳源。它们以甲酸、乙酸、乳酸等许多简单的有机物作为氢供体，同时利用光能将 CO_2 还原为细胞物质。

紫色非硫细菌（红螺菌）以乙醇为碳源，它能够将二氧化碳还原为葡萄糖。红螺菌属中的有些细菌以异丙醇作为氢供体，并将 CO_2 还原成为细胞物质，同时积累丙酮。

虽然光能异养型微生物能够利用 CO_2，但它们生长却是有条件的，一般都需要在有机物质的存在下才能进行正常的生长，如果是人工培养还需要提供足够的生长因子。红螺菌在工业中有着特殊的用途，它能够有效地分解含有有机物的废水，因此它在污水处理、环境净化等领域有着广阔的应用前景。

3.2.3 化能自养型

化能自养型也称为化能无机营养型，通过大量的实验表明，它们生长所需的能量主要来自于无机物氧化所释放的化学能，在以 CO_2 或碳酸盐作为碳源进行生长时，利用 H_2、H_2S、Fe^{2+}、NH_3 或 NO_2^- 等作为电子供体使 CO_2 还原成细胞物质。按被氧化的无机物种类，可将化能自养型微生物分为四类，分别是硝化细菌、硫化细菌、铁细菌和氢细菌。化能自养型只存在于微生物中，它们能够在无机、无光的环境中生长。它们的分布范围很广，几乎在地球的任何角落都有分布，参与地球的物质循环。

例如，硝化细菌通过氧化氨或亚硝酸获得能量同化 CO_2。

$$NH_4^+ + 1/2O_2 \longrightarrow NO_2^- + 2H^+ + H_2O$$

$$NO_2^- + 1/2\ O_2 \longrightarrow NO_3^-$$

3.2.4 化能异养型

化能异养型微生物主要以有机物的氧化能作为其能量物质，它们以有机物作为氢供体，并以有机物作为碳源，这类有机物主要有淀粉、糖类、纤维素等。由此可见有机物既是异养型微生物的碳源同时也是氮源。

已知的微生物中大多数属于化能有机营养型，如多数的细菌、全部的真菌、原生动物以及病毒。

根据营养物质来源不同又可将化能异养微生物分为腐生与寄生两种，如果食物是来自死亡或腐烂的动植物尸体，就称其为腐生微生物。很多细菌和真菌属于此类，如枯草杆菌、根霉、青霉、蘑菇、木耳等。如果其生长所需的营养物质都是从活细胞中获取则称之为寄生微生物，如病毒、衣原体、立克次氏体等。而有些微生物是腐生、寄生共同存在的，如结核杆菌既能以腐生生活，也能寄生生存。

以上四种营养类型的划分并不是绝对的，还有很多自养型和异养型之间，光能型和化能型之间的过渡类型。例如，在没有有机物时红螺菌可以同化 CO_2，此时它为自养型微生物，在有有机物存在时，它又可利用有机物进行生长，这时它又是异养型微生物。红螺菌在有光、厌氧的条件下为光能营养型，在黑暗、有氧条件下成了化能异养型。氢单胞菌是异养和自养的过渡型（称为兼性自养型），在有机物存在时营异养生活，无机物存在时营自养（利用氢的氧化获得能量，还原 CO_2 合成细胞物质）生活。微生物营养类型的可变性无疑有利于提高微生物对环境变化的适应能力。

3.3 微生物培养基制备技术

培养基是由人工配制的，用于微生物生长、繁殖以及进行新陈代谢的场所。目前无论是科研还是工业生产，对微生物的需求都非常大，因此培养微生物的任务也非常之困难，只有制备出优良的培养基才能够培养出优质的微生物。所以培养基是进行科研以及生产的基础。培养基的配制应根据不同种类微生物的营养需求加入适当种类和比例的营养物质，调节适宜的理化环境，及时杀灭杂菌，才能满足微生物的正常生长。

3.3.1 培养基配制的基本原则

3.3.1.1 明确用途

配制培养基首先要明确所配制的培养基的用途是用来培养微生物菌种还是用以微生物的发酵生产。菌种不同、培养目的不同，配制的培养基也是不同的，应根据微生物的营养特点及生产目的来确定适宜的培养基。一般的，培养一类微生物都有其固定的培养基，如异养菌通常采用牛肉膏蛋白胨作为培养基，而放线菌则采用高氏工号培养基来培养，霉菌一般用察氏培养基进行培养，酵母菌的培养一般采用麦芽汁琼脂培养基来培养。在生产中，种子培养基和发酵生产培养基的碳氮比（C/N）是显著不同的。发酵生产培养基因发酵生产产品不同而不同，有些发酵生产需在培养基中加入适当的某些前体物质，才能提高产量，如生产青霉素需加入苯乙酸前体物质，生产维生素 B_{12} 需加入钴盐前体物质。

配制培养基时主要是根据菌种营养特点和生产目的来确定营养种类及搭配比例。

营养种类主要考虑碳源、氮源、无机盐和生长因子。对于自养型的微生物而言，通常需要提供足够的无机碳源；对于异养型的微生物，一般需要加入有机碳源，此外还要加入一定量的无机矿物元素；某些特殊的微生物的培养还需要加入一定的生长因子，例如在培养乳酸菌时，只有加入一定的氨基酸和维生素后才能满足其生长。

微生物对营养的需求还需要恰当的比例，其中 C/N 最为重要。不同微生物菌种要求不同的 C/N，即使是同一菌种，不同的生长时期以及不同的生产目的，C/N 也是不一样的。如种子培养基，要求碳源和氮源都丰富，尤其是氮源要适当高些，以利于微生物的生长与繁殖。如果用于获得代谢产物，C/N 要求高些，适当增加碳素含量和降低氮素含量，有利于代谢产物的积累。

3.3.1.2 适宜的理化条件

除了根据用途来确定培养基营养物质的搭配比例之外，微生物生长的理化环境，如 pH、渗透压、氧化还原电位等也起到一定的作用，有时甚至能够直接影响微生物的正常生长和代谢。

①pH：不同的微生物有着不同的适宜生长的 pH 范围。一般而言，细菌的最适 pH 为 7.0～8.0，放线菌的最适 pH 为 7.5～8.5，酵母菌的最适

pH为3.8～6.0,霉菌的最适pH为4.0～5.8。

微生物在生长的同时,它也会产生一些酸性或碱性的代谢产物,从而导致培养基中的pH处于不断地变化中,通常大多数微生物分泌的产物都是酸性的,因此培养基中的pH会逐渐下降,从而抑制了微生物的生长和繁殖。为避免这种现象,就必须在配制培养基时充分考虑到培养基组分对pH的调节能力,通常需要加入适量的缓冲溶液来调整。常用的缓冲物质有磷酸盐类和碳酸钙。

②渗透压:微生物的细胞膜是半透性的膜,如果环境中的渗透压相对细胞质的渗透压较低时,细胞会发生吸水膨胀的现象,这一现象有可能会影响细胞的正常代谢;相反如果环境中的渗透压相对细胞质的渗透压较高时就会导致细胞皱缩失水,甚至出现质壁分离的现象,因此在营养基的配制时,其浓度不宜高也不易低。

③氧化还原电位:不同的微生物对于培养基中氧化还原电位的要求各不相同。通过统计发现,好氧微生物的最适宜氧化还原电位Eh值为＋0.3～＋0.4 V,厌氧微生物只能在＋0.1 V以下的低氧化还原电位培养基中生长。好氧微生物在培养时需保证氧的供应,如实验室的液体摇床培养就是为了增加好氧微生物的需要氧。在配制厌氧微生物培养基时,常加入一定量的还原剂(如抗坏血酸、胱氨酸、硫化钠、羟基乙酸钠等)来达到低氧化还原电位条件,也可采用其他除氧方法来达到厌氧条件,如液体深层静置发酵。

3.3.1.3 降低成本

大规模生产用培养基的选择应遵循经济节约的原则,降低成本,提高效益。一般就近选择价格便宜,来源丰富的原料作培养基。

3.3.2 培养基的类型

培养基的种类很多,按分类标准不同有多种分类方法。

3.3.2.1 根据培养基的营养物质来源分类

(1)天然培养基

所谓天然培养基是利用天然的有机物,如牛肉膏、蛋白胨、马铃薯等。就目前而言,这类培养基的化学成分还不十分清楚,化学组分也不恒定,如牛肉膏蛋白胨培养基、马铃薯培养基等。天然培养基的优点是营养充分、品种繁多、容易配制,价格低廉;其缺点是化学成分不稳定。天然培养基一般用于实验室菌种的培养、发酵生产的种子培养和发酵产物的生产等。

(2)合成培养基

所谓合成培养基是指由化学成分已知的几类药品配制而成的,比较典型的合成培养基有高氏Ⅰ号培养基和查氏培养基。合成培养基用途广泛,其优点很多,主要表现为成分精确、重复性强,但它也有缺点,如价格高昂、微生物生长速度缓慢等。一般多用于在实验室进行有关微生物营养需求、代谢、分类鉴定、生物量测定、菌种选育及遗传分析等方面的研究工作。

(3)半合成培养基

在以天然有机物为主要碳源、氮源和生长因子的培养基中加入一些补充无机盐成分的化学药品,这样的培养基称为半合成培养基,是实验室和生产上使用最多的一类培养基。

3.3.2.2　根据培养基的物理状态分类

(1)液体培养基

在配制好的培养基中不加凝固剂,培养基呈液体状态。由于营养物质以溶质状态溶解于培养基中,微生物更能充分接触和利用,因而生长快、积累代谢产物多。在用液体培养基培养微生物时,通常采用振荡或搅拌的方式来增加培养基的通气量,同时使营养物质分布均匀。

液体培养基常用于大规模工业生产以及在实验室进行微生物的基础理论和应用方面的研究。

(2)固体培养基

所谓固体培养基其实是在液体培养基的基础上掺入适量的絮凝剂,在絮凝剂的作用下,液态培养基逐渐凝固转变为固态状的培养基。理想的凝固剂需要具备以下条件。

①不被所培养的微生物分解利用;

②在微生物生长的温度范围内保持固体状态,在培养嗜热细菌时,由于高温容易引起培养基液化,通常在培养基中适当增加凝固剂;

③凝固剂凝固点温度不能太低,否则不利于微生物的生长;

④凝固剂对所培养的微生物无毒害作用;

⑤凝固剂的特性在灭菌过程中不会被破坏;

⑥透明度好,黏着力强;

⑦配制方便且价格低廉。琼脂有无营养、无分解、熔点96 ℃、凝固点40 ℃的特点,具备理想凝固剂的条件,是实验室最常用的凝固剂,其加入量一般为1.5%~2.0%。

固体培养基常用于纯种分离、菌落特征的观察、菌种保藏、菌落计数及育种等方面。

(3)半固体培养基

通常在液体培养基中加入少量的琼脂(一般为0.2%~0.7%),培养基就呈现半固体的状态。

半固体培养基常用来观察微生物的运动特征、分类鉴定及噬菌体效价滴定等。

3.3.2.3 根据培养基的功能分类

(1)基础培养基

含有一般微生物生长繁殖所需的基本营养物质的培养基。如牛肉膏蛋白胨培养基是培养细菌的基础培养基,马铃薯培养基是培养真菌的基础培养基。

基础培养基通常用来富集和分离某类微生物,基础培养基也可作为一些特殊培养基的基础成分,再根据某种微生物的特殊营养需求,加入所需营养物质。

(2)鉴别培养基

就是用于鉴别不同类型微生物的培养基。在培养基中加入某种特殊的化学物质,某种微生物在培养基中生长产生的代谢产物与培养基中的特殊化学物质发生特定的化学反应,产生明显的特征性变化,根据这种特征性变化,可将该种微生物与其他微生物区分开来。如用乙酸铅培养基可以鉴定细菌是否产生硫化氢。

鉴别培养基主要用于微生物的快速分类鉴定,以及分离和筛选产生某种代谢产物的微生物菌种。

(3)加富培养基

也称营养培养基,就是在基础培养基中加入某些特殊营养物质制成的一类营养丰富的培养基。这些特殊营养物质包括血液、血清、酵母浸膏、动植物组织液等。

加富培养基一般用来培养营养要求比较苛刻的异养型微生物,如培养百日咳博德菌需要含有血液的加富培养基。

加富培养基也可以用来富集和分离某种微生物,这是因为加富培养基含有某种微生物所需的特殊营养物质,该种微生物比其他微生物生长速度快,并逐渐富集而占优势,其他微生物被逐步淘汰,从而容易达到分离该种微生物的目的。

(4)选择培养基

就是用来将某种或某类微生物从混杂的微生物群体中分离出来的培养基。一般是在培养基中加入某些化学品以抑制不需要的微生物生长,对所需微生物的生长没有影响，从而达到将所需要的微生物从混杂的微生物群体中分离出来的目的。如在SS培养基中加入胆盐可以抑制其他肠道细菌的生长，从而分离出沙门菌。

鉴别培养基和加富培养基也可作为选择培养基，三者都有分离微生物的作用，但它们三者是有区别的。鉴别培养基中加入的化学物质不是抑菌剂，而是指示剂，根据与代谢产物发生化学反应的特征变化来鉴别和分离微生物；加富培养基中加入的是某类微生物需要的营养物质，促进所需微生物的优势生长，淘汰不需要的微生物，从而达到分离微生物；选择培养基加入的化学物质是抑菌剂或杀菌剂，没有营养作用，抑制不需要的微生物，留下需要的微生物，从而达到分离微生物的目的。

3.3.2.4 根据培养的微生物种类分类

根据微生物的种类不同可分为：细菌培养基、放线菌培养基、霉菌培养基、酵母菌培养基等。比如实验室常用的培养异养细菌的培养基是牛肉膏蛋白胨培养基，培养放线菌的是高氏工号培养基等。

3.3.3 培养基的制备

3.3.3.1 制备方法

微生物实训室所用培养基的配制主要包括称量、溶解原料、融化琼脂、补足水量、调 pH、分装灭菌、制斜面或平板、检验灭菌效果等工作。

(1)营养物质的称量与溶解

营养物质一般采用粗天平称取就行了。称量后应按溶解顺序进行溶解。一般情况，先溶解难溶性物质，后溶解易溶解性物质；先溶解大分子物质，后溶解小分子物质。如牛肉膏、蛋白胨等大分子物质需先加热溶解，然后再加入易溶解的 NaCl 等小分子物质。如果是配制固体培养基，再加入琼脂，煮沸融化，最后补足水量。

(2)调整 pH

根据配方要求的 pH 用 pH 试纸进行调整。需先准备盐酸和氢氧化钠调节液，浓度不能过高或过低，一般为 1 mol/L。浓度过高易使培养基局部酸或碱浓度过高，或者调整 pH 过头；浓度过低则需要较多的酸碱调节液，造成培养基中营养物质浓度降低。在进行 pH 调整时，应先测定需要调整的基质 pH，然后根据要求的 pH 确定是加酸或加碱，比如过酸则加碱，过碱则加酸。

(3)灭菌

配制好的培养基需采用高压湿热灭菌,保证培养基处于无菌状态,有利于微生物的纯培养。如果培养基中存在热不稳定营养物质,应分批灭菌,或采用超滤除菌技术除菌。冷却后放入培养箱培养,检查灭菌效果。

3.3.3.2 注意事项

①在配制培养基前,应根据所培养的微生物种类选择适宜的培养基配方。并根据配方要求准备好所需要的营养物质材料和器具。

②制定实训方案,根据实训需要计算配方的原料用量。力求做到够用、节约原则。

③勿用铁锅或铝锅溶解培养基,最好用不锈钢锅。

④合理存放。如果培养基未及时使用或未使用完,最好放入普通冰箱内(4 ℃)保藏,放置时间不宜超过1周,平板不宜超过3天。以免降低营养价值或发生化学变化。

3.4 营养物质的跨膜运输

营养物质不会直接被微生物利用,只有将微生物运输到细胞体内,才能够实现充分地分解和利用;另外,微生物排泄的废物也要及时的运到细胞外,以避免大量的积累对身体造成毒害。微生物自身没有专门的摄食器官,它只能依靠细胞表面来完成细胞内外物质的交换。经试验表明,细胞壁只对分子质量大于600 Da的溶质起阻挡作用,而细胞膜则能够控制营养物质的进入与代谢废物的排出。细胞膜由磷脂双分子层构成,镶嵌有膜蛋白。不同的营养物质实现跨膜运输的方式各不相同,一般可分为四种方式:单纯扩散、促进扩散、主动运输和基团移位。

3.4.1 单纯扩散

单纯扩散(simple diffusion)也叫被动扩散,这是物质进出细胞膜最简单的运输方式。单纯扩散下物质进出细胞膜是根据浓度梯度由高浓度细胞的外环境向低浓度细胞的内部进行扩散。虽然单纯扩散是非特异性的,然而细胞膜上的含水小孔的形状及大小对扩散分子有一定的选择性。物质在扩散的进程中,营养物质不参与化学反应,其自身的结构也保持不变。扩散的本质是简单物质的跨膜运输,这一过程也是最为纯粹的物理过程:物质扩散的动力源是细胞膜内外的浓度差，也就是浓度梯度。如果细胞膜内外的浓度梯度消失，即细胞膜内外物质的浓度相等，那么扩散就达到了平衡状态。然而进入细胞内的营养物质不断地被消耗，这就导致细胞内的浓度始终处于较低水平，因此细胞外的物质能够源源不断的扩散进入细胞。简单来说，单纯的扩散过程属于物理过程，期间并不消耗细胞的能量。被扩散的分子不发生化学反应，其构象也不会变化。对于细胞膜，它主要是由磷脂双分子层以及蛋白质组成，并且膜上分布着含水膜孔，膜内外表面是极性的，中间层为疏水层，因此物质跨膜运输的能力和速率都与该物质的性质有关，相对而言，分子小、脂溶性强、极性小的物质容易通过扩散进出细胞。此外升高时，细胞膜的流动性增加，有利于物质的扩散，而 pH 与离子强度通过影响物质的电离程度而影响物质的扩散速率。

扩散不是微生物吸收营养物质的主要方式，能够自由扩散进出细胞内的物质只有水，此外脂肪酸、乙醇、甘油、苯、一些气体分子（O_2、CO_2）及某些氨基酸在一定程度上也可通过扩散进出细胞。

综上可知，影响单纯扩散的因素主要有被运输物质的大小、溶解性、极性、膜外 pH、离子强度和温度等。

3.4.2 促进扩散

同单纯的扩散一样，促进扩散（facilitated diffusion）也是一种被动的物质运输方式，此过程不会消耗能量，参与运输的物质的结构保持不变，运输速率与膜内外的浓度差成正比，不能进行逆浓度运输。

营养物质透过细胞膜的速度慢，不能满足微生物对营养物质的需要，有些非脂溶性物质，如糖、氨基酸、金属离子等，不能通过由碳、氢组成的非极性区。但是，微生物具有一些特殊的生理结构，能帮助上述物质顺利而快速地通过细胞膜，这些特殊结构就是位于细胞膜上的特异性蛋白（底物特异载体蛋白）。

促进扩散与单纯扩散的不同在于促进扩散的物质需要借助载体（carrier）的作用才能进入细胞，且每一种载体都具有较高的转移性。被运输物质与相应载体之间存在一种在细胞膜内外的大小不同的亲和力，这种亲和力的变化通过载体分子的构象变化而实现。当物质与相应载体在细胞外亲和力大而在细胞内亲和力小时，通过被运输物质与相应载体之间亲和力的大小变化，使该物质与载体发生可逆性的结合与分离，可导致物质穿过细胞膜进入细胞。

促进扩散的载体主要是一些促进物质进行跨膜运输的蛋白质，它自身在这个过程中不发生化学变化，而且在促进扩散中载体只影响物质的运输速率，并不改变该物质在膜内、外形成的动态平衡状态，被运输的物质在膜内、外浓度差越大，促进扩散的速率越快，但是当被运输物质浓度过高而使载体蛋白饱和时，运输速率就不再增加了，这些性质都和酶的作用特征相类似，因此载体蛋白也称为透过酶(permease)。透过酶大都是诱导酶，只有在环境中存在机体生长所需的营养物质时，相应的透过酶才合成。

细胞膜上有多种透过酶，每种透过酶具有很强的运输专一性，一种渗透酶只选择性地运送某类紧密相关的物质。如葡萄糖载体蛋白只转运葡萄糖，芳香族氨基酸载体蛋白只转运芳香族氨基酸而不转运其他氨基酸。在这一过程中，渗透酶借助于自身构象的变化，加速将营养物质从细胞的外表面运送到细胞膜的内表面并释放，这一过程也是依靠浓度梯度驱动的，不消耗代谢能量。

这种特异性的扩散，主要存在于真核生物中，在原核生物中比较少见。通过促进扩散进入细胞的营养物质主要有氨基酸、单糖、维生素及无机盐等。

尽管人们对促进扩散的机制有很多研究，但是，对这一过程并未先全了解。载体蛋白横跨细胞膜，当营养物质在膜外与其结合时，载体蛋白构象发生了变化，并将营养物质释放到细胞内，然后再提取蛋白质恢复原来的构象，并随时准备与细胞外的营养物质分子结合进行下一轮的运输(图 3-1)。

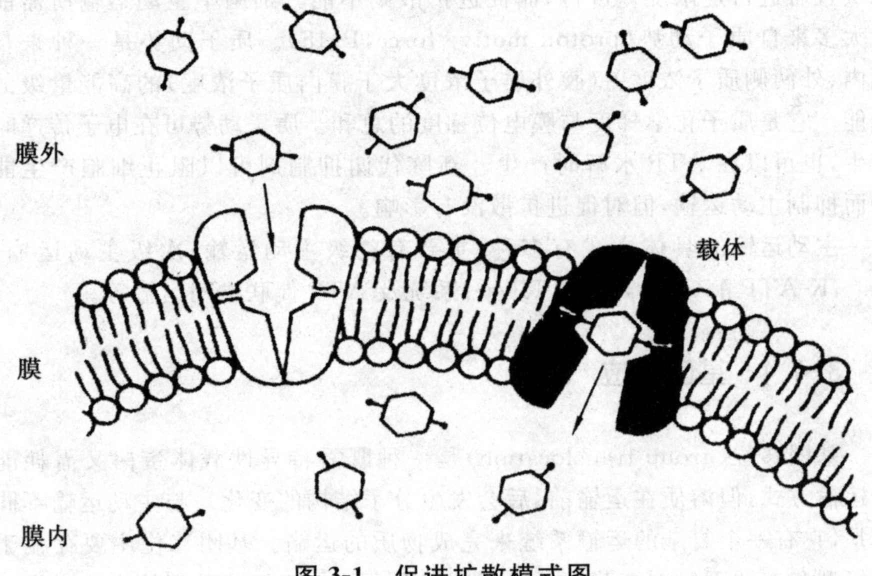

图 3-1　促进扩散模式图

在此过程中不消耗其他能量，只要细胞外营养物质的浓度高于细胞内，营养物质分子就可以通过这种方式不断地进入细胞内。

3.4.3 主动运输

尽管促进扩散在细胞外浓度高时能有效地将营养物质运输到细胞内，然而当细胞内积累了大量的营养物质后，细胞内的浓度高于细胞外的浓度，此时营养物质就不能通过浓度梯度扩散到细胞内，而是在逆浓度下被抽进细胞内。这一过程需要透过酶的参与并且消耗能量。透过酶在此过程中起改变平衡点的作用(一般的酶只改变反应达到平衡的速率)。这种需要消耗代谢能量和透过酶(特异性载体蛋白)的逆浓度梯度吸收营养物质的过程称为主动运输。因主动运输也需要载体蛋白的参与，所以对被运输的物质也有高度的专一性，被运输的物质和载体蛋白之间存在亲和力，而且在细胞膜内、外亲和力不同，膜外亲和力大于膜内亲和力。因此当被运输物质在细胞外与载体蛋白亲和力大时，能形成载体复合物，当进入膜内侧时，载体构象发生变化，与结合物的亲和力降低，营养物质便被释放出来。

主动运输(active transport)和促进扩散一样都需要膜载体的参与，并且被运输物质与载体蛋白的亲和力改变也与载体蛋白构型的改变有关。二者之间最大的区别在于，在主动运输过程中载体蛋白构型的变化需要消耗能量且可进行逆浓度差进行，而促进扩散则不能。细菌中主动运输所需能量大多来自质子动势(proton motive force，PMF)。质子动势是一种来自膜内、外两侧质子浓度差(膜外质子浓度大于膜内质子浓度)的高能量级的势能。它是质子化学梯度与膜电位梯度的总和。质子动势可在电子传递时产生，也可以在ATP水解时产生。新陈代谢抑制剂可以阻止细胞产生能量而抑制主动运输，但对促进扩散没有影响。

主动运输的具体方式有多种，主要有初级主动运输、次级主动运输、Na^+，K-ATP酶(Na^+，K^+-ATPase)系统及ATP偶联主动运输等。

3.4.4 基团移位

基团移位(group translocation)是一种既需特异性载体蛋白又需耗能的运输方式，但溶质在运输前、后会发生分子结构的变化。与主动运输不同的是，它有一个复杂的运输系统来完成物质的运输。基团移位主要存在于厌氧型和兼性厌氧型细菌中。目前还没有在好氧型细菌及真核生物中发现这种运输方式，也未发现氨基酸通过此方式进行运输。

基团移位的最典型例子是磷酸转移酶系统,大肠杆菌摄入葡萄糖就是依靠磷酸转移酶系统(PTS)实现的(图 3-2)。该系统通常由酶Ⅰ、酶Ⅱ和热稳定蛋白(HPr)等蛋白质组成。酶Ⅰ是非特异性的,是磷酸烯醇式丙酮酸-己糖磷酸转移酶,在细胞质里。酶Ⅱ共有三种:Ⅱa、Ⅱb、Ⅱc,其中Ⅱa 为细胞质蛋白,无底物特异性;Ⅱb 和Ⅱc 均为膜蛋白,具有底物特异性,可由不同的糖诱导产生,对各种特定的糖起作用,外界的糖与特定的酶Ⅱ结合,引起酶构型的变化,糖被送入膜内,进行磷酸化之后,即不再流出细胞外。热稳定蛋白是一种低相对分子质量的可溶性蛋白,它结合在细胞膜上,起着高能磷酸载体的作用。

营养物质(以糖为例)被运送的过程如下:

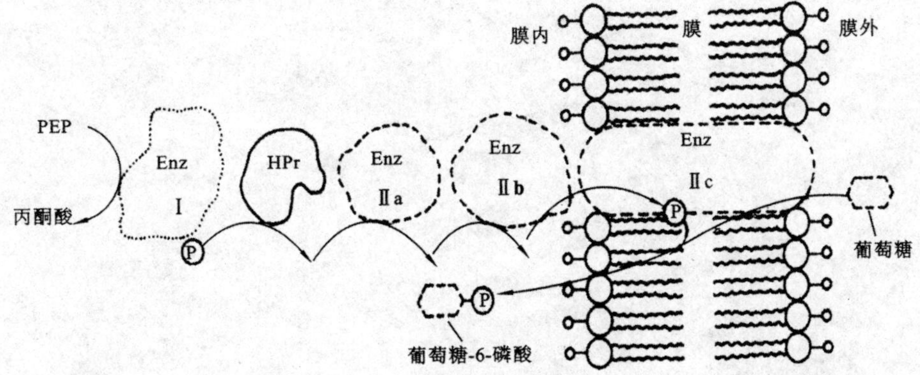

图 3-2　大肠杆菌 PTS 运输系统

$$\text{PEP}+\text{HPr}\xrightarrow{\text{酶Ⅱ}}\text{磷酸}-\text{HPr}+\text{丙酮酸(在细胞质中进行)}$$

$$\text{磷酸}-\text{HPr}+\text{糖}\xrightarrow{\text{酶Ⅲ}}\text{糖}-\text{磷酸}+\text{HPr(在细胞膜上进行)}$$

此过程中,在酶Ⅰ存在时,先是 HPr 被磷酸烯醇式丙酮酸磷酸化形成磷酸-HPr,并被转移到细胞膜上。在膜的外侧,外界供给的糖由渗透酶携带到细胞膜上,在特异性酶Ⅱ的催化下,糖被磷酸-HPr 磷酸化,形成糖-磷酸,渗透酶将在膜上已经被磷酸化的糖携带到细胞内,随即被代谢。基团移位是通过单向性的磷酸化作用实现的。细胞膜对大多数磷酸化的化合物有高度的不渗透性。所以,磷酸化的糖一旦形成就被截留在细胞内,这就是细胞内的糖浓度比细胞外高得多的原因。

通过基团移位进入细胞的物质有糖(葡萄糖、甘露糖、果糖及糖的衍生物 N-乙酰葡糖胺等)、嘌呤、嘧啶、脂肪酸、核苷、乙酸等。

营养物质的运输除了以上四种方式之外，微生物中还存在着其他的主动运输方式。其中有一种是ATP水解不建立膜内、外质子浓度差，而是直接偶联物质的运输，L-谷氨酰胺、L-鸟氨酰胺、L-鸟氨酸和D-核糖可以通过这种方式运输；在大肠杆菌中，能量的消耗可以导致柠檬酸透过酶的构象变化而使之活化，促进柠檬酸进入细胞；在金黄色葡萄球菌中，在脱氢酶作用下，乳酸氧化偶联着载体蛋白分子构象变化，促使物质进入细胞。

第4章 微生物的遗传育种与菌种保藏

随着分子生物学的迅速发展，微生物学在生物科学的基本理论方面，在国民经济的许多领域，已日益引起人们的高度重视，显示出越来越强的生命力。在应用微生物领域中，为了更有效地大幅度提高产品的质和量，微生物的选种与育种的问题变得更加突出。微生物在传代过程中不断产生变异，导致菌种获得的优良性状不断退化，如何创造适宜的环境来限制退化速度，对于微生物发酵工程而言，菌种保藏工作是极其重要和不可缺少的环节。

4.1 微生物遗传的物质基础

遗传变异有无物质基础以及何种物质可承担遗传变异功能的问题，是生物学中的一个重大理论问题。过去曾有过种种争论和推测，直到1944年后，利用微生物这一实验对象进行了三个著名的经典实验，才以确凿的事实证实了脱氧核糖核酸(DNA)是遗传变异的物质基础。

4.1.1 遗传变异物质基础的实验证明

4.1.1.1 转化实验

转化(transformation)这一现象是英国医生格里菲斯(F. Griffith)在1928年首先发现的。他将少量无毒、无荚膜的粗糙型(rough，R)肺炎链球菌(Streptococcus pneumoniae)和大量已经加热杀死的有毒、有荚膜的光滑型(smooth，S)肺炎链球菌细胞，经过混合后注入小白鼠体内，不久小白鼠病死，并且他还发现死去的小白鼠体内居然有活的S型肺炎链球菌细胞。1930—1931年，H. P. Robert Sia和M. Dawson等人在体外进行了类似的试验，将活的R型肺炎链球菌与致死的S型肺炎链球菌混合，分离到活的S

型肺炎链球菌细胞。

1933 年，L. Alloway 进行了进一步的无细胞试验，他们将致死的 S 型肺炎链球菌用石英沙磨碎，并过滤去除杂质，保留其上清液，随后将该上清液加入到活的 R 型肺炎链球菌中，最终分离到活的 S 型肺炎链球菌细胞。1940—1944 年，O. T. Avery 等人在离体条件下得到了进一步的证实，分别将从 S 型细胞中提取的多糖、蛋白质、RNA、DNA 转化至 R 型细胞，发现只有用 DNA(1.6ng)转化才能获得转化子。

由于肺炎链球菌由 R 型转变为 S 型时产生了荚膜多糖，我们知道多糖是由酶参与催化而合成的，因此我们想到：蛋白质是否具有转化能力？可是从 S 型肺炎链球菌中提取得到的多糖或蛋白质都不能引起转化，只有从 S 型肺炎链球菌提取出的 DNA 才能引起转化，而且转化的效率随着 DNA 纯度的增加而增加，而经 DNA 酶处理后的 DNA 则失去转化作用，所以可以认为转化因子是 DNA。

为了排除是否由少量杂质引起转化作用这一可能性，1949 年转化因子 DNA 已经被纯化到所含蛋白质不高于 0.02%，转化效果非但不减反而增加，因此可以确信，在肺炎链球菌中，决定型别的遗传物质是 DNA。DNA 的转化效率非常高，其转化所需的最低浓度为 10^{-5} μg/mL。

4.1.1.2 噬菌体感染实验

1952 年，科学家 A. D. Herskey 和 M. Chase 利用放射性示踪元素，对 T_2 噬菌体的吸附、增殖和裂解进行了系统研究。

T_2 噬菌体是感染大肠埃希菌的一种噬菌体，它由蛋白质外壳和 DNA 核心所组成，其中，蛋白质中含硫而不含磷，而 DNA 中含磷而不含硫。把大肠埃希菌培养于分别含有 ^{32}P 和 ^{35}S 标记的培养基中，再用 T_2 噬菌体进一步感染大肠埃希菌，由此得到 ^{32}P 和 ^{35}S 标记的 T_2 噬菌体。接下来使用已经标记了的噬菌体感染培养液中未标记的大肠埃希菌，在短时间的热保温处理后，用组织捣碎器缓缓地搅拌，使吸附在菌体表面的 T_2 蛋白质的外壳脱离并均匀分布于体系中，并进行离心分离，然后对沉淀物与上清液中的放射性核素进行标记，结果表明，大多数的 ^{32}P 都与细菌一起出现在沉淀中，而几乎所有的 ^{35}S 都分布在上清液中。这些都表明，在感染发生之后，只有噬菌体的 DNA 进入细胞中，但它的蛋白质外壳并不会进入，如图 4-1 所示。若对分离出的细菌继续培养，可于上清液中检测到 ^{32}P，该结果进一步证明了噬菌体侵染过程中是其 DNA 进入了宿主细胞中。

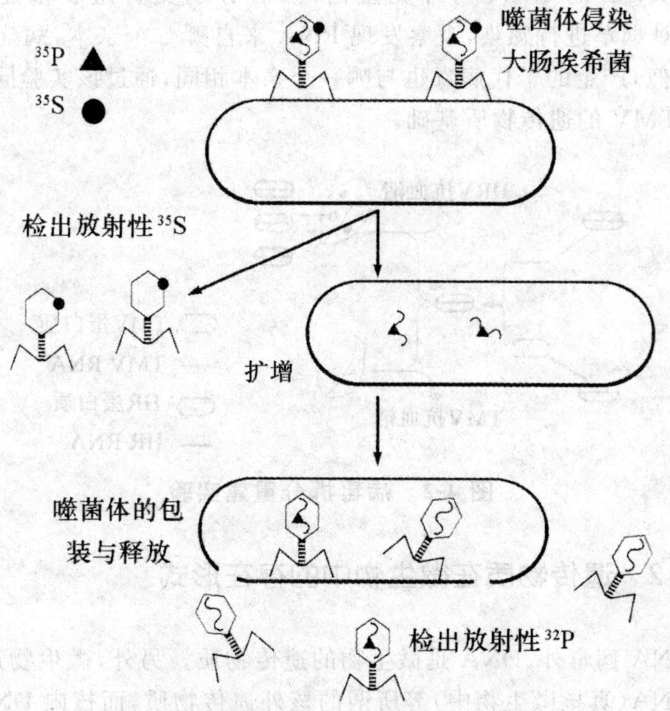

图 4-1　放射性标记噬菌体感染实验

从实验可知，T_2 感染大肠埃希菌细胞时，只把它的 DNA 注射到细胞中去，可是经过短短 20 min 后从细胞中释放出大约几百个子代噬菌体，而这些噬菌体的蛋白质外壳的形状、大小和留在细胞外面的一模一样，这就同样说明了决定它的蛋白质外壳特性的遗传信息的携带物是 DNA。到目前为止，人们发现除了 RNA 病毒(包括动物、植物病毒和噬菌体)外，其他生物的遗传物质都是 DNA。

4.4.1.3　病毒拆分重建实验

1956 年，F. Conrat 等人以烟草花叶病毒（Tobacco mosaic virus，TMV）为材料进行了病毒拆分重建实验（virus reconstruction），如图 4-2 所示。分别提取 TMV 的蛋白质和霍氏车前草花叶病毒（Holmes ribgrass mosaic virus，HRV）的 RNA，混合后重建新的杂种病毒，然后分别加入 TMV 和 HRV 的抗血清使之失活，最后分别感染烟草，在烟草可观察到 HRV 感染特有的病斑，并可分离获得 HRV，其结果证明 TMV 的主要感染成分是 RNA，而病毒外壳的主要作用是保护其核心。随后他们分别提取

TMV和HRV的RNA与外壳蛋白,然后分别交替组装重建TMV和HRV,并对烟草进行感染,观察发现RNA来自哪一个亲本,病症就与哪一个亲本相似,产生的子代病毒也与哪一个亲本相同,通过该实验同样证实了RNA是TMV的遗传物质基础。

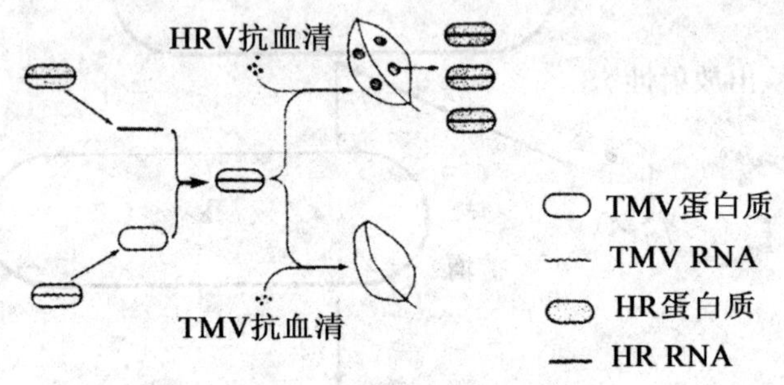

图 4-2　病毒拆分重建实验

4.1.2　遗传物质在微生物中的存在形式

除RNA病毒外,DNA是微生物的遗传物质。另外,微生物还有质粒、细胞器DNA(真核微生物中)等所谓的核外遗传物质,而核内DNA为主要的遗传物质。

4.1.2.1　核物质——染色体

DNA的主要存在形式是染色体。染色体是细胞分裂期间显微镜下可见的,由染色质构成的具有特殊形态和数目的物质。核物质主要由染色体构成。

(1)真核微生物染色体

真核微生物(酵母菌、霉菌等)具有真正的细胞核结构。遗传物质的存在方式有两种,一种是分裂间期的染色质(chromatin),另一类是分裂期的染色体(chromosome)。它们的主要化学组成是线状双链DNA分子和蛋白质(主要是组蛋白)。

(2)原核微生物染色体

原核微生物染色体主要由DNA(约占80%)和蛋白质(约占20%)组成,多数为环状双链分子。一般相对集中在细胞的一个区域,没有核膜包围,故此称为拟核(nucleoid)。拟核中的蛋白质,有些与DNA的折叠有关,有些参与DNA的复制、重组和转录。

(3)病毒的遗传物质

除了朊病毒之外,已知的其他所有的病毒或者噬菌体遗传物质都是DNA或RNA。病毒的核酸类型多种多样:可以是双链,也可以是单链;可以是单正链,也可以是单负链;可以是环状的,也可以是线状的;可以是两个完整的核酸分子,也可以是分成多个节段的。病毒和噬菌体核酸结构的多样性,必然导致其采用不同的方式产生mRNA和进行核酸的复制,这极大地丰富了分子遗传学的研究内容。

病毒和噬菌体的遗传物质包含着一套基因,通常又叫作病毒和噬菌体的基因组。噬菌体基因组在细菌细胞中是重复进行基因重组的。直到包装成完整的噬菌体颗粒,重组才结束。

4.1.2.2　核外物质——质粒

质粒(plasmid)通常是指独立于染色体外而能自主复制的遗传物质,大多是由DNA组成的环形分子,比宿主染色体小,在空间上与染色体分离,通常具有共价、闭合、环状DNA的基本特征。许多质粒既可以游离于细胞质中自主复制,也可以通过整合而进入宿主细胞的染色体中,伴随着染色体的复制而复制,我们也将这种质粒称之为附加体(episome)。质粒不仅与微生物遗传物质的转移有关,也与某些微生物的致病性、次生代谢产物(如抗生素)的合成以及微生物的抗药性有关,它又是基因工程中最常用的载体,因而对质粒的研究日益受到重视。原核微生物的细菌、放线菌中已发现有质粒,真核微生物的某些酵母菌中也发现有质粒存在。

通常,质粒具有以下基本特性:

①质粒一般是共价、闭合、环状、双链DNA(ccc dsDNA)分子,有超螺旋和开环两种存在形式。自然的质粒大小从1.0～100 kb不等,典型的质粒约为染色体的1/20。

②能自主复制。质粒可独立于宿主染色体外自主复制。

③不相容性。不相容性(incompatibility)又叫不亲和性。这里不亲和性是指同一个细胞中的质粒不能并存。

④我们知道质粒所携带的基因并不是细胞生长所必需的,但质粒同染色体基因一样具有一定的表型效应。染色体基因能满足细胞生命活动的需要。质粒所带的基因只决定宿主细胞的某些特性,如带抗药基因的质粒可使细菌产生抗药性等。

⑤质粒能从宿主细胞自发消除(curing)。实验发现,通过人工施加物理处理就可以极大地提高质粒的消除频率,如高温、紫外线及吖啶类物质处理可使一部分质粒消除。

⑥质粒可以从一个细菌转移给另一个细菌。根据其转移方式，一般把质粒分为两类：一类是接合型质粒，可通过两个菌细胞的直接接合而主动转移，如F因子；另一类是非接合型质粒，需要通过噬菌体转导才能转移的质粒DNA，如青霉素酶质粒。

4.1.2.3 转座因子

转座因子(transposable element)又称跳跃基因(jumping gene)，指的是细胞基因组中能够从一个位置转移到另一位置的一段DNA序列，被誉为可移动的遗传因子(mobile genetic elements)。转座因子从基因组的一个位置转移到另一个位置的过程叫作转座(transposition)，如从染色体的一个位置转移到另一个位置，从质粒至染色体或质粒至质粒等。

早在20世纪40年代，美国遗传学家B. McClintock就在玉米中发现转座因子，当时称为控制因子。20世纪60年代，I. Shapiro发现大肠埃希菌由插入序列(insertion sequence，IS)引起极性突变的现象。目前已证实在真核及原核生物中均有存在，且某些噬菌体本身就是转座因子。由于转座因子具有转座行为，能够使DNA分子发生各种的遗传学上的重排，因此在生物进化变异过程中有着重要的意义。

4.2 微生物的突变

突变是指基因组的核酸序列发生了可遗传的变化，突变概率很低(10^{-9}～10^{-6})。一个基因内部遗传结构或DNA序列的任何改变而导致的遗传变化称为基因突变，因其发生变化的范围很小(可能仅涉及一对或少数几对碱基)，所以又称点突变。而染色体畸变则是染色体DNA的大面积变化(损伤)现象，包括大段染色体的缺失、重复、倒位等。

在微生物中，突变的频率很高。研究突变的规律，不仅能够理解基因相关的理论，而且能够对诱变育种及医疗保健提供必要的理论基础。

4.2.1 突变的类型

4.2.1.1 点突变

(1)突变的类型

点突变是指DNA上一个或少数几个核苷酸的变化，包括转换(transition)

和颠换(transversion),以及核苷酸的插入或丢失。转换是指嘌呤间或嘧啶间的互换,即 G 与 A 的相互置换,C 与 T 的相互置换。颠换是指嘌呤与嘧啶间的互换,即 A 或 G 与 C 或 T 间的相互置换。

(2)点突变引起的遗传信息变化

当点突变发生在基因编码区时,根据其对编码蛋白序列造成的影响,可以分为同义突变(silent mutation,又称沉默突变)、错义突变(missense mutation)、无义突变(nonsense mutation)和移码突变(frameshift mutation)。

同义突变是指 DNA 序列中的单一碱基发生改变,但并未造成氨基酸序列的变化。这是由于密码子的简并性,通常这种突变发生在密码子的第三个核苷酸,也有可能在第二个核苷酸(可参照密码子表进行观察)。错义突变是指 DNA 序列中少数碱基的改变形成了新的密码子,编码另一氨基酸。这种改变会对蛋白质的结构和功能造成影响。所谓无义突变指的是由于编码区的碱基发生了改变,从而导致原先编码氨基酸的密码子转变为终止密码子,于是蛋白质的翻译提前终止。移码突变是由于核苷酸(非 3 的倍数)的插入或缺失导致下游密码子的阅读框发生改变,使蛋白质翻译发生变化。

4.2.1.2　缺失突变

缺失突变是指一段 DNA 序列的丢失。它有可能是 DNA 不同区域间同源重组造成的。缺失突变通常用希腊字母 Δ 表示,如 Δ*hisA* 表示 *hisA* 基因的缺失。通常,一个操纵子中某个基因的缺失不会影响下游基因的转录。

4.2.1.3　插入突变

插入突变是指一段 DNA 序列插入到另一段 DNA 中。能够导致插入突变的 DNA 通常包括插入序列(IS)、转座子及病毒(包括噬菌体)等。插入突变用∷表示,如 *hisA*∷Tn5 表示转座子 Tn5 插入到 *hisA* 基因中间。插入突变会使被插入基因的转录或翻译发生终止。如果插入位点位于一个操纵子中,下游基因的转录都会受到影响,称为极性效应(polar effect)。

4.2.2　微生物突变的特点

整个生物界的相同之处是遗传物质的本质在遗传变异上,所有的生物都遵循着同样的规律,故微生物的突变的特点也具有一致性。下面从细菌的抗药性出发,来说明基因突变的一般特点。

(1)不对称性

不对称性是指引起微生物突变的原因与突变的形状之间的不对应关系。如细菌在青霉素的影响下,出现了抗青霉素的突变体;在紫外线的作用下,出现了抗紫外线的突变体;在较高的培养温度下,出现了耐高温的突变体等。从事物的表象来看,我们会认为,青霉素、紫外线或高温导致了“诱变”的发生,从而出现了相应的突变性状。然而事实正好相反:其实青霉素、紫外线或高温仅仅起着杀死或者淘汰原有非突变型个体的作用;如果认为它们具有诱变效应,那么它们也可以诱发其他任何性状的变异,而不是专一的诱发抗紫外线的一种变异。

(2)自发性

微生物出现的一些性状的突变是在没有人类参与的情况下自然发生的,即自然界中时时刻刻都存在着自发的突变,不以人的意志为转移。

(3)稀有性

自发突变随时都有可能发生,但是突变的频率很低,一般为 10^{-9} ~ 10^{-6}之间。

(4)独立性

微生物的每一种突变都是相对独立的,彼此之间没有相互关联。表现为:在一个群体中,同时存在着抗青霉素的突变型与抗链霉素或其他药物的突变型,也就是说群体中可以同时进行任何其他形状的突变,其中某一个基因的突变,对其他基因的突变率不会造成任何影响。

(5)诱变性

通过诱变剂可提高突变率。一般可提高 10~10^5 倍。不论是通过自发突变或诱发突变(诱变)所获得的突变株,它们之间并无本质上的差别,因为诱变剂仅起着提高诱变率的作用。

(6)稳定性

由于突变的本质是遗传物质结构上发生了稳定的变化,所以产生的新变异性状也是稳定的,可遗传的。

(7)可逆性

由原始的野生型基因变异为突变型基因的过程,称为正向突变(forward mutation),相反的则称为回复突变或回变(reverse mutation)。实验证明,任何性状既有正向突变,也可发生回复突变,只是往往这种回复突变是不完全的。

4.2.3 突变的机制

基因突变的原因是非常之多,突变的机制也是多样的,可以是自发的或诱发的。一般可概括如图 4-3。

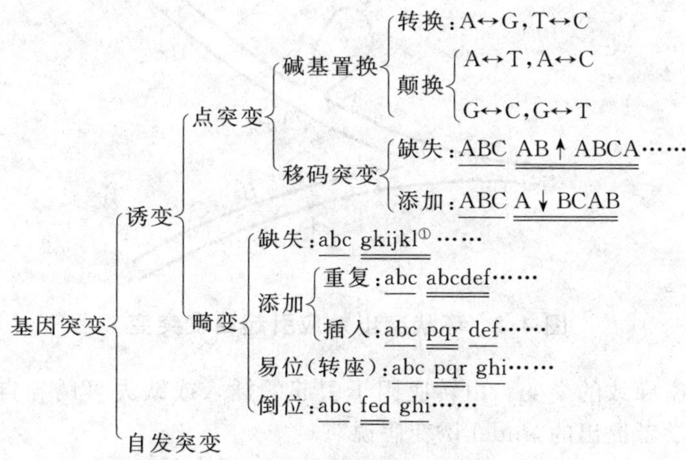

图 4-3　基因突变的分类

(1)自发突变(spontaneous mutation)的机制

所谓自发突变是指没有在人工的参与下生物体自然发生的突变。下面介绍几种自发突变的可能机制。

①背景辐射和环境因素引起突变。研究表明，大多数的自发突变都是由一些低浓度、低剂量的物质长期作用而导致的。我们知道，宇宙空间中存在着多种短波，它们的辐射也会造成生物的突变；太阳光照导致局部温度的快速上升，在高温诱变下生物也会出现突变；又或者自然界的一类低浓度物质的作用也会出现突变。

②微生物的代谢产物的诱变效应。通过长期的研究发现，环境中存着诸多诱变源，某些细胞内代谢产物也具有诱变效应。常见的有微生物细胞内的硫氰化合物、重氮丝氨酸等。

③互变异构效应。由于 ATCG 四种碱基在化学结构上发生异构化现象而引起 DNA 复制合成时出现错误。如 T 和 G 的呈现状态有两种方式，即酮式和烯醇式，而 C 和 A 则可以以氨基式或亚氨基式两种互变异构状态出现，从而造成正常的 A：T 和 G：C 碱基配对变为 A：C 和 G：T 配对。

④环出效应。即环状突出效应。从图 4-4 可以看出：上面的一条单链上由于各种原因而形成了一个小环，基因 B 正好处于小环上，在后面的基因复制过程中就会跳过基因 B，造成基因 B 的缺失，由此造成了基因的自发突变。

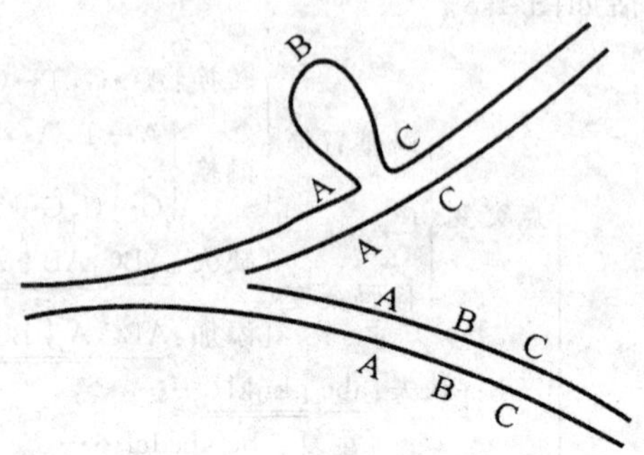

图 4-4 环状突出效应引起自发突变

⑤转座导致的突变。由转座因子引起的插入或缺失可诱导自发突变。这是我国学者提出的"Indel 诱变假说"。

(2)诱发突变(induced mutation)的机制

只要能够显著提高突变频率的理化因子,都可以称为诱变剂(mutagen)。我们所知的诱变剂有很多,对应的作用方式也有很多。即使是同一种诱变剂,它的作用方式也有多种。一般而言,它们的作用方式主要有以下三种:

①碱基的置换(substitution)。对 DNA 来说,碱基对的置换是一种极其微小的损伤,也称为点突变(point mutation)。碱基的置换只涉及一对基氨基对的置换。置换又可分为两类:一类是转换(transition),即 DNA 链中的一个嘌呤或一个嘧啶被另一个嘌呤或嘧啶所置换;另一类是颠换(transversion),即其中的一个嘧啶被一个嘌呤或一个嘧啶被一个嘌呤所置换。对于某一种诱变剂而言,它既可以同时引起转换与颠换,也可以只引起一种转变。根据化学诱变剂是直接还是间接地引起置换,可把置换的机制分成直接和间接两种。

②移码突变(frame-shift mutation)。诱变剂导致 DNA 分子中的一个或者为数不多的几个核苷酸插入或者缺失,由此而引起此部位全部的遗传密码发生转录和转译的错误的一种突变。主要的诱变剂是:吖啶类染料(原黄素、吖啶橙和 α-氨基吖啶等),以及一系列称为 ICR 类的化合物(由烷化剂与吖啶类相结合的化合物)。其诱变机制还不清楚,有人认为,由于它们是一种平面型三环分子,结构与一个嘌呤一嘧啶对十分相似,故能嵌入两个相邻 DNA 碱基对之间,造成螺旋的部分解开,从而在 DNA 复制过程中,会使链上增添或缺失一个碱基,结果引起了移码突变。

③染色体畸变。某些理化因子,如 X 射线以及烷化剂、亚硝酸等除了能够引起点突变之外,同时还会导致 DNA 的大面积损伤,这种现象就是染色体畸变(chromosomal aberration)。它既包括染色体结构上的缺失、重

复、插入、易位和倒位，也包括染色体数目的变化。

以上讨论了三类诱变的机制，实际上，许多理化因子的诱变作用都不是单一功能的。例如，上面曾讨论过的亚硝酸就既有碱基对的转换作用，又有诱发染色体畸变的作用；一些电离辐射也可同时引起基因突变和染色体畸变作用。

4.3　原核微生物 DNA 的转移和重组

将两个形状完全不同的个体的遗传基因转移到一起，经过遗传分子的重新组合后，形成了新的遗传型个体，我们将这种方式称为基因重组（gene recombination）或遗传重组（genetic recombination）。重组可使生物体在未发生突变的情况下，也能产生新遗传型个体。

基因重组是杂交育种的理论基础。由于杂交育种是选用已知性状的供体和受体菌种作为亲本，因此不论在方向性还是自觉性方面，都比诱变育种前进了一大步。另外，利用杂交育种往往还可消除某一菌株在做长期诱变处理后所出现的产量上升缓慢的现象，因此，它是一种重要的育种手段。但由于杂交育种的方法较复杂，工作进度较慢，因此还很难像诱变育种技术那样得到普遍的推广和使用，尤其在原核生物领域中，应用转化、转导或接合等重组技术来培育高产菌株的例子还不多见。

4.3.1　原核微生物的基因重组

原核微生物的基因重组形式很多，机制较为原始，主要方式有转化、转导、接合和原生质体融合等几种形式。

4.3.1.1　转化（transformation）

(1)定义

受体菌（recipient cell；receptor）直接吸收了来自于供体菌（donor cell）的 DNA 片段，经过交换，然后将其引入到自己的基因组中，于是就获得了部分供体菌的遗传性状，我们将这一现象称之为转化或者转化作用。转化后的受体菌称为转化子（transformant）。转化现象的发现（F. Griffith，1928 年），尤其是转化因子 DNA 本质的证实（O. T. Avery，1944 年），给现代生物学的发展作出了重要的贡献，从此诞生了分子生物学这门学科。

一般而言，转化现象发生在原核生物中的较多，能够发生转化的微生物有肺炎链球菌(*Streptococcus pneumoniae*)、嗜血杆菌属(*Haemophilus*)、芽孢杆菌属(*Bacillus*)、奈瑟氏球菌属(*Neisseria*)、根瘤菌属(*Rhizobium*)、链球菌属(*Streptococcus*)、葡萄球菌属(*Staphylococcus*)、假单胞菌属(*Pseudomonas*)、黄单胞菌属(*Xanthomonas*)等20多种菌。在放线菌和蓝细菌中,还有少数的真核微生物如酵母(*Saccharomyces cerevisiae*),粗糙脉孢菌(*Neurospora crassa*)和黑曲霉(*Aspergillus niger*)中,也有少量报道。在细菌中,肠杆菌科的一些种属也很难进行转化(如*E. coli*)。其原因可理解为,外来的DNA很难进入细胞中,且受体细胞内也存在能够降解DNA的核酸酶。若用$CaCl_2$将大肠杆菌处理成球状,则可发生低频率的转化。

(2)感受态(competence)

所谓感受态是指受体细胞最易接收外源DNA片段并实现其转化的一种生理状态。经研究发现,发生转化的受体细胞都处于感受态。因此感受态细胞(cornpetent cell)是指具有摄取外源DNA能力的细胞(比一般细胞大1000倍)。感受态受遗传因素控制,但是也存在个体间的差异。一般而言,不同的细胞的感受态出现的时期不同,有的出现在生长曲线中的对数后期,有的出现在对数曲线的末期与稳定期。在外界环境中,环腺苷酸(cAMP)及Ca^{2+}对细胞的感受态影响最大。经研究发现,cAMP可使嗜血杆菌细胞群体的感受态水平提高1×10^4倍。

调节感受态的一类特异蛋白称为感受态因子。现已知感受态因子是一种胞外蛋白质,它可以催化外来DNA片段的吸收或降解细胞表面某种成分,以让细胞表面的DNA受体显露出来,便于接合和转化。

(3)转化因子(transforming factor)

转化因子实质上是离体的DNA片段。一般而言,经过数次的抽提操作后,每一转化DNA片段的相对分子质量都小于1×10^7,约占细菌染色体组的0.3%,其上平均约含15个基因。而粗制的DNA则相对分子质量较大。每个感受态细胞约可掺入10个转化因子。转化的频率往往是很低的,一般只有0.1%~1%,最高者也只达10%左右。据统计,双键的质粒形式的转化因子具有较高的转化率,这是由于它进入受体菌之后就可立即进行复制和表达而不需要进行染色体重组;一般的转化因子都是线状双链DNA;有少数的报道认为单链DNA也有转化作用。

(4)转化过程

如图4-5所示,可将转化分为如下几个阶段:①供体双链DNA片段与感受态受体菌细胞壁表面的特定接受位点结合。最初这一反应是可逆的,但是随着与细胞膜蛋白的长时间作后,它与细胞壁紧紧结合,因此反应就不是可逆的了;②处于吸附点上的DNA被核酸内切酶分解后,形成了小的片段；③DNA 双链中的其中一条单链被膜上的另一种核酸酶所降解，降解过程中放出了热量，这些热能将另一条单链推进了受体细胞，然而相对分子质量较小的片段无法进入细胞，它们的分子质量一般小于 5×10^5；④来自于供体的单链 DNA 片段在细胞内部与受体细胞核染色体组上的同源区段配对，接着受体染色体组上的相应单链片段被切除，并被外来的单链 DNA 交换、整合和取代重组，形成一个杂合 DNA 区段（供体 DNA-受体 DNA 复合物）；⑤受体菌的染色体组进行复制，杂合区段进一步分离为两段，其中一段获得了供体菌的转化基因，再进一步通过 DNA 的复制以及细胞的分裂最后形成转化子；另一段没有获得，因此它的细胞与原始受体菌一样。

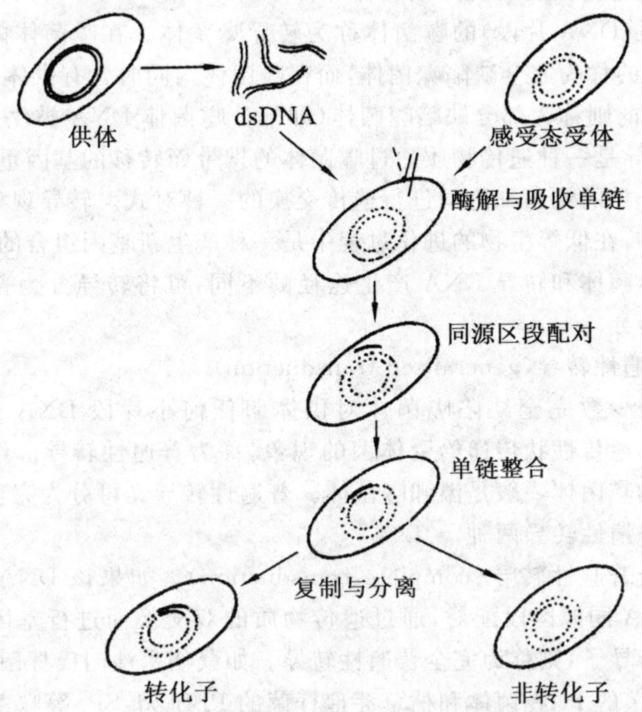

图 4-5　转化过程示意图

如果将噬菌体或者其他的病毒的 DNA、RNA 提取，由它们来感染感受态的受体细胞，由此而产生了正常噬菌体与病毒的后代，这种现象我们称之为转染（transfection）。它与转化的区别是：病毒或者噬菌体并不是遗传基因的供体菌，中间环节也不会有遗传因子的交换或者整合，后期也不会产生具有杂种性质的转化子。目前把病毒 DNA 转移至动物细胞的过程称大转染。

4.3.1.2 转导(transduction)

以缺陷型噬菌体(defective phage)作为媒介,将供体细胞的DNA小片段运送到实体细胞内,然后通过交换与整合使后者获得了前者的部分遗传性状,我们将这一现象称为转导。最早这一现象是由诺贝尔奖获得者J. Lederberg于1952年在鼠伤寒沙门氏杆菌(*Salmonella typhimurium*)中首次发现的。之后科学家们陆续在许多原核微生物中发现了转导现象,如*E. coli*、*Bacillus*、变形杆菌属(*Proteus*)、假单胞杆菌属(*Pseudomonas*)、志贺氏杆菌属(*Shigella*)和葡萄球菌属(*Staphylococcus*)等。

获得新遗传性状的受体细胞称为转导子(transductant),而携带供体部分遗传物质(DNA片段)的噬菌体称为转导噬菌体。在噬菌体内仅含有供体菌DNA的称为完全缺陷噬菌体,而在噬菌体内同时含有供体DNA和噬菌体DNA的则称为部分缺陷噬菌体(即部分噬菌体DNA被供体DNA所替换)。转导是一种遗传物质通过噬菌体的携带而转移的基因重组现象,是由噬菌体介导的细菌细胞间进行遗传交换的一种对式。转导现象在自然界中普遍存在,在低等生物的进化过程中是一种产生新基因组合的重要方式。

根据噬菌体和转导DNA产生途径的不同,可将转导分为普遍性转导和局限性转导。

(1)普遍性转导(generalized transduction)

通过极少数完全缺陷噬菌体对供体菌任何小片段DNA进行"误包装",而将其遗传性状传递给受体菌的现象,称为普遍性转导。作为普遍性转骨媒介的噬菌体一般是温和噬菌体。普遍性转导又可分为完全普遍性转导和流产普遍性转导两种。

①完全普遍性转导(compiete transduction)。如果该DNA片段能与受体菌DNA同源区段配对,通过遗传物质的双交换而进行基因重组并形成稳定的转导子,则称为完全普遍性转导。如鼠伤寒沙门氏杆菌的P_{22}噬菌体、大肠杆菌的P^1噬菌体和枯草芽孢杆菌的PBS^1和SP^{10}等噬菌体中都能进行完全普遍性转导(图4-6)。

②流产普遍性转导(abortive transduction)。如果该转导DNA片断不能与受体菌DNA进行交换、整合和复制,而只以游离和稳定的状态存在,且仅进行转导、转译和性状表达,则称为流产普遍性转导。发生流产普遍性转导的受体细胞在其进行分裂后,只能将这段外源DNA分配给一个子细胞,而另一子细胞仅获得其转录、转译而形成的少量产物(酶),因此在表型上仍可出现轻微的供体菌特征。但每经分裂一次,就得到一次"稀释"。所以,这种能在选择培养基上形成微小菌落的现象就成了流产转导子的特点。

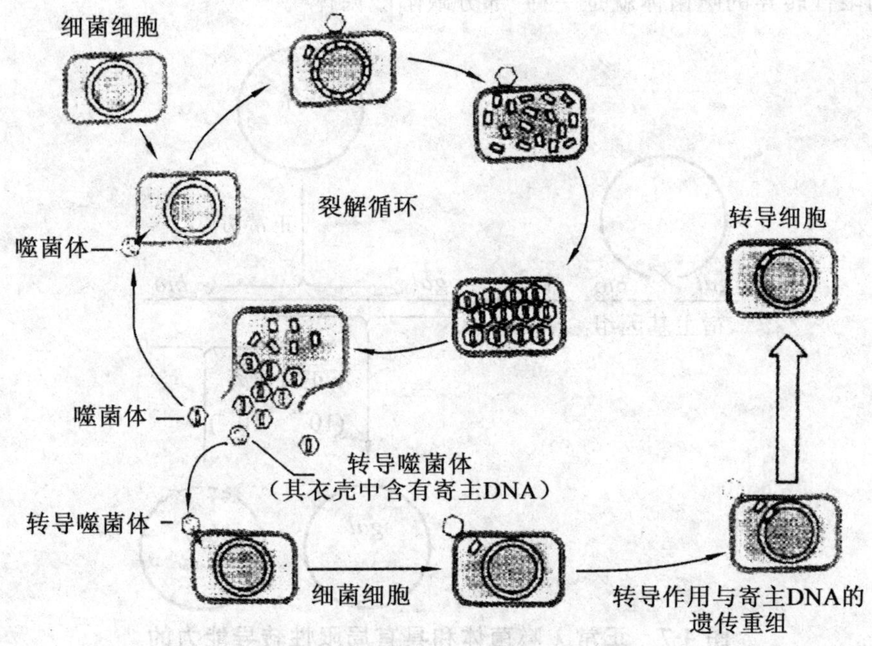

图 4-6　完全普遍性转导示意图

(2)局限性转导(specialized transduction)

通过某些缺陷的温和噬菌体把供体菌的少数特定基因携带到受体菌中,并获得表达的转导现象称为局限性转导。转导后获得了供体部分遗传特性的重组受体细胞称为局限性转导子。

1954 年在大肠杆菌 K12 菌株中发现,某些部分缺陷的温和噬菌体(temperate phage)把供体菌的少数特定基因转移到受体菌中的转导现象。当温和噬菌体感染受体菌后,其染色体会整合到受体菌染色体 DNA 中特定位点上,从而使宿主细胞发生溶源化。如果该溶源菌因诱导而发生裂解时,在前噬菌体插入位点两侧的少数宿主基因(如大肠杆菌的λ前噬菌体,其两侧分别为 *gal* 和 *bio* 基因)会因偶尔发生的不正常切割而连在噬菌体 DNA 上(当然,噬菌体也将相应一段 DNA 遗留在宿主染色体上),两者同时包入噬菌体外壳中(图 4-7)。这样,就产生了一种特殊的噬菌体——缺陷噬菌体,它们除含大部分自身的 DNA 外,缺失的基因被位于前噬菌体整合位点两侧附近的宿主基因(如 *Bio* 或 *Gal* 基因)所取代。因此,当这样带有 *Bio* 或 *Gal* 基因的噬菌体侵染另一个细菌时,就能把上述两个基因中的一个带给受体菌,并进行基因重组而使受体菌产生 *Bio* 或 *Gal* 基因表达性状。如果将引起普遍传导的噬菌体称为"完全缺陷噬菌体"的话,则能引起局限性转导的噬菌体就是一种“部分缺陷噬菌体”。

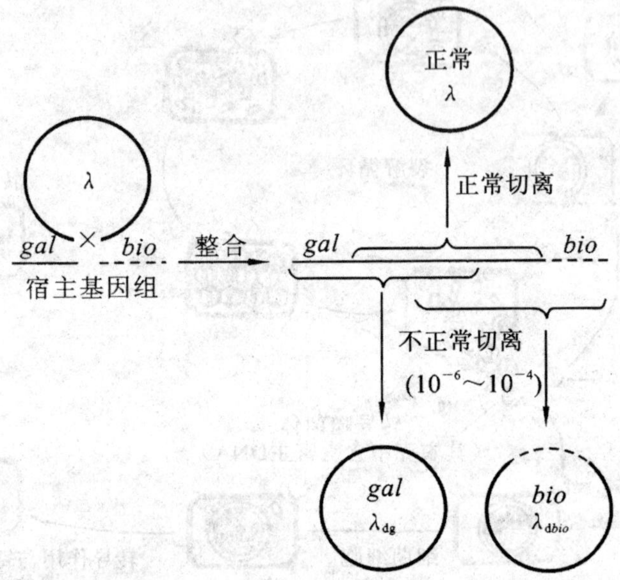

图 4-7　正常 λ 噬菌体和具有局限性转导能力的缺陷型 λ 噬菌体的产生机制

根据转导子出现的频率高低，局限性转导又可分为低频转导和高频转导两种。

①低频转导(low frequency transduction，LFT)。由于宿主染色体上进行不正常切离的频率极低，因而在裂解物中所含的部分缺陷噬菌体的比例是极低的(10^{-6}～10^{-4})，被称大 LFT 裂解物。用这一裂解物去感染受体菌时，就可获得极少量的转导子。

②高频转导(high frequency transduction，HFT)。形成转导子的频率很高，理论上可达 50%。其原因是供体菌为双重溶源菌，它同时有两种噬菌体 DNA 整合在细菌的染色体上。例如，大肠杆菌 K12 双重溶源菌为 *E. coil* K12(λ/λ_{dgal})，其前噬菌体为 λ 和 λ_{dgal}。其中，λ_{dgal} 噬菌体带有供体 *gal*(发酵半乳糖基因)，但丢失了部分噬菌体本身的 DNA；而 λ 噬菌体为正常噬菌体，不带 *gal* 基因，但可起辅助 λ_{dgal} 转导作用(又称辅助噬菌体)。这样，一个双重溶源菌裂解时便可同时等量地释放出 λ_{dgal} 和 λ 两种噬菌体，被称为 HFT 裂解物。当用这种 HFT 裂解物再去感染另一个 *E. coli gal*$^{-}$ 受体菌时，即可高频率地将其转化为 *E. coli gal*$^{+}$ 转导子。故这种局限性转导就称为高频转导。

4.3.1.3 接合

供体菌通过其性毛与受体菌相互接触，然后将 F 质粒或者其他的核基因片短输送到后者体内，由此而发生的遗传信息的转移与重组的过程称为接合(conjugation)。通常，前者传递给后者的单链 DNA 片段是长短不一的，这些单链在后者的细胞中进行双链化进程或者与后者核染色体进行交换、整合，这样后者就获得了供体菌的遗传性状。把通过接合而获得新性状的受体细胞称为接合子(conjugant)。

1946 年，Joshua Lederberg 和 Edward L. Taturm 设计了一个著名的实验，即细菌的多重营养缺陷型杂交实验，证明了原核生物的接合现象。在细菌和放线菌中均存在接合现象，例如大肠杆菌(*E. coli*)、沙门氏菌(*Salmonella*)、志贺氏菌(*Shigella*)、赛氏杆菌(*Serratia*)、弧菌(*Vibrio*)、固氮菌(*Azotobacter*)、克氏杆菌(*KlebsiPlla*)和假单胞杆菌(*Pseudomonas*)等革兰氏阴性细菌，以及链霉菌属(*Streptomyces*)和诺卡氏菌属(*Nocardia*)等放线菌最为常见。此外，接合还可发生在不同属的一些种间，如大肠杆菌与沙门氏菌间或沙门氏菌与志贺氏菌之间。

在众多的细菌中，关于接合现象研究最为清楚的要数大肠杆菌。通过大量的试验，进一步加强了对行为的研究，最终发现大肠杆菌也是有性别分化的，决定其性别的因子称为 F 因子，F 因子约占细胞总染色体含量的 2%，属于附加体(episome)的质粒，它既可以脱离染色体 DNA 在细胞内独立存在，也可以插入到染色体 DNA 上。根据 F 因子在细胞内存在位置的不同可分为 F^+ 菌株(雄性，具有性毛)、F^- 菌株(雌性，不具有性毛)、Hfr(Highfrequency of recombination)菌株(高频重组菌株，其 F 因子整合到核基因组 DNA 上)、F' 菌株(游离的 F 因子，但带有一小段核基因组 DNA 片段)。

以上具有 F^+、Hfr、和 F' 的菌株作为“雄性”细胞，均可与作为“雌性”细胞的 F^- 菌株通过性毛发生接合作用，从而使后者发生基因重组和性状的改变(图 4-8)。

其中 Hfr 和 F^- 接合情况较为复杂。因为它与 F^- 接合后的重组频率比 F^+ 接合后的重组颁率高出几百倍以上，故称为高频重组菌株。在 Hfr 细胞中，存在着与染色体特定位点相整台的 F 因子(产生频率约 10^{-5})。当它与 F^- 菌株发生接合时，Hfr 染色体在 F 因子处发生断裂，由环状变成线状。整段线状染色体转移至 F^- 细胞的全过程约需 100 min。在转移时，由于断裂发生在 F 因子前端而使 F 因子处于整个断裂线状染色体 DNA 的末端，所以在接合转移时必然要等 Hfr 的整条染色体 DNA 全部转移完成后，

F 因子才能完全进入 F^- 细胞。但事实是,由于种种原因,这种线状染色体 DNA 在转移过程中经常会发生断裂,所以,Hfr 的许多基因虽可进入 F^-,但越在前端的基因,进入的机会就越多,故在 F^- 中出现重组子的时间就越早,频率也高。而 F 因子因位于最末端,故进入的机会最少,引起性别转化的可能性也最小。因此,Hfr 与 F^- 接合的重组频率虽高,但很少出现 F^+(图 4-9)。

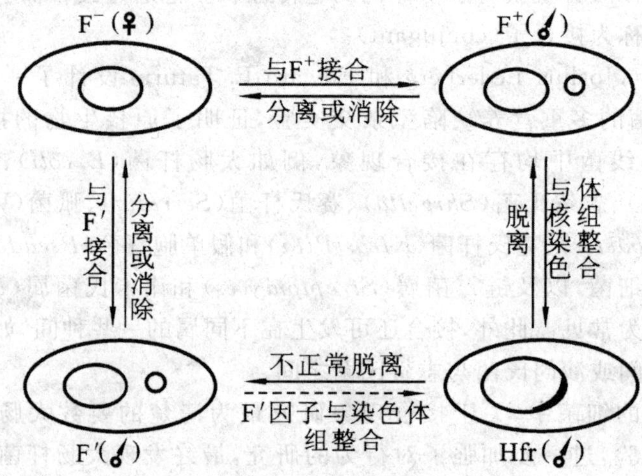

图 4-8 F 因子的存在方式及其相互关系

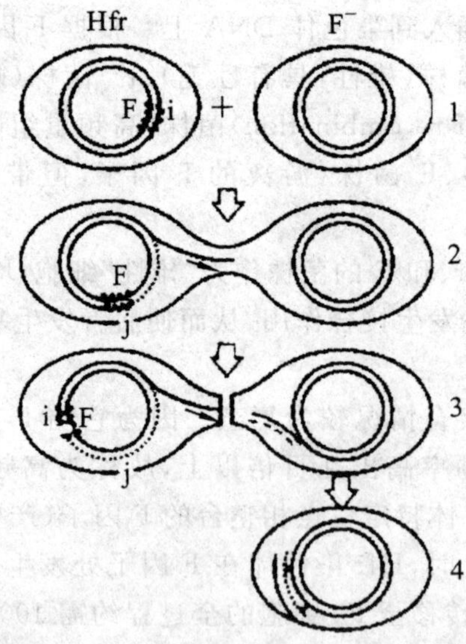

图 4-9 Hfr 与 F^- 菌株的接合中断试验示意图

Hfr 菌株的染色体转移与 F^+ 菌株的 F 因子转移过程基本相同。所不同的是，进入 F^- 的单链染色体片段经双链化后，与宿主染色体 DNA 形成部分合子（merozygote，又称半合子），然后两者的同源染色体进行交换，一般认为要经过两次或两次以上的交换后才发生遗传重组。

从上述的转移过程不难看出转移有着严格的顺序性，因此在实验过程中利用人为地强烈搅拌等措施就可以中断结合的过程，由此就可以获得不同数目的 Hfr 性状的 F^- 接合子。根据这一原理，就可以选择理想的、有特定整合点位的 Hfr 菌株，在不同时间使接合中断，最后根据 Hfr 被转移到 F^- 中的时间早晚（用分钟表示）和所表达出的性状画出一幅比较完整的环状染色体图（chromosome map），并将相关基因定位。这就是 1955 年由伍尔曼（Wollman）和雅各布（Jacob）创造的中断杂交（interrupted mating experiment）法的基本原理，从此人们认识到了原核微生物染色体的环状特性以及部分基因定位的方法。

4.3.1.4　原生质体融合

人为地将具有不同遗传性状的两种细胞的原生质体进行融合，原生质体的重组产生了重组子，这一过程就是原生质体融合（protoplast fusion），也称为细胞融合。获得的重组子称为融合子（fusant）。这一技术于 20 世纪 70 年代逐步发展起来，它是一种非常成熟的、有效的遗传物质转移手段，与转化、转导、接合并称为四大转移技术。通过大量的试验表明，能进行原生质体融合的细胞非常之多，例如许多的原核生物细胞以及各种真核生物细胞中都有存在。

微生物细胞融合的原理及关键步骤如下：首先准备两个有选择性遗传标记的突变株，在高渗溶液中，选择合适的脱壁酶去除细胞壁，再将形成的原生质体离心聚集，并加入促融合剂 PEG（聚乙二醇）或借电脉冲等因素促进融合，然后在高渗溶液中进行稀释，再将其涂抹在能够促进分裂的培养基上，在菌落形成后，采用影印接种法，将其接种到各种选择性培养基上，然后通过鉴定判断它们是不是稳定的融合子，最后再测定它的有关生物学性状或生产性能（图 4-10）。

有关原生质体融合的机制还有待深入研究。细胞融合现象的发现，为一些还未发现转化、转导或接合的原核生物的遗传学研究和育种技术的提高创造了有利的条件，还使种间、属间、科间，甚至更远缘的微生物或高等生物细胞间进行融合，以期得到生产性状极其优良的新物种。

上述介绍的四种原核微生物基因重组方式各有特点，现在比较于表 4-1 中。

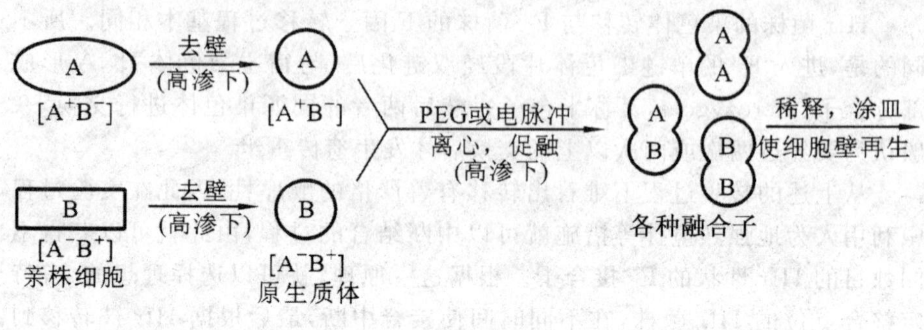

图 4-10 原生质体融合技术示意图

表 4-1 原核微生物四种基因重组方法的比较

类型	受体与供体是否接触	DNA 传递媒介	重组涉及 DNA 大小
接合	是	F 因子	部分染色体
转导	否	噬菌体	一个或少数几个基因
转化	否	无	一个或少数几个基因
原生质体融合	原生质体接触	原生质体	2 个细胞的基因组

4.4 真核微生物的遗传

真核微生物可以进行有性繁殖，其 DNA 的重组与转移在很大程度上与原核生物有着显著区别。通常来说真核生物的核十分复杂，并且它们的基因组是由许多染色体组成的呈线型排列的。所以在进行基因分配和分离时的调节机制更为复杂。其中酵母菌的遗传学特性是目前了解的最为清楚的。此外，研究得比较透彻的还有丝状真菌，其遗传学特性也比较独特。本节将以酿酒酵母和构巢曲霉为代表，讨论真核微生物的遗传学特性。

4.4.1 酵母菌的接合型遗传

酿酒酵母的存在方式通常有两种：一种是单倍体状态；另一种是二倍体状态。通常单倍体细胞是 α 细胞和 a 细胞的接合型，二倍体细胞则是 α 细胞和 a 细胞的融合型(α/a)。究竟某个单倍体酵母菌细胞是 α 型还是 a 型，这完全取决于其自身的遗传特性,且这种遗传特性相对稳定。但也有例外,一些接合型的单倍体细胞有时也会发生转变,即由 α 型变成 a 型或再回到 α 型,这种现象在近几年来得到了科学界的共识。虽然没有非常准确的作用机制,但也有一些比较权威的机制:一个称为 MAT 的活性区域具有调控作用,在这一座位上,α 或 a 基因都能被插入,并受 MAT 启动子的控制,因此,如果基因 α 仅插入该座位,那么细胞就是接合型 α;如果是 a 基因插入则是 a 型。在酵母菌基因组的其他位置有 α 和 a 基因的拷贝,它们是沉默的、不表达的基因,只在发生接合型转变时用作 α 或 a 基因插入的来源。当转变发生时,合适的基因 α 或 a 从它们的沉默位点拷贝,然后插入 MAT 座位,取代原有的基因,因此原来的基因从此座位被删除并丢弃,新的基因被插入。这个机制被称为"cassette mechanism",其过程如图 4-11 所示。

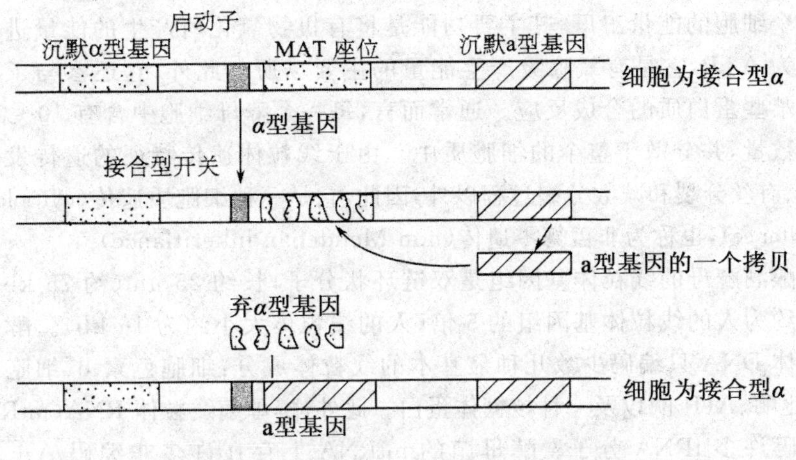

图 4-11 酵母菌的接合型调控机制

4.4.2 酵母菌的质粒

酵母菌质粒是环状 DNA 分子,其长度以 2 μm 为多见。2 μm 质粒在大多数的酵母菌菌株中存在,也是当下我们研究的比较清楚的且具有较高应用价值的酵母菌质粒。研究表明,不同的酵母菌株有着不同的限制性图谱,但是它们都有着共同的特点,表述如下:

①它们是封闭环状的双链 DNA 分子,周长约 2 μm(6 kb 左右),以高拷贝数存在于酵母菌细胞中,每个单倍体基因组含 60~100 个拷贝,约占酵母菌细胞总 DNA 的 30%。

②它们各含约 600 bp 长的一对反向重复顺序。

③由于反向重复顺序之间的相互重组，2 μm 质粒在细胞内以两种异构体(A 和 B)形式存在。

④该质粒只携带与复制和重组有关的 4 个蛋白质基因(REP1、REP2、REP3 和 FLP)，不会给宿主留下任何的遗传特性，属于隐秘性质粒。

2 μm 质粒是酵母菌转化的有效载体，并且可用于组建“工程菌”，这是研究基因调控、染色体复制的理想系统。此外，2 μm 载体也可作为进行研究分子克隆与基因工程的重要载体，以它为基础的克隆以及表达载体具有广泛的应用前景，因此科研工作者越来越重视对于 2 μm 质粒的研究。

4.4.3 酵母菌的线粒体

线粒体(mitochondrion)是大多数真核生物细胞中的重要组成部分，它是整个细胞的能量工厂，其主要功能是将有机物氧化所产生的能量进一步转化为 ATP，它是有氧呼吸产生能量的主要场所。此外，它还参与了脂肪酸与某些蛋白质的合成反应。通常而言，每一个酵母细胞中含有 10～50 左右的数量，并分散于整个的细胞质中。由于线粒体遗传特征的遗传发生在核外、有丝分裂和减数分裂过程以外，因此，它是一种细胞质遗传(cytoplasmic inheritance)，也称为非孟德零遗传(non Mendelian inheritlance)。

酿酒酵母的线粒体基因组是双链环状分子，长约 25 μm(约 75 kb)，其大小约为人的线粒体基因组的 5 倍(人的线粒体大小约为 16 kb)。酵母菌线粒体 DNA 只编码少数几种最基本的线粒体成分：细胞色素 b、细胞色素 c 氧化酶、ATP 酶以及一种核糖体蛋白。此外，酵母菌线粒体 RNA(mtRNA)还编码许多 tRNA 分子。酵母菌的 mtRNA 上存在许多非编码 A＋T 丰富区，其功能目前尚不清楚，但是已知这些区域含有酵母菌线粒体基因组的多个复制原点。此外，大量的间插顺序或内含子存在于酵母菌的线粒体 DNA(mtDNA)上，其中许多内含子都被证明是非必需的，因此酵母菌的 mtDNA 的利用率要比高等动物低得多。酵母菌 mtDNA 基因组上所含的基因数与高等动物基本相同，但是高等动物中，除与 DNA 复制起始有关的区域外，整个 mtDNA 基因组上基因之间无间隔区或内含子，甚至有基因重叠现象，而酵母菌 mtDNA 中有很多非编码 DNA 并含有内含子，所以酵母菌的线粒体基因组相当大。

4.4.4 丝状真菌的准性生殖

对于丝状真菌的研究主要是通过有性生殖过程与准性生殖过程，并且可以通过遗传分析的方法进行研究，以粗糙脉孢菌(*Neurospora crassa*)和构巢曲霉(*Aspergillus nidulans*)为模式菌。所谓准性生殖是指不产生有性孢子的丝状真菌的遗传现象，下面我们就准性生殖做一简单介绍。

准性生殖(parasexual reproduction)是指不通过减数分裂就能够发生基因重组的过程，如图 4-12 所示。准性生殖的关键步骤有三步，分别是异核体的形成、二倍体的形成以及体细胞交换和单元化。在这一过程中，染色体的交换与减少是不协调的，并不像有性生殖那么的规律。异核体(heterocaryon)指的是具有不同遗传性状的两个单倍体细胞或者菌丝进行融合时，一个细胞或者菌丝中并列出现两个以上不同遗传性状的核，这一现象称为异核现象，这类细胞或者菌丝统称为异核体。真菌的菌丝在相互接触的过程中，通过菌丝的相互连接，细胞核混合后而形成异核体，且可以发生概率极低的核融合，核融合后形成二倍体或杂合二倍体。当二倍体细胞与源染色体进行部分交换后部分隐性的基因得到了纯合化，由此而获得新的遗传特性。单元化过程是指在一系列的有丝分裂过程中，经常发生个别的染色体减半的现象，也就是说这一过程的染色体不会分离而是丢失，直到最后就形成了单倍体。单元化过程会产生各种类型的非整倍体和单倍体分离子。

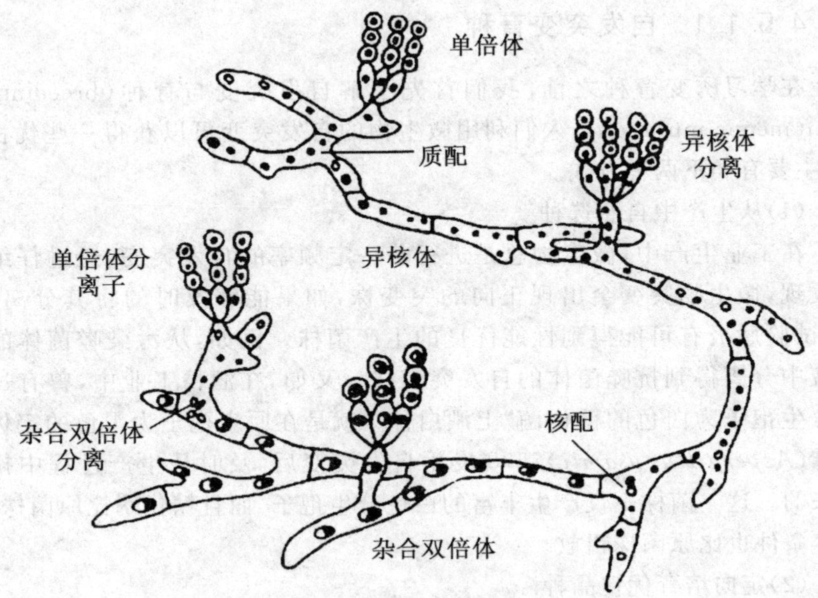

图 4-12　半知菌的准性生殖示意图

在准性生殖的过程中，细胞经过有丝分裂后发生性状分离，通过准性生殖而产生的分离子主要有：①体细胞交换产生的重组二倍体；②染色体不分离产生的一系列非整倍体；③单元化最后产生的单倍体；④经体细胞交换和单元化产生的重组单倍体等。由准性生殖的整个过程可以发现，在此过程中出现了很多新的重组基因，因此可作为遗传育种的一种重要手段。其次，在进行遗传分析领域也有着极其重要的作用。例如，可利用有丝分裂过程中染色体发生变换导致的基因纯合化与着丝粒的距离的关系进行有丝分裂定位等。

4.5 微生物菌种的选育

微生物育种目前主要是利用诱变、杂交、原生质体融合技术以及基因工程等方法改造或构建我们所需要的菌株。

4.5.1 微生物基因突变育种

4.5.1.1 自发突变育种

在学习诱变育种之前，我们首先了解自发突变与育种(breeding by spontaneous mutation)，人们利用微生物的自发突变可以获得一些优良品种，主要有如下两种方式。

(1)从生产中自然选种

在工业生产中，微生物总是进行着一定频率的自发突变，通过仔细研究发现，微生物突变会出现正向的突变株，如果能够及时的将其分离、纯化、试验后极有可能得到性能优良的生产菌株。例如，从污染噬菌体的发酵液中分离得到抗噬菌体的自发突变株。又如，在酒精工业中，曾有过一株分生孢子为白色的糖化菌“上酒白种”，就是在原来孢子为黑色的宇佐美曲霉(*Aspergillus usamii*)3578 发生自发突变后，及时从生产过程中挑选出来的。这一菌株不仅产生丰富的白色分生孢子，而且糖化率比原菌株强，培养条件也比原菌株粗放。

(2)定向培育优良品种

定向培育是指利用微生物自发突变的特点，用某一特定选择条件和因素(如温度、药物)长期处理某微生物群体，并不断移种传代(目的是增加突变频率)，从而达到大量积累并选择相应自发突变株的目的。这种育种方法由来已久，它具有自发突变频率低，变异程度轻微的特点，因此其过程比较缓慢。例如，巴斯德曾用 42 ℃定向培养炭疽杆菌，使该菌丧失了产芽孢能力和致病力，据此人们制成了活菌疫苗，接种于牛羊等体内可预防疾病。再如，当今世界上应用最广的预防结核病制剂卡介苗（BcG vaccine）的获得，就是经历了 13 年，经过 230 多代移种而获得成功的。

4.5.1.2 诱变育种

所谓诱变育种（breeding by induced mutation）是指经过人工处理，即采用物理或者化学的方法处理微生物细胞群，从而在根本上提高了微生物的突变特性，然后采用比较高效的筛选方法，就可以获得符合要求的突变株。目前在工业中大量使用的高产菌种，基本上都是采用此法诱变得到的。其中比较典型的例子是青霉素生产菌株。1943 年时，产黄青霉（*Penicillium chrysogenum*）每毫升发酵液只产生约 20 单位的青霉素，通过长期的诱变育种，其发酵产量已经比原来提高了 3000～4000 倍左右。人工诱变与自然诱变的区别是人工诱变能够极大地提高微生物的突变率，能够非常简单、快速地筛选出各种类型的突变株，作为生产和研究之用。

诱变育种的优点很多，它不但能够提高产量，还可以从根本上改善产品质量、简化生产工艺流程，同时还能够扩大品种。从育种方法来说，诱变育种是目前最简便、最高效的育种方法，也是应用最广泛的育种方法。

(1)诱变育种的基本环节

从整体来说，诱变育种的操作环节很多，由于工作目的、育种设备、育种对象的不同而有所差异，但是主要的环节和步骤是相同的，现总结如下，如图 4-13 所示。

(2)诱变育种的原则

①选择简便有效的诱变剂。诱变剂种类繁多，常见的诱变剂见表 4-2，其中物理诱变剂有紫外线（UV）、激光、X 射线、Y 射线、中子等；化学诱变剂有烷化剂、羟胺、亚硝酸、碱基类似物、吖啶类染料等。在这些诱变剂中我们尽可能选择最直接、最有效的方法。同理，在选择使用理化因子作为诱变剂时，在效果相当的情况下，应选择最为方便的因素，而在同样方便的情况下，则应选择最高效的因素。在有了合适的诱变剂后，同时还要采用简便有效的诱变方法。例如，在物理诱变剂中，以紫外线最为方便，常将紫外灯（15 W）在无可见光情况下照射被诱变物，时间为 10～20 s，距离 30 cm 左右。而在化学诱变剂中，以 N-甲基-N′-硝基-N-亚硝基胍（NTG）、甲基磺酸乙酯（EMS）、亚硝基甲脲（NMU）等烷化剂最为有效和常用。

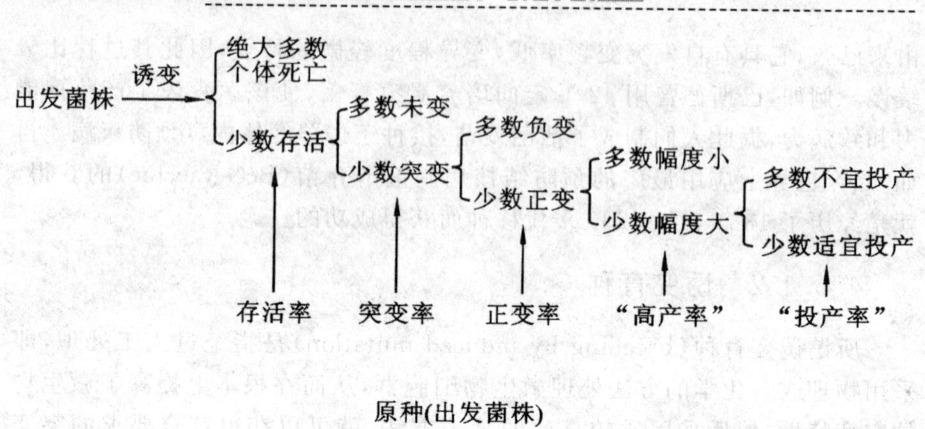

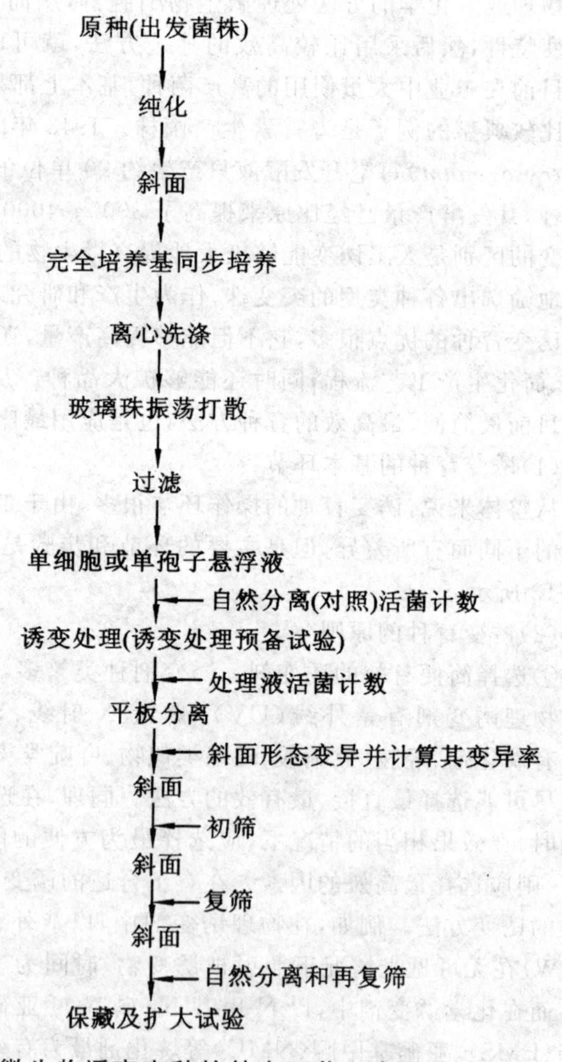

图 4-13　微生物诱变育种的基本环节和步骤

表 4-2　若干化学和物理诱变剂及其作用机制

诱变剂	作用机制	结果
碱基类似物	掺入作用	AT↔GC 转换
羟胺	同胞嘧啶起羟化反应	GC→AT 转换
亚硝酸	DNA 交联	AT→GC 转换
烷化剂	烷化碱基作用；脱嘌呤作用；烷化碱基的互变异构作用；DNA 链的交联作用；糖与磷酸骨架的断裂	碱基置换（AT↔GC 转换、AT→TA 颠换、GC→CG 颠换）及染色体畸变
吖啶类	个别碱基的插入或缺失	移码突变
紫外线照射	形成嘧啶二聚体；形成嘧啶的水合物；DNA 交联；DNA 断裂	AT→GC 转换、AT→GC 颠换、移码突变
电离辐射	脱氧核糖与碱基之间化学键及脱氧核糖与磷酸之间化学键的断裂；自由基对 DNA 的作用	AT↔GC 转换、移码突变及染色体畸变

②挑选优良的出发菌株。通常在准备育种时，一定要选用各方面都比较有优势的出发菌株。何为出发菌株？出发菌株(original strain)指的是用于育种的起始菌株。选择起始菌株时要尽量选择高产、快速生长、营养要求低且产孢子早而多的菌株；选择已经发生过其他变异的菌株，目的是为了提高其他诱变因素的敏感性；选择增变菌株，原因是它对诱变剂具有较高的敏感性；选择能产生所需代谢物的菌株。

③最好处理单细胞(单孢子)悬液。在诱变育种的过程中，通常需要处理的细胞都是单孢子或者单细胞悬液状态。这样做的目的有两个：其一是单细胞悬液能够很好地分散开来，这样就可以均匀的接触诱变剂；其二是为了避免长出一些不纯的菌落。对于某些微生物来说，即使使用单细胞悬浮液进行处理，还会出现许多不纯的菌落，这是由于许多微生物的细胞内同时含有几个核的原因。

④选用合适的诱变剂量。在实际操作过程中，选择一个既能显著提高诱变率，又能增加变异幅度的剂量非常重要。一般而言，各种诱变剂有不同的剂量表示方式。物理因素的诱变剂量等于强度与时间的乘积，而化学因

素诱变剂量是由一定温度下的浓度与处理时间所决定的。在提高诱变率的基础上，既能扩大变异幅度，又能促使变异移向正变范围的剂量，就是合适的诱变剂量。

⑤充分利用复合处理的协同效应(synergism)。实验数据表明，两种或两种以上诱变剂的先后使用；同一诱变剂的重复使用；两种或者两种以上诱变剂的同时使用等都能显著提高诱变效果。

⑥利用形态、生理与产量间的相关指标选择。要充分利用在实践中积累的经验，加快筛选的速度，例如，人们在对产维生素 B_2 的阿舒假囊酵母的筛选过程中发现，高产株的形态特征是，菌落直径呈现中等大小(8～10 mm)，色泽深黄，表面光滑，菌落各部分呈辐射对称等。另外，一些生理指标也可作为选择的一种手段。

⑦设计高效的筛选方案和方法。通过诱变处理后，大部分菌株呈现负突变。而只有少数是正突变，因而在筛选过程就像沙里淘金，故人们设计了筛选方案。

⑧筛选方案。工业生产中，一般将筛选分为初筛与复筛两个基本阶段。初筛以量为主，后者以质为主。

⑨筛选方法。初筛既可以在平板上进行也可以在摇瓶中进行，相对而言两者各有利弊。初筛的优点是简便快捷，工作量也较小，比较直观；缺点是在深层液体条件下很难满足发酵需求。复筛必须在摇瓶中进行，以便对突变株的生产性能做比较精确的定量测定。一般是将微生物接种在三角瓶内的液体培养基中作振荡培养，然后对培养液进行分析测定。培养液接近发酵罐的条件，能够测定到较精确的数据。

以上简要介绍了一些可提高筛选效率的工作环节、原则、方法步骤等。从长远来看，还应努力地使筛选操作达到高通量和自动化，以减轻劳动强度。例如，1971 年，国外报道了筛选春日霉素(kasugamycin)生产菌时所采用的一种琼脂块培养法。此法构思较巧妙，实验效果也较好(一年内提高产量 10 倍左右)。其要点是：把诱变后的春日链霉菌的分生孢子悬液涂布在营养琼脂平板上，待长出稀疏的小菌落后，用打洞器一一取出长有单菌落的琼脂小块，并分别把它们整齐地移入灭过菌的空培养皿中，保持合适的温湿度。经培养 4～5 天后，把每一长有大菌落的小块再转移到含有供试菌种(即拮抗对象)的琼脂平板上，以分别测定它们的抗生素抑制圈的直径，然后择优选取。此法的关键是用打洞器取出含有一个小菌落的琼脂块并对它们作分别培养。在这种情况下，各琼脂块所含的养料和接触空气的面积基本相同，而且产生的代谢产物不会扩散，因此测得的数据与摇瓶条件下十分相似。

近年来，一种称为微量高通量微生物筛选的方法已在欧洲一些实验室使用。其基本方法是以 96 孔塑料培养板作为大量培养的容器，每孔可先加入 2 mL 培养液，再经多点(12 点)接种器快速接种纯菌株，每小时约可接 4 000 个不同变异株，每天可筛选 2 万～3 万株，经适当培养后，可快速对每孔中的代谢产物进行自动检测，工作效率极高。

4.5.2　原生质体融合育种

原生质体融合的原理和过程前面已经介绍过了。此方法现已成功地实现了酵母菌、霉菌、放线菌和细菌等多种微生物在株间、种间甚至属间的融合，从而使该技术形成了一个系统的实验体系，成为微生物遗传育种方面一种新的有效工具。其基本操作包括以下五个步骤：①亲本及其遗传标记的选择；②原生质体的制备；③原生质体融合；④原生质体再生；⑤优良性状融合重组子的筛选。

4.5.3　基因工程育种

自 20 世纪 50 年代开始，全世界的科学家对遗传物质的存在形式、转移方式以及结构功能等问题展开了深入的研究，从而促进了分子生物学与分子遗传学的快速发展。20 世纪 70 年代后期，诞生了一个理论与实践相结合，可人为控制的育种的新领域——基因工程育种。

4.5.3.1　定义

基因工程(genetic engineering)又称为遗传工程或重组 DNA 技术(recombinant DNA technology)，是指在基因水平上通过人工处理将所需要的目标基因从供体生物的遗传物质中提取出来，在离体条件下使用适宜的工具酶对其进行切割，再与载体 DNA 连接，然后将其导入更容易生长与繁殖的受体细胞中，使外源性遗传物质在其中进行正常复制和到达，从而获得大量基因产物，或使生物表现出新性状。通过基因工程改造后的菌株称为工程菌，基因工程改造的动植物则称为工程动植物或转基因动植物。奠定基因工程基础的几项关键技术有 DNA 的特异切割、DNA 分子克隆及人工转化、DNA 快速测序、DNA 的人工合成和体外扩增(PCR)、DNA 定位诱变等。

4.5.3.2 基因工程的基本过程

基因工程的基本过程如图 4-14 所示。

(1)目的基因获得

获得目的基因的方法有密度梯度超离心法、mRNA 反转录酶合成 DNA 法、化学合成法等。

(2)载体的选择

有了目的基因后,还必须有符合要求的运送载体将其运送到受体细胞中进行增殖和表达。载体必须符合以下条件:①具有在细胞中能进行独立自我复制的能力;②能在受体细胞内大量增殖;③载体上最好只有一个限制性内切酶的切口,便于外源 DNA 的插入,使目的基因能融合到载体的固定位置上;④载体上必须有一种或几种可供选择的遗传标记,以便及时把极少数“工程菌”或“工程细胞”选择出来。目前常用的载体有质粒载体(如 pBRbr322、pUC 系列、pSD 系列、pGEM 系列),噬菌体载体,动物病毒载体(如 SV40,痘苗病毒载体),以及可以克服细菌质粒不能在真核细胞内克隆、表达等缺点的混合型载体(如 pSV 和 pSVCT 等)。

(3)目的基因与载体 DNA 的体外重组

即采用限制性内切酶处理或采用人工手段将 DNA 进行加工,使目的基因与载体 DNA 连接起来,组成一个有复制能力的重组载体。方法有黏性末端连接法、平端连接法、人工接头连接法和同聚物加尾连接法等。

(4)将重组载体引入受体细胞

这一步是为了使目的基因在受体细胞内扩增和表达,以获得预定的效果。最常用的受体细胞是微生物细胞,当然也可以是动物或植物细胞。将重组载体导入受体细胞的方法很多,如转化、转染、显微注射、电穿孔、基因枪、脂质体介导等。最近,一些高效、新颖的导入方法(如快速冷冻法、炭化纤维介导法等)的研究已趋于成熟并业已达到实用水平。

(5)重组体的克隆与筛选

导入重组载体的受体细胞称为重组体(或重组子),重组体的大量无性繁殖就是克隆。重组体的筛选可分为直接法和间接法两大类:前者主要有 DNA 鉴定筛选法(包括快速细胞破碎法、煮沸法、基因定位法和序列测定法等),选择性载体筛选法(包括 G 噬菌体包装筛选、抗药性标记筛选和色斑筛选等)和分子杂交选择法(包括原位杂交技术和印迹技术);后者有免疫学法(包括免疫化学法、酶免疫分析法)和 mRNA 翻译检测法(如网织红细胞液法、麦胚细胞液法等)。

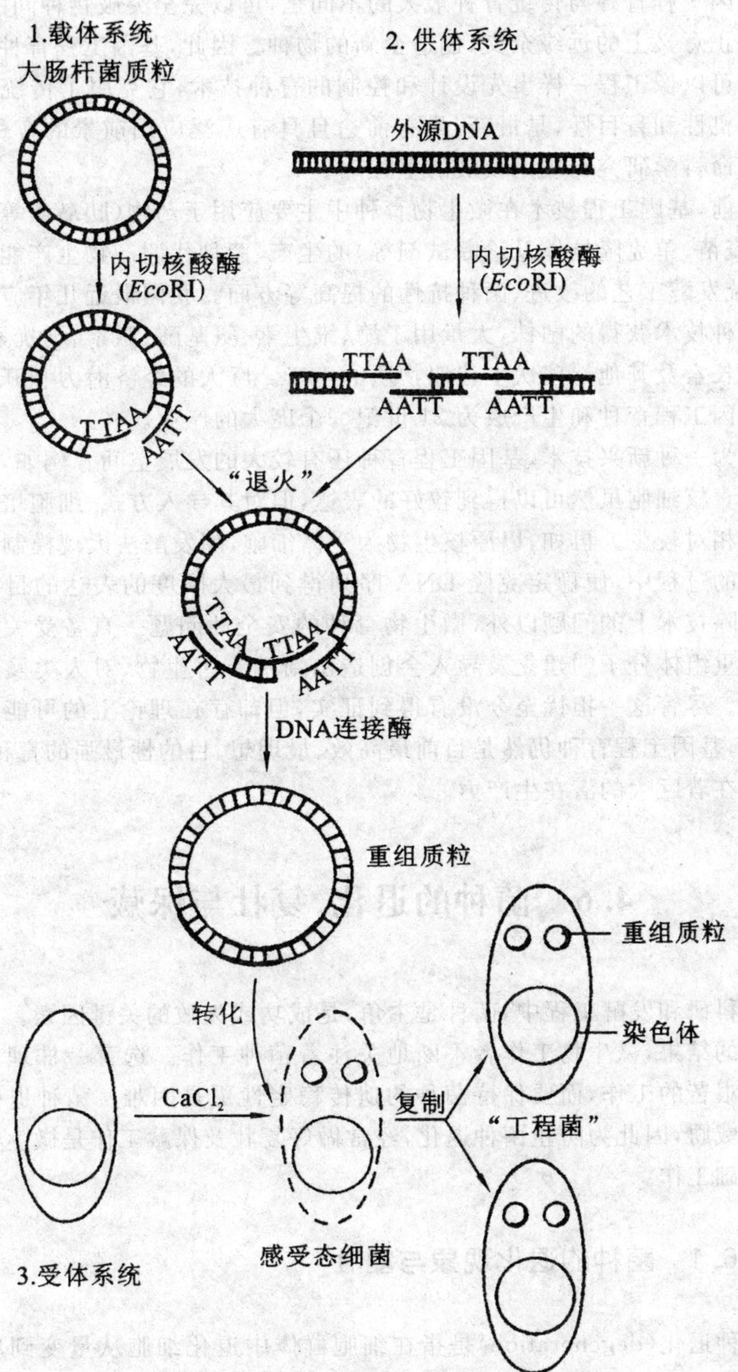

图 4-14　基因工程基本操作示意图

基因工程育种与传统育种最大的不同是,可以完全突破物种间的障碍,实现真正意义上的远缘杂交,创造全新的物种。因此,基因工程育种是一种自觉的可以像工程一样事先设计和控制的育种技术,它克服了传统育种技术的随机性和盲目性,是最新、最有前途且具有广泛应用前景的育种方法,也是生命科学研究与应用发展的里程碑。

目前,基因工程技术在微生物育种中主要应用于药物(胰岛素等治疗用药物、疫苗、单克隆抗体及诊断试剂等)的生产、菌种代谢产物生产能力的提高、传统发酵工艺的改进、菌种抗性的提高等方面。我国最近几年应用基因工程育种技术获得的菌株,大量用于酶、维生素、氨基酸、激素、干扰素、促红细胞生长素及其他一些次生代谢物质的生产。巨大的经济潜力和开发前景将使基因工程育种和生产成为21世纪一个庞大的产业。

作为一种新兴技术,基因工程育种还有较大的发展空间。例如,目的基因导入真核细胞虽然可以得到较好的表达,但对其导入方式、细胞培养方法等研究相对较少。再如,以原核生物为受体细胞,用发酵法大规模制备蛋白质制品的过程中,使稳定克隆DNA序列得到最大限度的表达的目标尚未实现。除技术上的问题以外,微生物育种的安全性问题一直备受关注。有人认为重组体分子的建立及导入会创造出新的有害生物,对人类及环境造成危害。尽管这一担忧至今没有得到证实,但却存在理论上的可能性。不论如何,基因工程育种仍然是目前最高效、最理想、目的性最强的育种方法,而且存在着巨大的潜在生产力。

4.6 菌种的退化、复壮与保藏

在科研和发酵工程中,菌种是主角,是成功或失败的关键因素。为了获得理想的结果,微生物工作者不断地关注着菌种工作。选育一株理想菌株是一件艰苦的工作,而要保持菌种的遗传稳定性更是困难。菌种退化是一种潜在威胁,因此为防止菌种退化,经常做好复壮及保藏工作是微生物学的重要基础工作。

4.6.1 菌种的退化现象与复壮

菌种退化(degeneration)是指在细胞群体中退化细胞从量变到质变的逐步演变过程。通常表现为在形态上的孢子减少或颜色改变。例如,苏云金芽孢杆菌的芽孢与伴孢晶体变得很少而小,又如黑曲霉的糖化能力、抗生素生产菌的抗生素发酵单位下降，黄曲霉产曲酸能力下降，连续低产等。退化的菌种在抗不良外界环境条件(抗噬菌体、抗高温、抗低温等)方面能力减弱。这种退化开始时，仅是群体中个别细胞，如不及时发现并采取有效措施，而继续移种传代，则这种退化细胞比例逐步增大，最后让它们占了优势，从而整个群体森现出严重的退化。即使退化菌种在群体中占了优势，其中还会有少数尚未退化的个体存在着，只要及时采取相应的措施进行复壮，也还是可以挽救的。

所谓复壮是指：①在菌种生产性能尚未衰退前就经常有意识地进行纯种分离和生产性能的测定工作，以保持菌种的优良生产性能，甚至选育出自发突变的高产菌种，不断提高产量；②在菌种已退化的情况下，通过纯种分离和测定生产性能等，从退化的群体中找出尚未退化的个体，以达到回复该菌原有的优良性状；③菌种若污染杂菌也可造成退化，这种情况也只要采取分离、纯化措施，即可复壮。

4.6.1.1　退化的防止

(1)减少传代次数

即尽量减少不必要的移种和传代，并将必要的传代降低到最低限度，以此可以减少自发突变的概率。有人指出，DNA 复制过程中，碱基发生差错的概率低于 5×10^{-4}，一般自发突变率在 $10^{-9}\sim10^{-8}$ 间。由此可以看出，菌种的传代次数越多，产生突变的概率越高，因而发生退化的机会也就越多。如斜面传代一般不要超过 5 代，最多不超过 10 代。打开冷冻保藏管，可以接出 10 支斜面，生产上抽出一支传 5 代，再打开一支继续使用，传 5 代，以此类推，留下一支继续做数支冷冻管保藏，这样可以控制传代次数，并可保持产品的质量不变。

(2)良好的培养条件

培养条件要有利于生产菌株，不利于退化菌株的生长。如在栖土曲霉(*AsPergillus terricola*)3.942 的培养中，有人曾用改变培养温度的措施，即从 28～30 ℃提高到 33～34 ℃来防止它产孢子能力的退化；但由于各种生产菌株对培养条件敏感性不同，大多数菌种在温度高时，基因突变率也高，温度低则突变率也低，因此菌种保藏的重要措施就是低温。对一些抗性菌株应在培养基中适当添加有关的药物，抑制其他非抗药性的野生菌株生长。一些工程菌株带抗生素标记，在培养基中就需加入相应的抗生素。又由于微生物生长过程产生有害代谢产物，也会引起菌种退化，因此应避免将陈旧的培养物作为种子。

(3)利用不同类型的细胞接种传代

在放线菌和霉菌中,由于它们的菌丝细胞常含有几个核,甚至是异核体,因此用菌丝接种就会出现不纯的退化,而孢子一般是单核的,用孢子接种就可防止菌种退化。

4.6.1.2 退化菌种的复壮

因为在退化的菌种中仍有未退化的细胞,故有可能采取一些相应的措施,将这些未退化的细胞分离出来,称之为复壮。常用的方法是稀释分离、划线分离、纯化培养。也可通过高剂量紫外线和低剂量化学诱变剂联合处理,经过筛选获得保持优良性状的高产菌种。对于退化的寄生性微生物如苏云金芽孢杆菌,可以用虫体复壮法得到复壮,即将退化的菌株,去感染菜青虫的幼虫,25 ℃培养 14～20 h,使虫得病,待虫死后,再从已死的虫体内吸出体液重新分离菌株,如此反复多次可得到复壮的菌株。又如对泾阳链霉菌 5406 抗生菌的分生孢子,采用－30～－10℃低温处理 5～7 d,使其死亡率达到 80%,发现在抗低温存活的个体中,留下了未退化的健壮个体。

在人类长期利用微生物的同时,也一直与微生物的退化现象做斗争,总结了不少有效地防止生产性状退化和达到复壮的经验。但是在使用这些措施之前,还要仔细分析和判断一下所用菌种究竟是发生退化,还是仅属一般性表型改变,或只是污染杂菌。只有针对发生退化的根本原因,才能达到复壮的目的。

4.6.2 菌种的保藏

由于微生物已广泛应用于工业、农业、医学、林业、环保等方面,因此菌种的供应问题显得十分重要。菌种质量的好坏,直接影响生产效果。虽然在选育种工作中做了大量的工作,获得了优良性状,甚至利用基因工程手段构建了具有能生产昂贵药物的菌种,但是,由于微生物具有较易产生变异的特性,因此在实验室或生产过程中,菌种仍会不断发生变异、退化、变质,甚至污染杂菌。很显然,菌种保藏的目的,首先使之不至于死亡绝种、不污染杂菌,另一方面要尽量使菌种在保藏中保持优良的性状,并使菌种的存活率高、变异率低,以利于生产、研究、交换和使用。在国际上一些工业发达的国家都设有相应的菌种保藏机构,广泛收集实验室和生产菌种、菌株(包括病毒株,甚至动、植物细胞株和质粒等)这些重要生物资源。

4.6.2.1 菌种保藏原理

人为地创造合适的环境条件,使微生物的代谢处于不活跃、生长繁殖受抑制的休眠状态,尽可能地减少其变异率是保藏菌种的原则。因此,需要创造适于微生物休眠的环境,主要是低温、干燥、缺氧、缺乏营养四方面的条件。

4.6.2.2 菌种保藏方法

菌种保藏方法很多,采用哪种方法,要根据菌种的不同特性和设备条件而定。这里着重介绍几种常用的方法。

(1)斜面保藏法

将菌种接种在不同成分的新鲜斜面培养基上,待菌种充分生长后,便可放在 4 ℃冰箱中进行保藏。每隔一定时间转接在新鲜斜面培养基上培养后再进行保藏,如此连续不断。一般细菌、酵母菌、放线菌和霉菌都可使用这种保藏方法。有孢子的霉菌或放线菌,以及有芽孢的细菌在低温下可保存半年左右,酵母菌可保存 3 个月左右,无芽孢的细菌可保存 1 个月左右。此方法简单,存活率高,故应用较普遍。其缺点是菌株仍有一定的代谢强度,传代多而又保持一定的营养条件,因此容易产生变异,故不宜长时间保藏茵种。有人做了某些改进,如将试管的棉塞用橡皮塞代替,然后用灭菌优质石蜡封口,这一改进可以使保存时间延长到 10 年以上,存活率仍在 75%或更高。

(2)液体石蜡保藏法

此法是在生长良好的斜面或高层穿刺培养基上覆盖经过灭菌的优质液体石蜡,液面高出斜面和高层顶部 1 cm,直立试管架上 4~15 ℃保存。液体石蜡覆盖能抑制微生物代谢,推迟细胞老化,防止培养基水分蒸发,因而可延长微生物保存期。这主要用于好氧细菌、放线菌、酵母菌和霉菌等的保存。该法优于斜面传代保藏,随微生物不同,保藏时间可达到数年。该保藏方法简便,不需特别装置,对不适于冷冻干燥的微生物及孢子形成能力特别弱的丝状菌适用。但这种方法不是对所有菌种都适用,仅能用于不能利用石蜡油作为碳源的菌种。对于一些细菌和丝状菌的保藏,如固氮菌、乳杆菌、红螺菌、明串珠菌和毛霉、根霉等就不大合适。

用此法保藏菌种时,注意选用优质石蜡油。石蜡油必须在 0.1 MPa 灭菌 30 min,再经 170 ℃干燥 1 h。干燥的主要目的是为了除掉湿热灭菌时浸入石蜡油中的水分。

(3)载体保藏法

把微生物吸附在载体(如砂子、土壤、硅胶、滤纸、素瓷等)上进行干燥保藏的方法,即为载体保藏法。载体保藏属于干燥保藏,使用广泛。如砂子保藏法即取河沙过 24 目筛子,再用 10%的盐酸浸泡除去有机质,洗涤,烘干,分装砂土管中,每管加 1 g,加塞灭菌。然后放在干燥器中使水分逸散。需保藏的菌种先用 0.1 mL 无菌水制成菌悬液,再滴入砂土管中,加塞充分干燥后,密封保存。此法适用于芽孢杆菌、放线菌和一些丝状真菌。

滤纸保藏法是用滤纸片作为载体,将其灭菌干燥后放入培养液或菌体悬液中,使孢子或菌丝吸附在滤纸上。再将滤纸片保藏在盛有干燥剂的容器中或封装在小塑料袋中。这种保藏方法应用范围限于有较强抗干燥能力的菌种。此法保存方便,特别便于用信封邮寄菌种。

(4)悬液保藏法

此法与载体保藏法相对应,是将微生物悬浮在适当媒液中加以保藏。媒液有蒸馏水、10%的灭菌的葡萄糖、蔗糖液(适于酵母菌的保藏)、无机盐类、磷酸缓冲液等其他悬浮液。但在实际应用中以蒸馏水保藏法较为常用。酵母菌、霉菌和放线菌的大部分均适用此法保藏,操作简便。在试管的斜面培养基中加入少量的无菌水,如在 20×15 mm 的试管斜面加入 6~7 mL 无菌水,用无菌吸管轻轻吹散表面菌苔,使菌液均匀分散,然后分装至已灭菌的带磨口塞的小试管中,每管 1 mL,将盖子盖严,即可在室温下保存。

McGinni 等对 66 个属 147 种酵母菌、霉菌和放线菌合计 417 个菌株,使用该法在室温下保藏 1~5 年,其中存活 389 菌株,存活率为 93%。

(5)冷冻干燥保藏法

此法的优点是符合低温、真空、干燥三种保藏菌种的条件,为此是最佳的微生物菌体保存法之一,保存时间长,可达 10 年以上。低温冷冻可以用 −20 ℃或更低温度(−50 ℃,−70 ℃)冰箱,用液氮(−196 ℃)更好。无论是哪种冷冻,在原则上应尽可能速冻,使其所产冰晶小,而减少细胞的损伤。不同微生物的最适冷冻速度不同。为防止细胞在低温状态下死亡,常用保护剂稳定细胞膜,既能推迟或逆转膜成分的变性,又可以使细胞免于冰晶损伤。保护剂一般用脱脂牛奶、血清、甘油、二甲亚砜等,操作时先用 2~3 mL 保护剂洗下斜面上的菌体,制成菌悬液,随即将菌悬液分装安瓿管,放到 −25~−40 ℃的低温冰箱或冻干装置中预冻。预冻的目的是使水分在真空干燥时直接由冰晶升华为水蒸气。预冻必须彻底,否则干燥过程中一部分冰会融化而产生泡沫或氧化等副作用,或使干燥后不能形成易溶的多孔状菌块,而变成不易溶解的干膜状菌体。待结冰坚硬后(约需 0.5~1 h),可开始真空干燥。真空要求在 15 min 内达到 0.5 mmHg,并逐渐达到 0.2~0.1 mmHg。

抽真空后水分大量升华，样品应该始终保持冷冻状态。少量样品 4 h 一般可以达到干燥目的，可用喷灯熔封安瓿管口，然后以高频电火花检查各安瓿管的真空情况，管内呈灰蓝色光表示已达真空。电火花应射向安瓿管的上部，切勿直射样品。制成的安瓿管可在 4 ℃冰箱保藏。

一般实验室可采用现成的真空冷冻干燥机，也可自制分支管或冻干装置，如图 4-15 所示。

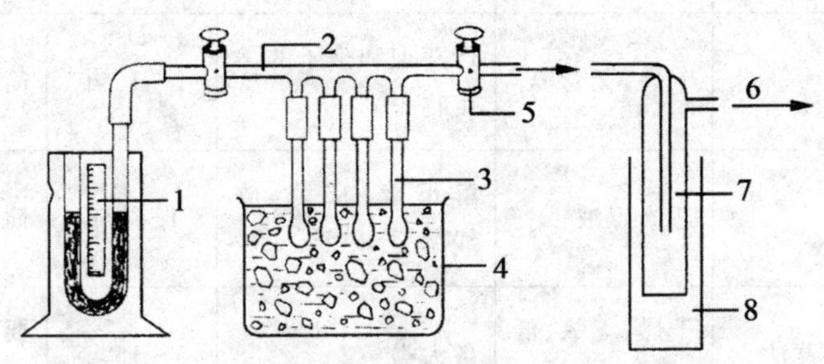

图 4-15　简易冷冻干燥装置

1—真空压力表；2—分支管；3—安瓿管；4—冰浴；
5—阀门；6—接真空泵；7—冷凝器；8—冰浴

(6)液氮超低温保藏法

液氮保藏法是一种应用广泛的微生物保藏法。由于液态氮低温可达 −196 ℃，适于保藏各种微生物，从病毒、噬菌体、立克次氏体到各种细菌、放线菌、支原体、螺旋体、原虫、动物细胞(如红细胞、精子、癌细胞等)都可用液氮保藏。这是当前保藏菌种的最理想方法。但必须将菌液悬浮于低温保护剂(如甘油、脱脂牛奶等中，并须控制制冷速度进行预冻，以减少低温对细胞造成的损伤。由于不同细胞类型的渗透性不同，每种生物所适应的冷却速度也不同，因此需根据具体的菌种，通过试验来决定冷却的速度。在保存过程中要注意及时补充液氮，保持必要的贮存量。

(7)寄主保藏法

对某些微生物例如病毒、立克次氏体和少数的丝状真菌等，只能寄生在活着的动物、植物或细菌细胞中才能繁殖传代，故可针对寄主细胞或细胞的特性进行保存。如噬菌体可以经过细菌扩大培养后，与培养基混合直接保存。动物病毒可直接用病毒感染适宜的脏器或体液，然后分装于试管中密封，低温保存。植物病毒保存方法类似。

以上介绍了几种常用的保藏法，更多有关的方法和技术细节可参阅专门参考书。上述几种常用菌种保藏方法的比较列于表 4-3 中。

表 4-3 几种菌种保藏方法比较

方法名称	主要措施	适宜菌种	保藏期	评价
斜面冰箱保藏法	低温	各大类	3～6 月	简便
液体石蜡保藏法*	室温、缺氧	各大类(斜面或半固体穿刺培养物)	1～2 年	简便
载体保藏法	干燥、无营养	产芽孢和孢子的微生物	1～10 年	简便,效果好
悬液保藏法	适当媒液	酵母菌、霉菌、放线菌	1～5 年	简便
冷冻干燥保藏法	干燥、无氧、低温、有保护剂	各大类	5～15 年	要有一定设备,高效
液氮超低温保藏法	－196℃,有保护剂	从病毒到各类细胞	20 年以上	要有一定设备,高效

注:*:对石油发酵微生物不适用。

对于基因工程菌常采用甘油保藏。此法与液氮超低温保藏法类似。菌种悬浮在10%(体积分数)甘油蒸馏水中,置低温－80～－70 ℃保藏。该法简便,但需要有超低温冰箱。

在实际生产中,一般将保藏菌培养至对数期的培养液直接加到已灭过菌的甘油中,并使甘油的终浓度在 10%～100%左右,再分装于小离心管中,置低温保藏。工程菌保藏常采用此法(保藏在小试管中),扩大生产后还是采用冷冻干燥保藏或液氮超低温保藏法。

在美国典型菌种保藏中心(ATCC),目前采用两种最有效的方法,即保藏期一般达 5～15 年的冷冻干燥保藏法和保藏期一般达 20 年以上的液氮保藏法,以保证最大限度减少传代次数,避免菌种退化。图 4-16 为 ATCC 采用的两种保藏方法示意图。图中表示当菌种保藏机构收到合适菌种时,先将原菌种制成若干液氮保藏管作为保藏菌种,然后再制成一批冷冻干燥管作为分发用。经 5 年后,假定第一代(原种)的冷冻干燥菌种已分发完毕,就再打开一瓶液氮保藏原种,这样,至少在 20 年内,凡获得该菌种的用户,至多只是原种第二代,可以保证所保藏的分发菌种的原有性状。

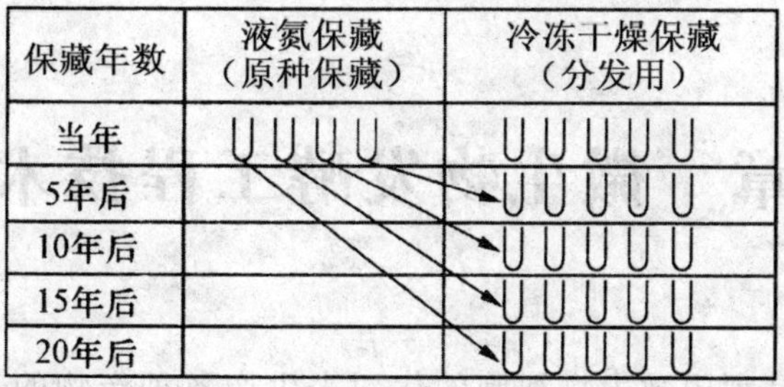

保藏年数	液氮保藏（原种保藏）	冷冻干燥保藏（分发用）
当年	U U U U	U U U U U
5年后		U U U U U
10年后		U U U U U
15年后		U U U U U
20年后		U U U U U

图 4-16　ATCC 采用的两种保藏方法示意图

4.6.3　国内外主要的菌种保藏机构

菌种是人类的共同财富，所以国际上很多国家都设立了菌种保藏机构，如中国微生物菌种保藏管理委员会（CCCCM）、美国典型菌种保藏中心（ATCC）、日本的大阪发酵研究所（IFO）、法国的里昂巴斯德研究所（IPL）、英国的国家典型菌种保藏所（NCTC）等。其任务是在广泛收集生产和科研菌种、菌株的基础上，妥善保藏，使它们达到不死、不衰，便于互相交流和充分利用资源，以及避免混乱。

在各机构保藏的菌种中，一类是标准菌种，另一类是用于教学、科研的普通菌种，第三类是生产应用菌种。根据需要可以向有关机构购买。

第5章 微生物发酵工程技术概述

发酵工程是利用微生物细胞的代谢来生产各种产物的过程,其核心部分可分为三步:其一是生产特定产物的微生物菌种选育;其二是利用先进的技术和设备为菌种提供良好的生长环境,有效地提升了菌种的生产能力;其三是将发酵产物经分离、纯化,以获得较高产率的成品。虽然微生物的发酵以工业生产为主,发酵水平的好坏是整个生产的关键,但后处理在发酵生产中也占有很重要的地位。

5.1 发酵的基本概念

发酵工程是利用微生物的代谢功能,通过先进的科学技术生产有用的物质或直接应用于工业化生产的技术体系。它是在传统的理论上结合现代DNA重组、细胞融合、分子修饰和改造等新技术而发展起来的现代发酵技术。它是渗透有工程学的微生物学,是微生物工业的基础与核心。例如,利用阿氏假囊酵母(*Eremothecium ashbyii*)或棉病囊霉(*Ashbya gosypii*)发酵法生产维生素 B_2(核黄素)。

微生物发酵工程是指利用微生物来生产某种产品或完成某个工业过程。例如,利用解淀粉芽孢杆菌(*Bacillus amvloliquefaciens*)发酵法生产水溶性聚合物 γ-聚谷氨酸(poly-γ-glutamic acid);利用活性污泥法进行生活污水或工业污水的净化处理等。从众多实例中就可以发现进行微生物发酵的前提条件包括两个重要方面:①应具有合适的生产菌种或工业过程用微生物种源;②应具备控制微生物生长、繁殖、代谢的工艺条件和控制工业过程的工艺条件。

5.2 发酵工程的类别及其特征

微生物发酵过程即微生物的反应过程,是指由生长繁殖的微生物所引起的生物化学反应过程。它不仅包括了传统概念中发酵产品生产的全部内容,也包括固定化的微生物的反应过程、生物淋滤过程、生物废水处理过程等。

所有的微生物都能进行微生物发酵生产某种产品吗？答案是否定的。事实上,微生物必须满足一定的条件,才能作为发酵菌种。

5.2.1　微生物发酵菌种必须满足的条件

虽然人们已从自然界中分离了大量微生物,但只有少部分分离纯化的微生物能作为用于工业生产的菌种。发酵工业应用微生物的趋势由发酵菌转向氧化菌、从野生菌株转向变异菌株、由自然选育到代谢控制育种、从诱发基因突变转向基因重组。工业菌种的种类繁多,在选择工业生产菌种(industrial microbial strain)时一般遵从以下原则:①菌种对生长环境的要求低,即能够在普通的条件下迅速生长,并生成大量的代谢产物;②菌种能够在控制的条件下,如浓度、pH、温度等一定的条件下迅速生长和发酵,且所需酶活力高;③菌种的生长与反应迅速,发酵周期较短;④根据代谢控制的要求,需要单产较高的营养缺陷型突变菌株或者解除代谢调控菌种;⑤选择抵抗噬菌体感染能力较强的菌种;⑥选择的菌种不易发生退化和变异;⑦菌种本身不是病原菌,且在代谢的过程中也不会产生有毒性物质及毒素。

发酵工程用菌种的来源包括:①从自然环境中分离;②收集现有菌株进行筛选,可向国内外微生物或培养物保藏单位索取或购置,如中国农业微生物菌种保藏管理中心(ACCC)、中国典型培养物保藏中心(CCTCC)、中国普通微生物菌种保藏管理中心(CGMCC)和中国工业微生物菌种保藏管理中心(CICC)等国内菌种保藏机构;American Type Culture Collection, USA(ATCC)、Institute for Fermentation, Osaka, Japan(IFO)、Food and drug Administration, USA(FDA)和 National Institute of Health, USA(NIH)等国外菌种保藏机构;③菌种改造,利用现代分子微生物、系统生物学、代谢工程、合成生物学等技术对工业用微生物菌种进行改造。

5.2.2　发酵工程的类别及其特征

微生物的发酵方式很多,这里主要介绍六种基本发酵方式,即分批发酵、补料分批发酵、连续发酵、固态发酵、高密度发酵和工程菌发酵。

5.2.2.1 分批发酵

分批式发酵(batch fermentarion)又称间歇式发酵(intermittent fermentation)或不连续式发酵(discontinuous fermentation),也称原位发酵,是把培养液一次性装入发酵罐,灭菌后接入一定量的种子液,在最佳条件下进行发酵培养。经过一段时间完成菌体的生长和产物的合成积累后,将全部培养物取出,结束发酵培养。然后清洗发酵罐,装料、灭菌后再进行下一轮分批操作。每一个分批发酵过程都经历发酵罐的清洗、装料、灭菌、接种、生长繁殖、菌体衰老进而结束发酵,最终放罐提取产物。分批式发酵的操作时间由两部分组成,一部分是进行发酵所需的时间,即从接种后开始发酵到发酵结束为止所需的时间;另一部分为辅助操作时间,包括装料、灭菌、卸料、清洗等所需的时间总和。

分批式发酵菌体培养过程一般可粗分为四期,即适应期(停滞期)、对数生长期、生长稳定期(静止期)和死亡期;也可细分为六期:停滞期、加速期、对数期、减速期、稳定期和死亡期。在分批式发酵的操作过程中,无培养基的加入和产物的输出,发酵体系的组成如基质浓度、产物浓度及细胞浓度都随发酵时间而变化,经历不同的生长阶段。物料一次性装入,一次性卸出,发酵过程是一个非衡态过程。

5.2.2.2 补料分批发酵

所谓补料分批发酵是指在微生物发酵的过程中,以一定的方式向系统中补加一定物料的技术。通过在培养系统补加物料,就可以较长时间的将底物浓度维持在一定的范围内,从而保证了微生物正常的生长需求,达到了高产的目的。

(1)补料分批发酵技术的优势

补料分批培养(fed-batch fermentation)同分批培养、连续培养都是微生物细胞培养的一种方式,它兼备了分批发酵与连续发酵的优点,并且有效地避免了它们的缺点。补料添加的意义主要有:①维持菌体正常代谢,推迟自溶期。②可以解除培养过程中的阻遏效应,延长产物的合成期;③能够保证产量的增长;④有效增加了发酵液总体积。⑤有效的避免异常发酵的发生,实现 pH 和代谢方向的控制。⑥对耗氧过程而言,补料分批培养可有效避免因一次投料过多而引起的细胞大量增长,造成耗氧过多,以至于通风搅拌设备不能够完全匹配的情况。在某种程度上可减少微生物细胞的生产量,提高目的产物的转化率。

(2)补料分批发酵技术的类型

根据补入物料的组成成分可以将分批式发酵分为完全补料培养与半分批补料培养。所谓完全补料培养是指加入的补料与培养基中营养成分完全相同。半分批式补料方式是指加入的成分是一种或者几种限制性营养成分;根据物料流入(F_{in})和流出(F_{ex})发酵罐的速率,补料分批发酵分为多种形式,如图 5-1 所示。

当 $F_{in}=F_{ex}=0$ 时,即为分批发酵;当 $F_{in}=F_{ex}\neq 0$ 时,即为连续发酵(恒体积操作)。分批发酵和连续发酵是两个极端。介于中间的便是补料分批发酵。另外,根据操作方式还有近似恒体积操作、增加体积操作和重复循环操作。近似恒体积操作是让补料的容量流速近似于蒸发速率,由于蒸发速率较慢,要补加高浓度溶液或直接补入液体或固体物料本身,满足微生物的生长需要。增加体积操作,即 $F_{ex}=0$,由于发酵液体积的不断增大和产物积累造成生长抑制,为保持产量只能延长发酵时间。重复循环操作是为缩短发酵时间,定期从发酵罐中排出一定量的发酵液,以便能进一步补加物料。其实,连续发酵也是重复循环补料培养的一种极限情况,即 $F_{in}=F_{ex}=$ 定值。

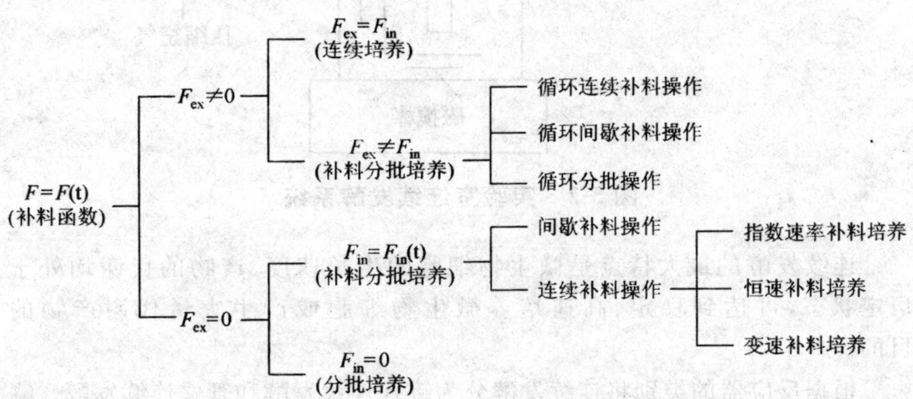

图 5-1 F_{in} 与 F_{ex} 值及其关系确立发酵类型

5.2.2.3 连续发酵

连续发酵(continuous fementation)是指以某一速度向培养基系统中添加新鲜的培养基,同时以相同的速度流出培养液,从而使培养系统内培养液的体积维持恒定,使微生物细胞处于近似恒定状态下生长的微生物发酵方式。以菌体或与菌体相平行的代谢产物为发酵产品时,常用恒浊连续培养装置进行连续发酵,该装置以维持恒定的高密度的菌体细胞为控制目标。

当流入培养基的速度低于菌体生长速度时,装置内的菌体密度提高,即经光电控制系统促使培养液流出以降低其菌体密度。反之,当流入培养基的速度高于菌体生长速度时,装置内的菌体密度降低,即经光电控制系统弱化培养液流出以提高其菌体密度。饲料酵母、乙醇、乳酸等经该装置进行连续发酵。图 5-2 为典型的实验室连续发酵系统。

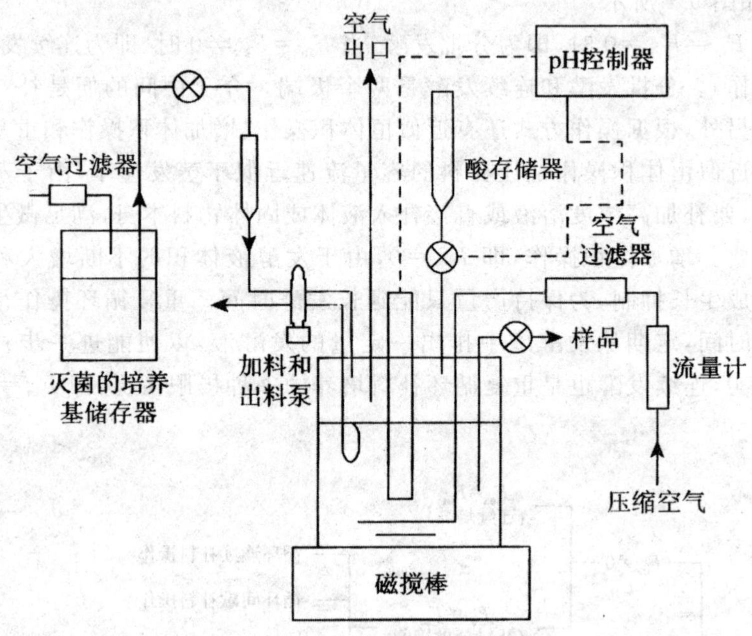

图 5-2 实验室连续发酵系统

连续发酵的最大特点是微生物细胞的生长速度、产物的代谢均处于恒定状态,可达到稳定、高速培养微生物细胞或产生大量代谢产物的目的。

根据反应器的类别将连续发酵分为罐式连续发酵和管式连续发酵。罐式连续发酵可以是单罐,也可以是多罐串联进行操作;而管式反应器无法单独使用,必须与其他形式的反应器联合使用。

连续发酵的技术优势是简化了菌种的扩大培养,不需要发酵罐的多次灭菌、清洗、出料等操作,缩短了发酵周期,提高了设备利用率,降低了人力、物力的消耗,增加了生产效率,使产品更具商业竞争力。其不足之处是菌体较长时间连续增殖生长易产生突变细胞。图 5-3 为单罐和多罐串联连续发酵示意图。

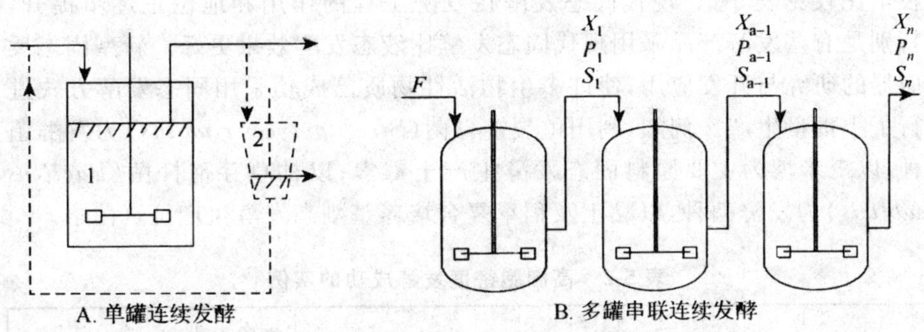

图 5-3　单罐和多罐串联连续发酵示意图

1—发酵罐；2—分离器；F—流加量；X—细胞浓度；P—产物浓度；S—底物浓度

表 5-1 通过面包酵母连续发酵生产与分批发酵生产比较，可看出连续发酵比分批发酵生产效率有所提高，成本降低。另一个例子，如丙酮丁醇梭状芽孢杆菌（*Clostridium acetobutylicum*）采用二级罐连续发酵生产丙酮、丁醇，运转期可持续一年，效益明显优于分批发酵。

表 5-1　连续发酵与分批发酵生产面包酵母

面包酵母的生产	分批发酵	连续发酵
168 h 最大产量/t	225	300
平均每小时生产酵母/t	1.5	2.5
每吨酵母耗电/(kW・h)	500	435

5.2.2.4　固态发酵

所谓固态发酵（solid state fermentation）是指微生物在几乎没有游离水的固态的、较湿的培养基上进行发酵的过程。根据成分的不同，固态的湿培养基的含水量一般控制在 40%～80%，无游离水流出。在我国民间的堆肥、青饲料发酵与酿酒制曲都是典型的固态发酵。固态发酵有节能、环保的优势，因此受到很多企业的认可。例如，以产朊假丝酵母（*Candida utilis*）、面包酵母（*Saccharomyces cerevisiae*）和啤酒酵母（*Saccharomvces carlsbergensis*）为复合发酵菌种，以麸皮、大豆饼和少量脱毒棉籽饼为原料，经固态发酵法生产饲料蛋白添加剂得到快速发展。

目前，伴随着发酵工程机械化、自动化、化工技术和设备的改进，在传统固态发酵的基础上发展到现代固态发酵。现代固态发酵与传统固态发酵的技术比较见表5-2。现代固态发酵在发酵工程的作用和地位正逐步提升，特别是有些发酵产品采用现代固态发酵比液态发酵效果更好。新型固态反应器的研究与开发应用，使许多生物活性物质已成功采用固态发酵方式进行了小批量生产。例如，利用龟裂链霉菌（*Streptomyces rimosus*）为发酵菌种，以玉米穗为主要原料固态发酵生产土霉素；以枯草芽孢杆菌（*Bacillus subtilis*）为发酵菌种，以黏土及稻草复合培养基刚态发酵生产抗真菌素。

表5-2　高细胞密度发酵成功的实例

菌种	基础培养基	发酵罐	补料方法	细胞干重/(g/L)	培养时间/h
大肠杆菌	葡萄糖矿物盐或甘油、矿物盐	搅拌罐	葡萄糖（甘油），非限制指数补料	140～150	30～40
枯草芽孢杆菌	含葡萄糖的完全培养基	搅拌罐	补料分批培养，补加葡萄糖调节pH	185	30
毕氏酵母菌	葡萄糖、矿物盐	搅拌罐	补料分批培养，补加甲醇	100	50～120

现代固态发酵与传统固态发酵相比，具有以下特点：①在密闭的固态发酵反应器中进行；②采用单一纯种菌株或混合菌株发酵；③扩大了固态发酵的应用范围；④操作能耗高，设备投资较大；⑤需要无菌处理发酵原料；⑥适宜于分离纯化高附加值产品。

5.2.2.5　工程菌发酵

随着分子生物学技术特别是重组DNA技术的快速发展，众多的基因工程产品相继问世。基因工程菌发酵生产的产品越来越多，如用于治疗风湿的促肾上腺皮质激素（adrenocorticotrophic hormone）、治疗血液病的集落刺激因子（colony stimulating factor）、治疗糖尿病的胰岛素（insulin）以及抗肿瘤巨噬细胞激活因子（macrophage activating factor）等。

(1)适于发酵生产的工程菌应具备的条件

用于发酵生产的基因工程菌应该具备下列条件：①其产物可分泌、非致病性、不产生内毒素、外源基因整合在受体菌DNA上；②能利用糖蜜、淀粉等常规的碳源，并可进行连续培养；③发酵温度适当；④代谢过程易于控制；⑤基因工程技术日趋成熟，所构建的工程菌已经实现了发酵量产化，许多产品已经投入市场，常见的有胰岛素、干扰素、生长激素、乙型肝炎疫苗等。甚至有的工程菌的产量已超过普通菌种。一种带有头孢菌素生物合成限制性扩环酶外源基因的工程菌，其头孢菌素 C 的产量比原有菌种提高 15%。

(2)工程菌的培养

①工程菌的培养。通常工程菌以大肠杆菌、枯草芽孢杆菌、某些假单胞菌等作为外源基因受体，其培养发酵与普通的菌种的发酵没有本质的区别。通常基因工程菌采用二阶段发酵工艺进行培养，首先在一定时间内提高菌体的浓度，然后添加诱导物或者改变培养温度以诱导外源基因的产物表达，并以综合评价决定产物表达的最佳诱导条件。

②基因工程菌的发酵设备。基因工程菌常用的发酵设备主要是机械搅拌发酵罐和气升式发酵罐。基因工程菌因大量合成异源蛋白，可直接或间接地干扰工程菌细胞壁的正常合成，使其细胞壁变软。因此，工程菌对外界的剪切力更敏感，大剪切力容易使工程菌细胞破碎。所以，用没有机械搅拌装置、剪切力较小的气升式发酵罐比机械搅拌发酵罐更利于基因工程菌发酵培养。

③基因工程菌的高密度发酵及控制。高密度发酵工艺已成为基因工程菌发酵生产的主要工艺。该工艺与非高密度发酵相比，其发酵周期不仅缩短一半以上，且菌体产量和产物表达量是普通发酵的 10～50 倍，蛋白活性可提高 2～3 倍。

在基因工程菌的高密度发酵中，要尽量选择容易被工程菌利用的营养物质作为培养基成分。例如，普通发酵培养基一般是以葡萄糖为碳源，而工程菌则常以甘油作为碳源，用甘油作碳源可提高工程菌的繁殖速度。同时还要对培养基的成分进行优化、组合，并借助于选择压力，以淘汰非目的基因工程菌。

基因工程菌发酵培养多采用补料分批发酵。在高密度培养工程菌生产谷胱甘肽(GSH)时，用指数流加补料方式可显著提高细胞产率、细胞干重和 GSH 产量。

5.3　工业发酵的方式

由于微生物代谢类型的多样性，利用不同微生物对同一种物质进行发酵，以及一种微生物在不同条件下培养所得产物均不相同，我们可以按照微生物对氧的要求、发酵采用的方式、发酵产物的特性，将发酵分为不同类型。

5.3.1 按微生物对氧的要求分类

(1)好氧发酵

好氧发酵又称好气发酵,是指发酵产物形成时需要充分的氧气,如柠檬酸发酵、草酸发酵、曲酸发酵等发酵。

(2)厌氧发酵

厌氧发酵也称嫌气发酵,它在发酵时不需供应氧气,常见的有丙酮-丁醇发酵、乳酸发酵、丙酸发酵、丁酸等发酵。

(3)兼性厌氧发酵

所谓兼性厌氧发酵是指既能在缺氧条件下进行,也能在富氧条件下发酵。如生产酒精的酵母菌是一种兼性厌氧微生物,在缺氧条件下进行酒精发酵,使酒精得到积累;在空气充足的情况下则进行好氧发酵,产生大量酵母细胞。

5.3.2 按微生物发酵采用的培养基状态分类

(1)固体发酵

在我国,发酵工业从固体发酵发展到浅盘发酵,后来又发展了新的发酵模式——液体深层发酵。

固体发酵具有悠久的历史,其优点很多,如投资少、易操作、设备简单、原料容易获得。且基质的含水量很低,对于生物反应器而言可以大大降低其体积。发酵的副产品也可以利用,不需废水处理,这一过程为清洁生产。供氧主要通过气体扩散或间歇通风完成,能耗较低。反应过程中能很好地解除产物抑制,因此可获得较高的次级代谢产物。缺点是对厂房面积的需求较大,目前生物反应器的设计还不完善,对于含水量、菌体量以及 CO_2 生成量的测定不够准确,微生物生长缓慢,容易引起污染,只适用于耐低活性水分的菌(如霉菌)等的发酵。

固体发酵即将发酵的原料加上一定比例的水分,置曲盘、草帘、深槽中灭菌,冷却后接种,进行发酵。现在已对固体发酵设计了密闭式的固体发酵罐,使固体发酵获得了新的发展。

(2)液体发酵

所谓液体发酵是将所有的原料配置成液体,按如下方式进行:①将培养基放在瓷盘内,进行静止培养,称浅盘发酵(亦称表面培养)。但是这一方法也存在很多缺点,如劳动强度大、占地面积较大、产量不高、易污染,因此很快被液体深层发酵所代替。②将培养液加入铁或不锈钢制成的发酵罐,在罐内进行深层发酵(submerged fermentation)。

目前我国和世界大多数国家发酵工厂都采用液体深层发酵。过去多采用单罐方式分批发酵,即在一个发酵罐内进行,发酵完毕即将产物进行提取。后来又发展为连续发酵、补料分批发酵等方式。

液体深层发酵同其他发酵方式相比具有很多优点,主要体现在:①液体的悬浮状态为各种微生物提供了良好的生长环境,因此菌体的生长较快,发酵产率也很可观,且发酵周期短;②液体环境中,反应所放出的热量容易扩散,因此可以保证发酵在均质条件下进行,容易控制,也能够迅速地扩大生产规模;③生产场地小,生产效率高,很容易使用计算机控制,产品质量好;④产品容易提取被精制。因此在现代化发酵领域得到了广泛的应用。但液体深层发酵也存在许多缺点,如能源消耗大、设备复杂、投资高、有废物排放等,因此还需要不断的改进。

5.4　微生物发酵设备(生物反应器)

体外生物反应器可分为微生物反应器、动物细胞反应器和植物细胞反应器等类型。通常把微生物反应器统称为发酵罐。

5.4.1　工业发酵常用设备发展史

发酵罐伴随着微生物发酵工业的发展已经历了近 300 年的历史。英国学者 Stanbury(1984)将工业发酵的过程划分为五个阶段,同样发酵罐也经历了这些阶段。①第一阶段是 1900 年以前,早在 17 世纪人们已用木制容器来发酵得乙醇和酒。这时期所使用木制容器是现代发酵罐的雏形,它带有简单的仪器,18 世纪中期出现了酵母的发酵生产,发酵罐也随之进行了改造;②第二阶段是 1900—1940 年,出现了 20 m^3 的钢制发酵罐,在面包酵母发酵罐中安装了空气分布器,机械搅拌设备在小型的发酵罐中得到了应用;③第三阶段是 1940—1960 年,第一个大规模工业生产青霉素的工厂于 1944 年 1 月 30 日在美国的 Terre Haute 投产,其发酵罐体积是 54 m^3(Callaham,1944)。以青霉素为代表的抗生素工业的兴起引起工业发酵的一场变革,机械搅拌、通风设备、无菌生产以及纯种培养等一系列技术逐渐完善,有许多技术一直沿用到今天。在参数检测以及传感控制方面已经出现了耐高温、耐蒸汽的可用于连续测定的 pH 电极和溶氧电极,计算机逐渐应用到发酵生产过程的控制中。发酵产物的分离和纯化设备逐步实现商品化;④第四阶段是 1960—1979 年,机械搅拌通风发酵罐的容积增大到

80～150 m^3。又由于工业上要进行大规模的单细胞蛋白的生产，所以又出现了压力循环与压力喷射型的发酵罐，这类发酵罐能够处理一些气体交换与热交换的问题。ICI（英国帝国化工公司，Impefal Chemical Industries）的 1 500 m^3 压力循环发酵罐可连续发酵 100 天而不染菌（Smith，1981）。计算机在发酵工业得到了较为广泛的应用；⑤第五阶段是 1979 年至今，由于现代生物工程与生物技术的迅速发展，对发酵工业提出了新的要求。于是，大规模的细胞培养发酵罐应运而生，有关基因工程的产品如胰岛素、干扰素等开始大量生产，为造福人类健康事业做出了新的贡献。

发酵罐与其他工业设备的显著区别是对纯种培养有着非常高的要求，可以说条件非常苛刻。工业操作上些许的瑕疵都会给工业生产带来极为严重的后果与巨大的经济损失。因此，发酵罐的严密性，运行过程中所要求的高度可靠性是发酵工业设备的显著特点。现代工业为了追求更高的利益，发酵罐越来越趋向大型化与自动化方向发展。例如，废水处理 27 000 m^3；单细胞蛋白 1 500 m^3；啤酒 320 m^3；柠檬酸 200 m^3；面包酵母 200 m^3；抗生素 200 m^3；干酪 20 m^3；酸乳酪 10 m^3。

在发酵罐的自动化方面，目前正在利用计算机控制整个发酵过程。作为参数检测的重要手段如 pH 电极、溶解氧电极、溶解二氧化碳电极等在线检测技术已相当成熟和先进。

随着生物工程尤其是基因工程的迅速发展，特别是环保方面的迫切需要，使发酵罐的结构操作原理和方法等都发生了很大的变化，就连术语“发酵罐”也常常代之以“生化反应器”。尽管如此，发酵工业上最常用的还是通风搅拌发酵罐。除了通风搅拌发酵罐外，其他形式的发酵罐如气升式发酵罐、压力循环发酵罐、带超滤膜的发酵罐等在工业上也有着广泛的应用。

发酵工程提供的生物工程产品很多，它们的生产工艺流程比较相似，使用的发酵设备有：种子制备设备、主发酵设备、辅助设备（无菌空气和培养基的制备）、发酵液预处理设备、粗产品的提取设备、产品精制与干燥设备、流出物回收、利用和处理设备等。

5.4.2 常见反应器的基本结构

如果根据操作的连续性，工业上所使用的反应器可分为间歇式反应器和连续式反应器。

根据几何形状划分，则工业反应器又可分为釜式反应器、管式反应器、塔式反应器、固定床式反应器和流化床式反应器。如果反应器上安装有搅拌器则称为机械搅拌式反应器。

5.4.2.1　机械搅拌釜式反应器

如图 5-4 是典型的机械搅拌釜式反应器。机械搅拌釜式反应器由内胆、夹套、搅拌器、传动装置、电动机、封头等部件组成。为了增强搅拌效果，在内胆的内壁上纵向设计了若干块挡板。内胆之外是通载热介质的夹套。搅拌器的形状各异，根据反应要求可更换。在上封头设计有入孔、进料口、排气口、取样口、温度测定口、压力表、观察窗等，有时又把温度计测量管和观察窗设计在筒体的壁上。操作时，首先给夹套通入加热介质，控制内胆保持反应需要的温度，将各种原料液从不同的进料口放入内胆，开动搅拌器，促使液体混合均匀和反应正常进行。当反应完毕，从反应釜底部放出液体至贮罐贮存。

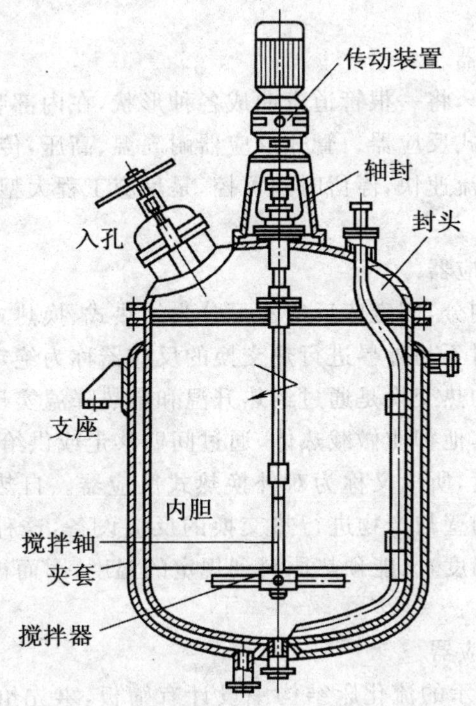

图 5-4　机械搅拌釜式反应器

机械搅拌釜式反应器属于压力容器，在反应时，内胆里的压力可能会升高。在操作时一定要将内胆里的压力控制在额定压力之下，否则，易发生危险事故。

5.4.2.2　其他反应器

机械搅拌釜式反应器应用非常广泛，除此之外还有管式、塔式、固定床和流化床等类型的反应器，如图 5-5 所示。

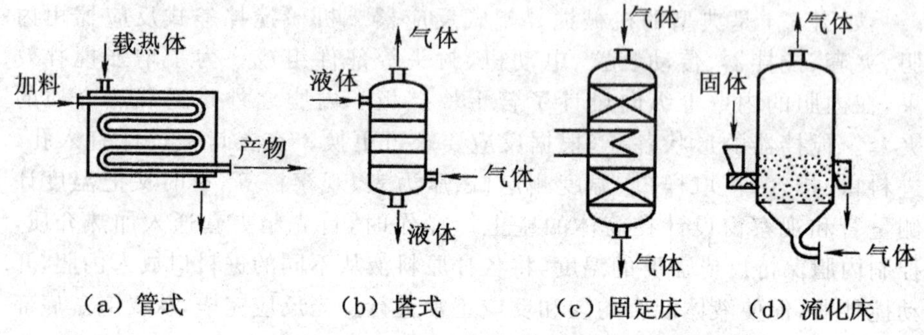

图 5-5 几种反应器的结构形式

(1)管式反应器

结构比较简单，将一根管道弯曲成各种形状，在内部装填各种性能的填料，即构成一个管式反应器。管式反应器耐高温、高压，传热面积可大可小，传热系数高，流体流速快，停留时间可控，是反应工程大型化、连续化发展中的一个重要设备。

(2)固定床反应器

按传热方式划分，固定床反应器可分为绝热式、换热式和自热式三种类型。在催化反应时不与外界进行热交换的反应器称为绝热式反应器。绝热式固定床反应器的热交换是通过绝热升温和绝热降温实现的。换热式固定床反应器是利用其他物质做载热体，通过间壁移走或供给热量，以维持催化剂床层的适宜温度，所以又称为对外换热式反应器。自热式固定床反应器是使原料气通过间壁与产物进行热交换的反应设备，这种设备既能控制催化剂床层的反应温度，又能预热原料到规定的温度，因而被广泛地用于放热反应过程中。

(3)流化床反应器

在如图 5-5 所示的流化床结构中设计有筛板，事先给流化床内装填固体物料，固体物料的颗粒沉积在筛板上。当从流化床底部向上通压缩空气时，则固体颗粒的运动状态会发生吹松、膨胀、悬浮于气流中等系列变化。此时若增大压缩空气的流速，则固体颗粒被气流夹带流出。这一个过程就称为流化过程，实现这个过程的设备叫流化床。颗粒被气流夹带而流出的速度叫带出速度。

在实际的流化过程中，流化现象分为散式流化和聚式流化。如果固体颗粒均匀地分散在气流中，则称为散式流化，又叫均匀流态化，如果是不均匀的则称为聚式流态化。

流化床催化反应器的优点是生产强度大、适应性强、可实现连续化和自动化大规模生产，在工业上广为应用。

5.4.2.3　搅拌器

(1)搅拌器的结构

通用搅拌器是由电动机、减速机、支架、传动轴、密封装置、叶轮等部件组成，图 5-6 所示的是常见通用机械搅拌器。搅拌器上的叶轮是各式各样的。按搅拌叶轮的形状可分为螺旋式搅拌器、涡轮式搅拌器、桨式搅拌器、锚式搅拌器、框式搅拌器、螺带式搅拌器。如果按搅拌器的工作原理，则可分为轴向流搅拌器和径向流搅拌器。轴向流搅拌器以螺旋桨叶式为代表，具有流量大、压头低的特点，流体在搅拌罐内主要做轴向和切向流动；径向流搅拌器以涡轮式桨叶为代表，具有流量小、压头较高的特点，流体在搅拌罐内主要做径向流和切向流。

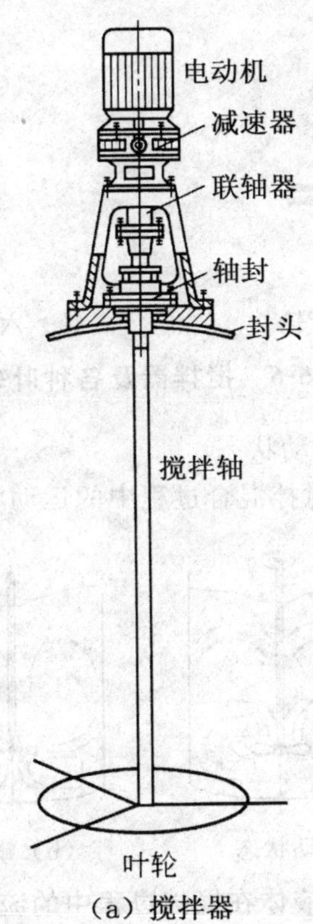

(a) 搅拌器

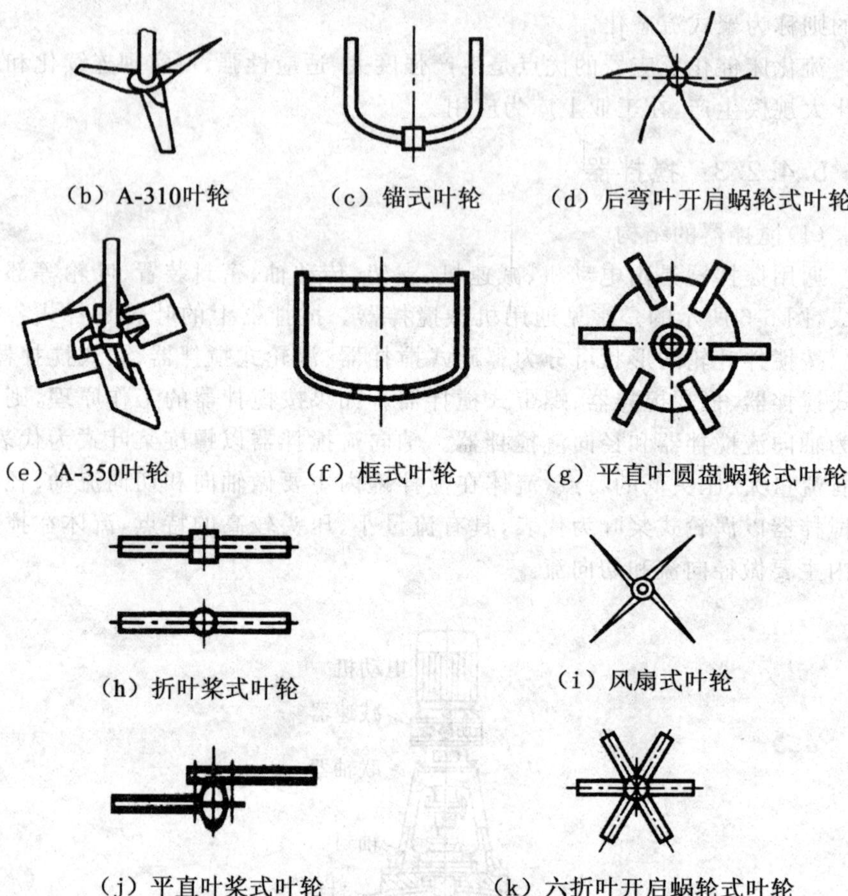

(b) A-310叶轮　(c) 锚式叶轮　(d) 后弯叶开启蜗轮式叶轮

(e) A-350叶轮　(f) 框式叶轮　(g) 平直叶圆盘蜗轮式叶轮

(h) 折叶桨式叶轮　(i) 风扇式叶轮

(j) 平直叶桨式叶轮　(k) 六折叶开启蜗轮式叶轮

图 5-6　搅拌器及各种叶轮

(2)搅拌器内液体的运动状态

图 5-7 表示了液体在搅拌混合过程中的运动状态。

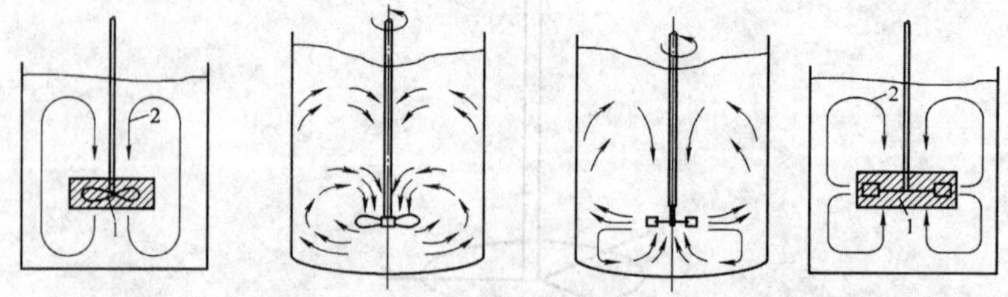

(a) 螺旋桨式搅拌器流动状态　(b) 蜗轮式搅拌器流动状态

图 5-7　液体在搅拌过程中的流动状态

1—充分混合区;2—总体流动

在反应器内，随着搅拌器的转动，搅拌桨叶把机械能量传给了液体，并带动液体做圆周运动。液体在做圆周运动的同时，还进行沿轴方向的运动和垂直于转动轴的径向运动，在搅拌桨叶附近产生了高度湍动的区域和一股高速射流。高度湍动区称为充分混合区，在充分混合区所有物料受到最大程度的混合。高速射流则推动全部液体沿一定途径在搅拌罐内做循环流动。流体在搅拌罐中做的大范围循环流动叫总体流动。

当高速射流通过静止或运动速度较低的液体时，在其交界处产生了速度梯度，使附近的液体受到强烈的剪切作用，低黏度液体则产生大量涡流并迅速向外扩散，夹带更多的液体到总体流动中，同时形成局部范围湍流流动。湍流流动形成的强大剪切力将液体破碎成微团；对于高黏度液体，罐内只做层流流动，搅拌桨直接推动的液体与周围运动迟缓的液体之间形成较大速度梯度，由此造成的强剪切力把液体破碎成微团。微团越小混合程度越高。

液体被剪切成微团的尺度与搅拌器、反应器的几何尺寸有关，也与搅拌器转速有关。研究发现，液滴、气泡的分散需要强烈的湍流流动；固体颗粒的均匀悬浮有赖于总体流动。因此，要使液体混合程度高则要强化湍流流动，要使固体颗粒的悬液更加均匀，则要注重总体流动的形成。

5.4.3 发酵罐的类型和特征

发酵罐是工业生产中最重要的、应用最广泛的设备，也可以认为发酵罐是发酵工程的核心或者心脏。

发酵罐可理解为是一种或者多种微生物进行生长代谢的容器。发酵罐既有密闭的，也有开口的，这要根据发酵的需要来决定。

5.4.3.1 发酵罐的分类

各种类型的发酵罐都可以进行大规模的生化反应，它们的精密程度主要取决于产品生化反应的过程对发酵罐的要求。一般的发酵罐的分类主要有以下几种。

(1)按微生物生长代谢需要分类

按照代谢需要可将发酵罐分为好氧发酵与厌氧发酵两大类。抗生素、酶制剂、酵母、氨基酸等都在好氧发酵罐中进行；而丙酮-丁醇、酒精、啤酒、乳酸等采用厌氧发酵罐。这两者的主要区别在于它们对无菌空气的需求不同，前者需要强烈的通风搅拌，这样做是为了提高氧在液体中的传质系数 $K_{L}a$；后者则不需要通气。

(2)按照发酵罐设备特点分类

根据发酵罐的设备特点可将发酵罐分为机械搅拌通风发酵罐和非机械搅拌通风发酵罐。机械搅拌通风发酵罐有三种形式,分别是循环式、非循环式以及自吸式。非机械搅拌通风发酵罐又可分为两种类型,一种是循环式,另一种是非循环式。循环式包括气升式和塔式两种,非循环式包括排管式和喷射式两种。这两类发酵罐是采用不同的方式使发酵罐内的气、固、液三相充分混合,从而满足微生物生长和产物形成对氧的需求。

(3)按容积分类

一般认为 1～50 L 的是实验室发酵罐;50～5 000 L 是中试发酵罐;5 000 L 以上是生产规模的发酵罐。

(4)按微生物生长环境分类

发酵罐内存在两种系统,即悬浮生长系统和支持生长系统。一般来说,大多数发酵罐都含有这两种系统。在悬浮生长系统中微生物细胞是浸没在培养液中,且伴随着培养液一起流动。在支持生长系统中,微生物细胞生长在与培养液接触的界面上,形成一层薄膜。然而实际上悬浮生长系统的容器内壁上和上部的罐壁上也会生长着一层菌体膜;在支持生长系统中也有菌体分散在培养液之中。

(5)按操作方式分类

可分为分批发酵和连续发酵。要特别注意的是,不是所有的发酵罐都可以同时适用于这两种发酵系统。分批发酵时,发酵工艺条件随着营养液的消耗和产物的形成而变化。每批发酵过程结束,要放罐、清洗和重新灭菌,再开始新一轮的发酵。分批发酵系统是非稳定态的过程。连续发酵时,新鲜营养液连续加入发酵罐内,同时,产物连续地流出发酵罐。分批发酵的主要优点是污染杂菌的比例小,操作灵活性强,可用来进行几种不同产品的生产。其缺点是发酵罐的非生产停留时间所占比重大,非稳定态工艺过程的设计和操作困难。连续发酵的主要优点是可连续运行几个月的时间,非生产时间短;缺点是容易染菌。它适用于不易染菌的产品如丙酮-丁醇发酵、酒精、啤酒发酵等。

(6)其他类型

一种新型的超滤发酵罐已开始在工业发酵中得到应用,在运行时,成熟的发酵液通过一个超滤膜使产物能透过膜进行提取,酶前以通过管道返回发酵罐继续发酵,新鲜的底物可源源不断地加入罐内。

5.4.3.2 发酵罐的基本特征

发酵罐是现代工业中的重要设备,也是微生物进行发酵的主要场所。

为了保证发酵生产的最大效益，现代工业中所使用的发酵罐应该满足以下特征：①发酵罐的径高比要适宜。罐身较长，氧的利用率较高；②发酵罐应该承受足够的压力。在正常工作过程中，不仅有蒸汽的气压还有液体本身的压力，发酵罐必须经受住这两种压力；③发酵罐的搅拌通风装置能使气液充分地混合，传质传热效果良好，同时保证了发酵过程中所需的溶解氧；④发酵罐在设计时尽量不要有过多的死角，以避免藏污纳垢，从而保证灭菌的彻底性，防止染菌的发生；⑤发酵罐应该具有足够的冷却面积；⑥搅拌器的轴封要好，以防止泄露的发生。

5.4.3.3 发酵罐设计原则

发酵罐的主要功能是为菌体生长，或为某一特定的微生物混合发酵剂提供一个便于控制的环境，从而获得人们所期望的产物。在设计和制造发酵罐时，应该考虑到以下原则：①发酵罐应在无菌条件下工作数天，且应在长时间运转过程中保持稳定；②通气和充分搅拌，以满足微生物代谢的需要，但不应损伤菌体；③尽可能低的功率消耗；④发酵罐上应配备有温度和pH检测系统以及采样装置系统；⑤发酵罐内的蒸发损失不应太多；⑥在放料、清洗和维修等操作过程中具有最低的劳动力消耗；⑦发酵罐应有较好的适应性，以满足不同生产厂家的需求；⑧发酵罐内表面应该光滑，而且尽可能地采用焊接而不是用法兰来连接；⑨用于中试规模的发酵罐与用于实际生产的发酵罐应具有相同的几何形状，有利于放大生产；⑩使用既能满足工艺要求又比较便宜的制造材料，同时应配备完善的供给设施。

5.4.4 通用发酵罐

5.4.4.1 机械搅拌通气发酵罐

(1)机械搅拌通气发酵罐

①机械搅拌通气发酵罐。这种发酵罐是指发酵工厂最常用的通气发酵罐，也称为通用式发酵罐，它是利用机械搅拌器的作用使通入的无菌空气和发酵液充分混合，促使氧在发酵液中溶解，满足微生物生长繁殖和发酵所需要的氧气，同时强化热量的传递。主要部件包括罐体、搅拌器、挡板、轴封、空气分布器、传动装置、冷却装置、消泡器、视镜等(图5-8)。

②通用型机械搅拌通气发酵罐特点。这种发酵罐是发酵工业最常用的发酵装置，多用于抗生素、维生素、氨基酸、酶类的生产。呈圆筒状，罐高/罐

径多为 1.0～3.0 m,通入的空气经分布管进入罐内。搅拌多为平桨式和涡轮式,一般可分为上段或下段两层。为了改善空气在罐内的混合状态,罐内装有挡板,在罐内上部装有消泡桨。为降低发酵罐温,在罐内装有冷却排管,罐外装有冷却罐套。

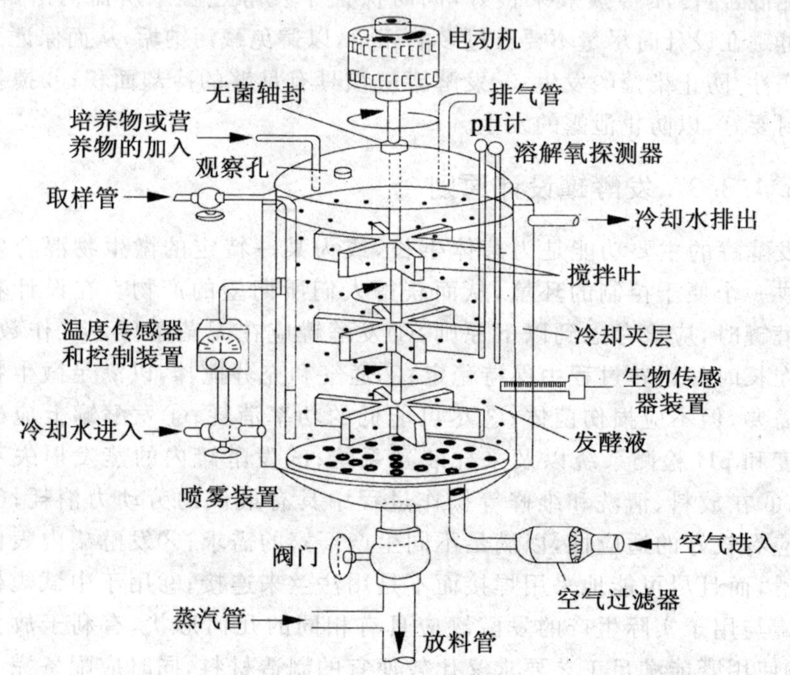

图 5-8　发酵工业中使用的大型通气搅拌发酵罐示意图

③存在的不足。这种通用型发酵罐也存在着一些不足:不同种类的培养物在培养过程中产生剧烈的泡沫占据了罐内的有效容积,因此要增加消泡剂用量;搅拌需要较大的动力,罐体越大,消耗动力也越大。这不仅耗能,而且还涉及搅拌结构功能、轴封的严密程度等一系列问题;内部结构复杂,罐体不易洗净,增加了杂菌污染机会;搅拌的剪切作用容易损伤放线菌、霉菌的菌体,有可能降低产率。为了弥补上述缺陷,人们曾研究了提高氧的移动率、形成高的通气量等方法,确保微生物的正常生长。

(2)自吸式发酵罐

①自吸式发酵罐。自吸式发酵罐是一种不需要空气压缩机提供无菌空气,而是通过高速旋转的转子产生的真空或液体喷射吸气装置吸入空气的发酵罐(图 5-9)。这种发酵罐于 20 世纪 60 年代由欧美国家研究开发,最初应用于醋酸发酵,取得了良好的效果,醋酸转化率达到 96%～97%,耗电

少。随后在国内外的酵母及单细胞蛋白生产、维生素生产及酶制剂等生产中得到了广泛的应用，并取得了很好的效果。

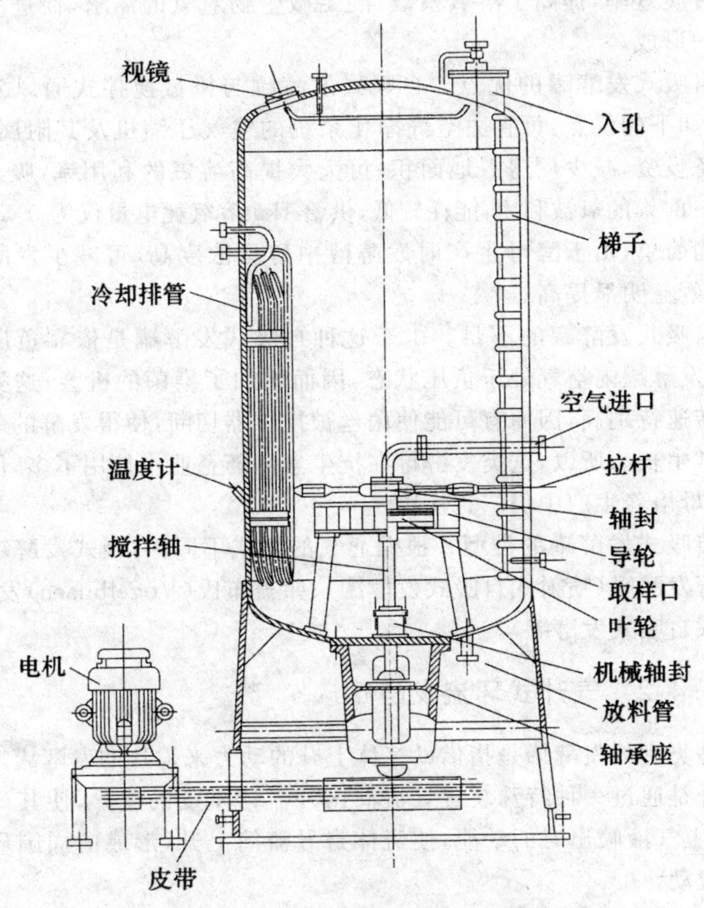

图 5-9　机械搅拌自吸式发酵罐

②自吸式发酵罐的工作原理。自吸式发酵罐的结构见图 5-9。其主要结构有吸气搅拌叶轮和导轮，简称为转子和定子。转子由罐底升入的主轴带动，在转子高速转动的过程中形成的负压将空气从导气管吸入。常见的转子的型号有三叶轮、四叶轮、六叶轮和九叶轮，叶轮都是空心的(图 5-9)。当发酵罐中的液体将转子浸没时，启动电机使转子高速运转，液体、气体在离心力作用下，被甩到叶轮边缘，液体便获得能量，若转子的转速越高，液体和气体的动能也越大，吸入的空气量也越大。气体和液体通过导向叶轮均匀分布甩出。由于转子的强烈搅拌，使气液在叶轮周围形成一定的湍流，将空气在循环的发酵液中分裂成许多细小的气泡，在湍流状态下混合、扩散到

整个罐中，因此，自吸式充气装置在搅拌的同时完成了充气作用。由于被转子甩出的空气形成细微的气泡，气液均匀紧密接触，接触表面也不断更新，提高了传质效率，提高了溶氧系数，满足微生物对氧的需求，促进了发酵代谢产物的形成。

③自吸式发酵罐的优点。自吸式发酵罐与机械搅拌式通风发酵罐相比，具有如下的优点：可省去空气净化系统的空气压缩机及其附属设备，节省了设备投资，减少厂房占地面积；可大大提高溶氧的利用率，吸入的空气中70%～80%的氧被利用，能耗较低，供给1kg溶氧耗电量仅为0.5 kW·h；设备结构简单，由于酵母生产时发酵液中酵母浓度高，可减少发酵设备投资，经济效益明显提高。

④自吸式发酵罐的不足。由于这种自吸式发酵罐是依靠负压吸入空气，使得发酵罐内空气处于负压状态，因而增加了染菌的机会；这类发酵罐的搅拌转速特别高，因而有可能使菌丝被搅拌器切断，使得发酵的菌体细胞不能正常生长。所以，这类发酵罐在抗生素制药企业中使用不多，但在食醋发酵、酵母培养生产中仍广泛使用。

⑤自吸式发酵罐的类型。根据通气的型式不同，自吸式发酵罐常见的有文氏管发酵罐（喷射式自吸式发酵罐）、弗盖布氏（Vogelbusch）发酵罐（回转翼片式自吸式发酵罐）。

5.4.4.2 气升式环流发酵罐

这种类型的发酵罐是指借助气体上升的动力来搅拌的发酵罐。这种流体的上升是通过一种特殊装置导流筒内外流体重度的差异，使其产生静压差，再加上气液喷出时的动能，使流体自导流筒上升，形成向周围环境下降的循环流动。

(1)气升环流发酵罐结构特点

这种发酵罐类型是借助于设在环流管底部的空气喷嘴将空气以250～300 m/s的高速喷入环流管，使气泡分散在培养基中。由于环流管内部的液体溶有大量气泡，其密度明显小于反应器主体中培养液的密度，气升式环流发酵罐正是借助这两者之间的密度差使培养液在环流管与反应主体间做循环式流动，把反应主体中由于菌体代谢而溶氧量低的培养液送入环流管，待培养液补充氧气后再送回反应主体，从而为菌体生长提供良好充足的氧气供应。气升式环流发酵罐包括内环流（循环）式和外环流（循环）式两种类型（图5-10和图5-11）。

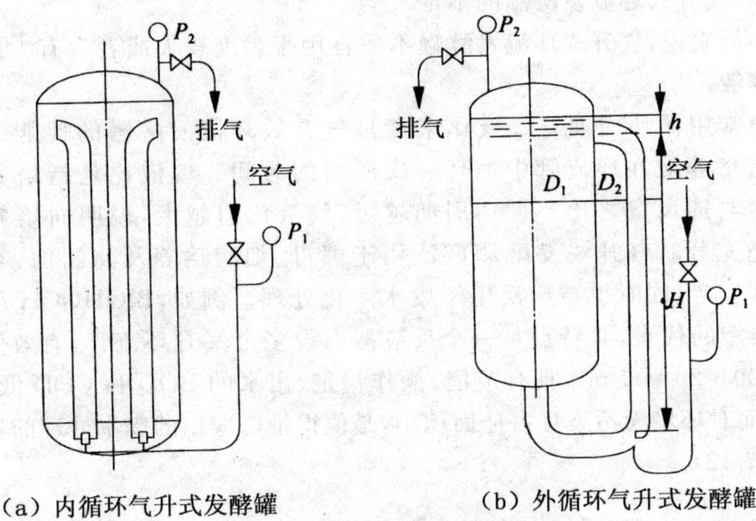

（a）内循环气升式发酵罐　　（b）外循环气升式发酵罐

图 5-10　气升式环流发酵罐

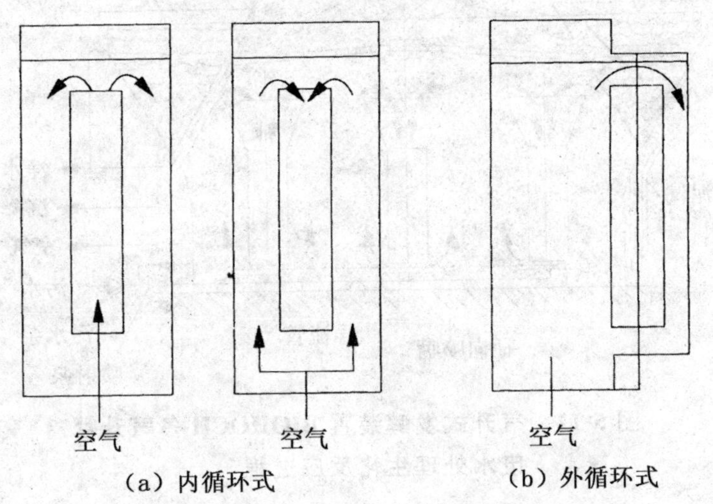

（a）内循环式　　（b）外循环式

图 5-11　内外循环气升式发酵罐

(2)气升式环流发酵罐的优点

①气体由下部进入发酵罐，可促进流体在发酵罐内的循环流动，使溶液迅速混匀；②由于采用液体搅拌浆，因此就不需要密封装置，大大降低了污染杂菌的机会，同时也降低了机械剪切作用对细胞的损害；③由于液体的循环比较快，反应器内部的供氧及热传导都很好，因此非常有助于节约能源。

(3)气升式环流发酵罐的不足

一般来说,气升式环流发酵罐不适宜用于黏度较大或者含有大量固体的培养液。

通常用循环周期与气液比来衡量气升式环流发酵罐的性能。循环周期指培养液在环流管中循环一次所需的时间。气液比是指培养液的环流量与通风量之比。循环周期越短,气液比值越大,说明向培养基内供氧越充分。气升式发酵罐广泛用于酵母、细胞培养及酶制剂、有机酸等发酵生产,同时也被广泛用于废水生化处理。例如,BIOHOCH反应器便是典型的代表,其特点是一个反应器内设多个气升环流管,有效体积高达8 000～20 000 m^3,具有节能、操作稳定、出水的BOD和COD低、无噪音,因而对环境无污染且占地面积小,是值得推广应用的废水处理的发酵装置(图5-12)。

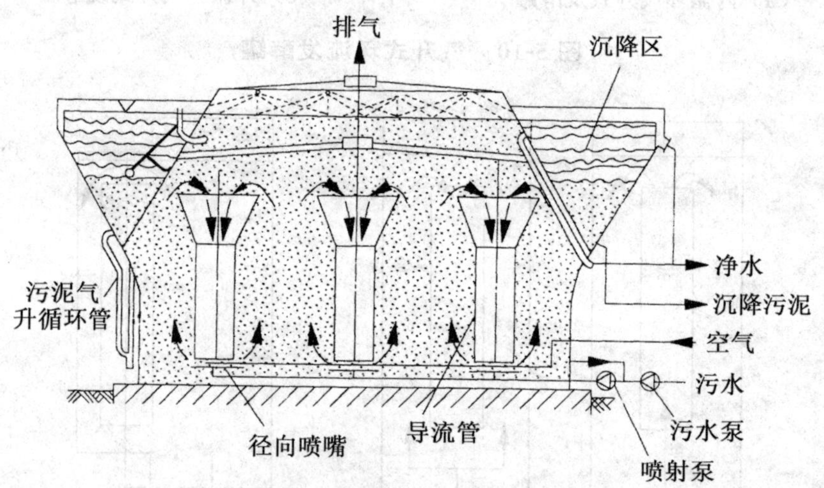

图5-12　气升式发酵装置BIOHOCH多气升管废水处理生化反应过程

5.4.4.3　塔式发酵罐

这是一种类似塔式反应器的发酵罐。它的 H/D 值约为7左右,罐内装有若干块筛板,压缩空气由罐底导入,经过筛板逐渐上升,气泡在上升的过程中带动发酵液同时上升,上升后的发酵液又通过筛板上带有液封作用的降液管下降而形成循环。这种发酵罐的特点是省去了机械搅拌装置,如培养基浓度适宜,而操作正常的情况下,在不增加空气流量时,基本上可达到通用型发酵罐的发酵水平(图5-13)。

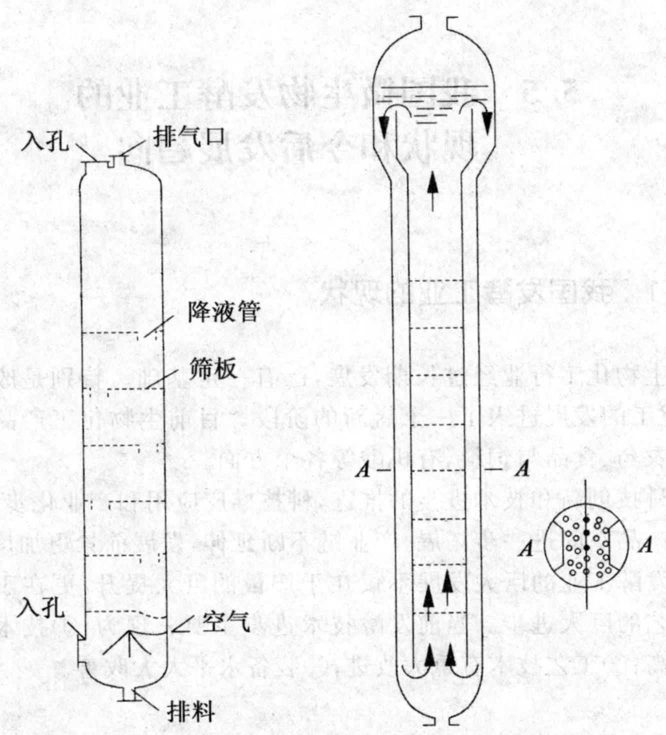

图 5-13　塔式发酵罐示意图

有报道利用容积为 40 m^3 高位塔式发酵罐来生产抗生素，该罐直径 2 m，总高 14 m，共装有筛板 6 块，筛板间距为 1.5 m，最下面的一块筛板有 10 mm 直径的小孔 2 000 个，上面 5 块筛板各有 10 mm 小孔 6 300 个，每块筛板上都有直径 450 mm 的降液管，在降液管下端的水平面与筛板之间的空间则是气-液充分混合区。由于筛板对气泡的阻挡作用，使空气在罐内停留较长时间，同时在筛板上大气泡被重新分散，进而提高了氧的利用率。这种发酵罐由于省去了机械搅拌装置，造价仅为一般通用型发酵罐的 1/3 左右，操作费用也相应降低。

国外也有利用高位筛板发酵罐来生产单细胞蛋白的例子，其罐直径 7 m，桶身部分高度 60 m，扩大段高度 10 m，罐中央有一只提升筒，筒内装 9 块筛板，发酵罐容积约为 2 500 m^3，装液量为 1 500 m^3，通气比为 1∶1。

也有人在模型罐内进行试验，认为提升罐的截面积与环隙面积之比以 1.6 为好，当筛板孔径为 2 mm 时，筛板开孔率为 20%时，可达到最佳的通气效果。

5.5 我国微生物发酵工业的现状和今后发展趋向

5.5.1 我国发酵工业的现状

我国生物化工行业经过长期发展,已有一定基础。特别是改革开放以后,生物化工的发展进入了一个崭新的阶段。目前生物化工产品也涉及医药、保健、农药、食品与饲料、有机酸等各个方面。

随着科技创新和技术进步的推进,科技推广应用和产业化步伐的加快,发酵产业产品空间进一步拓展、产业链不断延伸,发展前景更加广阔。

我国发酵工业的巨大发展不仅在于产量的巨大提升,更在于发酵技术和发酵工艺的巨大进步。当前发酵技术进步主要表现为:①技术经济指标有明显提高;②工艺技术有重大改进;③装备水平大大改善。

5.5.2 微生物发酵工业的发展趋势

微生物发酵经历了数千年的发展,具有悠久的历史。曾在人们生活和国民经济中发挥了重要的作用。随着基因工程、细胞工程、代谢工程等现代生物技术的发展,赋予微生物发酵工业新的内容,是微生物发酵工业发展的强大推动力,形成了现代微生物发酵工业,也是当前微生物发酵工业主要的发展趋势。

5.5.2.1 基因工程技术

基因工程技术是采用人工方法将来源于不同生物体的基因进行分离、剪切、连接和转化,使基因重新组合,产生出人类所需的新的产物,或创建新的生物类型。目前,基因工程在微生物发酵工业中的应用包括两个方面,一是改造传统的微生物工业的菌种,研究人类所需产物的基因结构、基因调控和表达方式,对生产微生物进行基因重组,使产物高效表达,增加产物的产率,提高原有微生物工业的生产水平;二是构建转基因菌株,生产转基因产品,尤其是动、植物细胞产品。虽然通过动、植物细胞培养可得到各种动植物细胞产品,但动、植物细胞培养存在培养基成分复杂、培养基成本高,对环境条件敏感、生长速率慢,培养过程中极易污染等缺点。而微生物细胞具有结构简单、体积小、表面积大、繁殖迅速、容易培养等特点，使之成为良好的转基因受体细胞。已有研究证明，将动、植物细胞的基因转入微生物细胞（细菌、酵母），通过微生物发酵的方法生产，要比动植物细胞的培养方便得多。

5.5.2.2　微生物资源的开发利用

自然界中微生物的资源丰富，而目前已发现的微生物种类不到自然界存在微生物的 2%。发现未知的微生物，是利用微生物资源的前提。同时开发已发现微生物的使用价值，也是微生物资源开发利用的前提和基础。迄今，人类大规模利用微生物资源的历史不过 60 年。虽然已取得了显著的成果和社会效益，但微生物资源开发利用的潜力仍然很大，发展空间十分宽广。

微生物制药是微生物发酵工业应用最广、成绩最显著、发展最迅速、潜力最大的领域。目前由微生物生产的各种药物已超过 1 000 多种，为人类的保健事业做出了不可磨灭的贡献。但仍然有大量“不治之症”，如心血管、癌症、艾滋病等许多常见多发病无良药可治。利用微生物发酵工业从各方面改进医药的生产，研究开发新的医药产品，以进一步改善医疗手段和提高人类的医疗水平，仍然是微生物发酵工业的热点。

环境生物工程在防治各种污染中将起重要作用，如超级细菌的运用。化学农药对土壤的污染、河流、湖泊水域的污染防治、酸雨危害以及城市垃圾处理等，也都是亟待解决的难题。

随着化石能源的逐年减少，再生能源研制与开发已备受关住。氢气是无污染的清洁能源，燃烧后不产生二氧化碳、硫化物、氮氧化物等有害物质，国外的氢燃料电池汽车已研制成功。产氢的微生物甚多，值得重视的是光合细菌，该菌可利用工业废气产氢。产氢微生物的开发和应用具有战略性的意义。酒精也是可再生的能源。在汽油中掺入一定比例的酒精可提高汽油的辛烷值，减少尾气中一氧化碳、一氧化氮等污染物的排放量。酒精燃烧所产生的二氧化碳和作为原料的生物量生长所消耗的二氧化碳的数量基本一致，不会额外增加大气中二氧化碳含量，对控制大气污染具有重要意义，因此，燃料酒精被称作“清洁燃料”。自 20 世纪 70 年代以来，世界上很多国家通过立法积极推广燃料酒精的应用，其中美国的“汽油醇计划”和巴西的“酒精汽油计划”使世界酒精产量迅速增长。目前燃料酒精占世界酒精产量的 70%以上。在我国，发酵酒精的生产成本大大高于汽油价格，成为制约燃料酒精发展的主要障碍。进行酒精发酵的研究，降低发酵酒精生产成本，是发展燃料酒精的关键所在。

第 6 章　微生物发酵过程的控制与调节

微生物的发酵是在一定的环境下进行的，发酵过程中的物质变化需要通过检测参数来分析。特别是代谢过程中 pH 的变化，它反映了菌体生长过程中物质的综合性表现。一般地，发酵过程的控制参数有温度、pH、溶氧、二氧化碳等。

6.1　发酵过程原理

6.1.1　发酵的基本概念

6.1.1.1　微生物发酵

所谓微生物的发酵是指利用微生物来获得产物的需氧或厌氧的过程。工业上需要的产物形态多样，主要有初级代谢产物、次级代谢产物、代谢产物以及微生物菌体。

微生物发酵与一般的化学工业相比较有着显著的区别，微生物发酵更有其特殊性。首先，微生物发酵是借助于有活性的微生物个体进行的；其次微生物的发酵需要一定的培养条件，如适宜的温度、合适的含氧量、适宜的酸碱度以及适宜的培养设备。其目的是要实现目标产物的生产。这一过程既有代谢的自动调控、辅酶的再生、生物质能的转化等机制，还有微生物细胞的生长过程以及产物的形成过程中物质的量的变化，反应一直进行到基质耗尽为止。

6.1.1.2　初级代谢产物

所谓初级代谢是指微生物代谢过程中的能量代谢、细胞生长代谢与细胞结构的形成代谢等。如酒精、乳酸、蛋白质与酶、氨基酸、含嘌呤或嘧啶碱基的化合物、糖、糖的磷酸酯、脂肪酸、维生素、甘油、甘油三酯等。

6.1.1.3 次级代谢产物

次级代谢产物是指微生物菌体在生长静止期合成的且与菌体的生长繁殖无明显关系的产物。典型的产物有：

①色素、生物碱、萜类、毒素、植物生长因子。

②生物药物类，如抗生素、酶抑制剂、免疫调节剂、受体、拮抗剂、激活剂、离子载体、类激素等。

③其他发酵产品，如微生物农药、甾体转化物、微生物降解物等。

6.1.2 发酵的基本类型

根据发酵产物的形成是否与菌体的生长之间存在一定的关系，可以将微生物发酵分为三种，分别是生长关联型、生长部分关联型与非生长关联型。

6.1.2.1 生长关联型(偶联型)

生长关联型也称为偶联型，其特点是菌体的生长、碳源的利用以及产物的形成等几乎都在相同的时间段内出现高峰，也反映出产物的形成与碳源的利用有着直接的关系。这一类型又分为两种情况，即菌体生长型和代谢产物型。

6.1.2.2 生长部分关联型

生长部分关联型也称为混合型，其特点是在发酵的第一阶段菌体生长非常迅速，但是几乎没有产物的形成；在发酵的第二阶段，产物快速的形成，微生物的生长也有可能出现第二个高峰。在这两个阶段，碳源的利用率都很高。因此，这一类型的发酵其产物的形成与菌体的生长是分开的，从生长源来看，这一类型发酵产物并不是碳源的直接氧化，而是菌体代谢而产生的主流产物，因此产率都比较高。也可以分为如下两类：

①产物的形成是经过连锁反应的过程，如丙酮丁醇、丙酸等发酵。

②产物的形成不经过中间产物的积累，如延胡索酸、谷氨酸等。其菌体生长与产物积累分在两个明显的时期，如柠檬酸。

6.1.2.3 非生长关联型

这一类型的特点是产物的大量形成一般在菌体生长接近或达到最

高的生长期，也就是稳定期。主要表现为产物与碳源的利用没有数量上的相关性，产量远远低于碳源的消耗量，因此也将这一类型称之为生长不相关型。次级代谢产物如抗生素、维生素多属于此类，最高产物量一般不超过碳源消耗量的10%。抗生素中的土霉素、氯霉素和杆菌肽不属于这一类型。

6.2 发酵生产过程的控制

用微生物发酵技术生产所需产品，无论是制备菌体、初级代谢或次级代谢产物，还是微生物转化制品，都是利用微生物在适宜的培养条件下经特异的代谢过程而实现的。有的是在有氧参与的条件下生产的，称好氧发酵过程；有的是在无氧条件下生产的，称厌氧发酵过程。有的发酵培养基质是固态的，称固态发酵；有的发酵培养基质是液态的，称液态发酵。无论是什么样的发酵过程，都必须根据微生物的特征，研究微生物的生理代谢规律，控制适宜的培养条件；定期取样进行生化分析、镜检和无菌试验，以分析相关参数的变化情况，进而对代谢过程实施调节和控制。只有这样，才能使目的产物高效表达。

常规的发酵条件有罐温、搅拌转速、搅拌功率、空气流量、罐压、液位、补料、加糖、油或前体等的设定和控制；能表征过程性质状态的参数有pH、溶氧(DO)、溶解CO_2、氧化还原电位、尾气O_2和CO_2含量、基质或产物浓度、代谢中间体或前体浓度、菌体浓度（以OD值或细胞干重DCW表示）等。常用的工业发酵仪表见表6-1。

表6-1　常用的工业发酵仪表

分类	测量对象	传感器、分析仪器	控制方式
就地使用的探头	温度	Pt热电偶	盘管内冷却水循环或注入蒸汽加热
	湿度	玻璃或参比电极	加酸、碱或糖、氨水
	pH	极谱型Pt与Ag/AgCl或原电池型Ag与Pb电极	对搅拌转速、空气流量、气体成分和罐压有反应
	泡沫	电导控头/电容控头	开关式，流加适量泡沫

续表

分类	测量对象	传感器、分析仪器	控制方式
其他在线仪器	搅拌	转速计、功率计	改变转速
	空气流量	转子流量计	流量控制阀
	液位	应变规、压电晶体、测压元件	控制液体的进出
	压力	弹簧隔膜	压力控制阀
	料液流量	电磁流量计	流量控制阀
气体分析	O_2 含量	顺磁分析仪/质谱仪	—
	CO_2 含量	红外分析仪/质谱仪	—

6.2.1　温度的影响和控制

6.2.1.1　发酵热

引起发酵过程中温度变化的主要原因是发酵过程中的产热，也叫发酵热。在发酵过程中，菌体在进行着快速的新陈代谢而释放热量，机械搅拌也会带来一定的热量，同时发酵罐壁的散热以及水分的蒸发也会带走一部分的热能，经过综合的分析，将发酵过程的产热与散热进行了如下的分析：

(1)生物热

将微生物生长繁殖过程所产生的热量称之为生物热，用 $Q_{生物}$ 表示。这种热主要是分解热，主要是指培养基中的碳水化合物、脂肪以及蛋白质被微生物分解为大量的 CO_2 和水以及少量的其他物质所释放出来的热能。这些能量一部分用来合成高能的化合物，以供微生物的合成与代谢活动的需要，另一部分用以合成代谢产物，剩余的能量以热能的形式被释放出去。

生物合成热包括呼吸反应热和发酵反应热，例如，葡萄糖彻底氧化会发生以下反应：

$$C_6H_{12}O_6+6O_2\longrightarrow 6CO_2+6H_2O-2\ 817.2\ \text{kJ/mol}$$

即 1 kg 葡萄糖彻底氧化产生的呼吸反应热为

$$1\ 000\times 2\ 817.2/180=15\ 651\ \text{kJ/kg}$$

发酵反应热则根据发酵生成的具体产品而定，以谷氨酸的发酵为例：

$$C_6H_{12}O_6+NH_3+1.5O_2\longrightarrow C_5H_9O_4N+CO_2+3H_2O-891.5\ \text{kJ/mol}$$

即 1 kg 葡萄糖发酵生成谷氨酸的发酵反应热为

$$1\ 000\times 891.5/180=4\ 953\ \text{kJ/kg}$$

经过分析发现，发酵过程中生物热的产生也具有一定的时间性，即表现为在菌体的不同培养时期，菌体的呼吸作用与发酵作用的强度完全不同，因此所产生的热量也不同。①发酵初期：这一时期菌体还处于适应的状态，此时的菌数很少，呼吸作用极其缓慢，因此产生的热量也非常少。②对数生长期：在这一时期菌体的生长极其旺盛，微生物的呼吸作用也非常强烈，且菌体的种类也较多，因此所产生的热量很多，温度的上升也非常之快。此时，在工业生产上必须控制温度。③发酵后期：在发酵的后期，菌体已经基本上停止了繁殖，慢慢地走向衰老，此时的发酵维持主要是依靠菌体内的酶而进行的，产生的热量已经很少，发酵罐内的温度变化不大，且逐渐减弱。发酵过程中生物热随着菌株及培养基成分的不同而变化。一般来说，菌株对营养物质利用的速度愈大，培养基成分愈丰富，生物热就愈大，发酵旺盛期的生物热大于其他时间的生物热，温度控制也主要在旺盛期。

(2)搅拌热

机械搅拌通气发酵罐，由于机械搅拌带动发酵液做机械运动，造成液体之间、液体与搅拌器等设备之间的摩擦，因而产生了大量的热量，称为搅拌热($Q_{搅拌}$)。搅拌热与搅拌轴功率有关，计算公式为

$$Q_{搅拌}=3\ 600P\xi\ \text{kJ/h}$$

式中，P 为搅拌功率，kW；3 600 为机械能转变为热能的热功当量，即 1 kW 搅拌功率所产生的搅拌热，kJ/kW；ξ 为功热转化效率，经验值为 $\xi=0.92$。

相同发酵的单位体积搅拌热会随发酵罐体积的增大而变小，因为发酵罐体积越大，发酵液高度越深，搅拌转速越小，发酵液之间、发酵液与气体之间的相同混匀程度所需机械能越小。这成为发酵罐体积越来越大的原因之一。

(3)蒸发热

蒸发热($Q_{蒸发}$)是发酵液随气体带走蒸汽（主要是水蒸气）的热量，又叫汽化热。蒸发热的计算公式为

$$Q_{蒸发}=G(I_{进}-I_{出})$$

式中，G 为干气体的质量流量，kg/h。实际可根据空气的压力和温度将供气的体积通风量 q(m^3/h)与质量流量 G 进行换算，公式为

$$G=q/(\text{空气质量体积}+\text{水蒸气质量体积}\times\text{空气湿含量})(\text{kg/h})$$

在 0.357 MPa、温度 25 ℃、空气湿含量为 0.87%时，G 与 q 的转换关系计算如下

$$G=q/(0.844+0.4\times 0.008\ 7)=q/0.847\ 5=1.18q$$

式中，0.844 为空气在 25 ℃时的质量体积；0.4 为水蒸气在压力为 0.357 MPa、

温度 25 ℃时的质量体积；0.008 7 为 25 ℃时空气的湿含量。

$I_{进}$，$I_{出}$ 为进出发酵罐气体的热焓量，kJ/kg(干气体)。空气的热焓要根据空气的压力、温度、湿含量等参数进行计算。由于发酵罐进气、出气都为湿空气，湿空气焓的计算公式为

$$I_H = I_{干空气} + H \cdot I_{蒸}$$

式中，I_H 为湿空气的焓，kJ/kg 绝干空气；$I_{蒸}$ 为水蒸气的焓，kJ/kg 水蒸气；H 为湿含量，kg 水汽/kg 绝干空气。

湿空气的焓还与温度有关，温度越高焓值越大。由于焓是相对值，必须规定基准状态和基准温度，如 0 ℃时的绝干空气和液态水的焓为零，则对于温度为 t ℃、湿度为 H 的湿空气，其焓值的计算公式为

$$\begin{aligned} I_H &= C_{干空气} \cdot t + H(r_0 + C_{蒸} \cdot t) = (C_{干空气} + H \cdot C_{蒸})t + H \cdot r_0 \\ &= (1.01 + 1.88H) \cdot t + 2\,500H \end{aligned}$$

式中，r_0 为 0 ℃时水的汽化潜热，其值约为 2 500 kJ/kg。

湿含量的计算式为

$$H = 0.622 \times (\Phi \cdot p / P - \Phi \cdot p)(\text{kg 水汽/kg 干空气})$$

计算需要收集发酵罐的进气、排气的空气压力 P_1、P_2(绝对压力)，相对湿度 Φ_1、Φ_2，温度 T_1、T_2，水的饱和蒸气压 p_1、p_2 等参数。

(4)显热

显热($Q_{显}$)是进入发酵罐的空气和排出发酵罐的废气因温度差而带走或带入的热量。显热的计算公式为

$$Q_{显} = FC(T_{out} - T_{in})$$

式中，F 为空气流量；C 为空气热容；T_{out}，T_{in} 分别为出罐、进罐的空气温度。

(5)辐射热

发酵罐外壁和周围环境大气间的温度存在差异，那么发酵液中的部分热能会通过罐体向大气辐射热量，即为辐射热($Q_{辐射}$)。

$$Q_{散热} = Fat(T_1 - T_2)$$

式中，F 为设备散热表面积，m^2；a 为散热表面向周围介质的联合传热系数，$kJ/m^2 \cdot h \cdot ℃$，如空气作自然对流且罐外壁温度为 35～50 ℃时，$a = 8 + 0.05t$；T_1 为器壁向四周散热的表面温度；T_2 为周围介质温度；t 为过程持续的时间，h。

辐射热的大小取决于设备表面积、罐内温度与外界气体温度间的差值，如温差值愈大，则散热愈多，但一般不会超过发酵热的 5%。

由于 $Q_{生物}$、$Q_{蒸发}$ 和 $Q_{显}$ 特别是 $Q_{生物}$ 在发酵过程中是随时间变化的，其中发酵热在整个发酵过程中变化更剧烈，从而引起发酵温度的波动，在发酵旺盛期因大量产热会导致发酵温度的快速升高。为了使发酵能在一恒定的

温度下进行，就需要采取措施进行发酵温度的控制。例如，在发酵罐的夹套或蛇管内一般通入冷水进行降温控制，但是在冬季和发酵初期，特别是对于小型发酵罐，通常散热量大于产热量而需用热水保温，即此时需要通入热水进行升温控制。

可见，发酵热 $Q_{发酵}$ 的组成为

$$Q_{发酵}=Q_{生物}+Q_{搅拌}-Q_{蒸发}-Q_{显}-Q_{辐射} \tag{6-1}$$

6.2.1.2 发酵热的测定及计算

发酵热一般可考虑用下述测定方式：

(1)冷却水流量和温度变化测定法

通常选择主发酵旺盛期，此时是产生热量最大的时间段，通过测量一定时间内冷却水的流量和冷却水进口、出口温度，按下式计算发酵热：

$$Q_{发酵}=\frac{q_V c(t_{进}-t_{出})}{V} \tag{6-2}$$

式中，$Q_{发酵}$ 为发酵热，kJ/(m^3·h)；q_V 为冷却水质量流量，kg/h；c 为水的比热容，kJ/(kg·℃)；$t_{进}$，$t_{出}$ 分别为进出冷却水的温度，℃；V 为发酵液体积，m^3。

如果需要求生物热时，可由公式(6-1)推导出

$$Q_{生物}=Q_{发酵}+Q_{蒸发}+Q_{显}+Q_{辐射}-Q_{搅拌}$$

(2)直接测定计算法

在主发酵最旺盛期，即发酵放热高峰期，可先使罐温恒定，然后关闭冷却水，直接测定发酵液在 30 min 内的温度上升值，然后按下式计算发酵热：

$$Q_t=\frac{2(m_1c_1-m_2c_2)\times 2\Delta T}{V_L}[\text{kJ}/(\text{m}^3\cdot\text{h})] \tag{6-3}$$

式中，m_1 为发酵液的质量，kg；m_2 为发酵罐的质量，kg；c_1 为发酵液的比热容，kJ/(kg·℃)；c_2 为发酵罐材料的比热容，kJ/(kg·℃)；ΔT 为 30 min 内发酵液的温升，℃；V_L 为发酵液的体积，m^3。

一般抗生素发酵过程中的发酵热为 3 000～50 000 kJ/(m^3·h)；谷氨酸发酵过程中的发酵热为 7 000～8 000 kJ/(m^3·h)。实际上，由于测定时的操作条件、发酵条件不同，测定结果也会略有差异，具体发酵的真实数值需要测定才知。

(3)根据化合物的燃烧热值计算发酵过程中生物热的近似值

根据 Hess 定律，热效应只和系统的初态与终态有关，而与变化的途径并无关系，即

反应的热效应＝作用物的生成热总和－生成物的生成热总和

、可采用物质的燃烧热来计算相应的热效应，例如，对于有机化合物的燃烧热可直接测定，即

总反应的热效应＝作用物的燃烧热总和－生成物的燃烧热总和

$$\Delta H = \sum (\Delta H)_{\text{作用物}} - \sum (\Delta H)_{\text{生成物}} \tag{6-4}$$

虽然发酵是一个复杂的生化变化过程，作用物和生成物很多，但是可以以主要的物质，即在反应中起决定作用的物质近似地进行计算。例如，谷氨酸发酵，计算所得结果与实测值还是比较接近的，其计算方法如下：

①发酵过程主要物质的燃烧热：

葡萄糖：1.566×10^4 kJ/kg

谷氨酸：1.545×10^4 kJ/kg

玉米浆：1.231×10^4 kJ/kg

菌体：2.094×10^4 kJ/kg

尿素：1.063×10^4 kJ/kg

②根据实测发酵过程物质平衡计算生物热：

例如某味精厂 50 m^3 发酵罐过程测定结果主要物质变化如表 6-2。根据表 6-2 所得数据可用式(6-4)计算生物热，例如，谷氨酸发酵 12～18 h 中平均每小时产生的生物热为

Q 生物＝(消耗葡萄糖的热值＋消耗玉米浆的热值＋

消耗尿素的热值－生成菌体的热值－生成谷氨酸的热值)/6

$=(24\times1.566\times10^4+0.6\times1.231\times10^4+6\times1.063\times10^4-$

$1.2\times2.094\times10^4-15.4\times1.545\times10^4)/6$

$=3.07\times10^4(\text{kJ/m}^3\cdot\text{h})$

表 6-2　谷氨酸发酵过程主要物质的变化

发酵时间/h	0～6	6～12	12～18	18～31
糖/(kg/m³)	－37	－30.3	－24.0	－41.7
谷氨酸/(kg/m³)	—	＋5.9	＋15.4	＋23.9
尿素/(kg/m³)	－2.9	—	－6	—
菌体/(k/m³)	＋4.8	＋6.0	＋1.2	—
玉米浆/(kg/m³)	－2.4	－3.0	0.6	—

注：表中负值为消耗量，正值为生成量，即 6 h 中平均每小时产生的生物热。

6.2.1.3 温度对发酵的影响

温度能够影响微生物发酵的反应速度。在微生物发酵中，酶的催化作用直接影响了酶促反应的速度，酶的活性越高，反应速度也就越快。一般的，在低于酶的最适温度时，只要提高温度就能提高酶的活性；当温度高于最适温度时，酶的活性反而下降，化学反应速度也随之降低。此外，高温还会导致菌丝的提前溶解，严重缩短了发酵的周期，降低了生物代谢产物的产量。研究表明，不同菌种的生长最适温度也不相同，如灰色链霉菌为 27～29 ℃；红色链霉菌为 30～32 ℃；青霉素生长温度为 27～28 ℃，合成温度为 26 ℃；合成庆大霉素最适温度为 32～34 ℃，生长最适温度为 34～36 ℃。一般生物合成最适温度低于生物生长最适温度。

温度除了对微生物的发酵速度产生影响外，它还会影响发酵液的物理性质，通过对黏度、溶氧量、氧的传递速率等的影响间接对代谢产物的合成产生影响。如温度影响基质和氧在发酵液中的传递，影响微生物对营养的吸收，从而影响微生物的合成。

对于发酵产物的合成，温度也能够改变产物的合成方向，例如采用金色链霉菌生产四环素的进程中，提高温度后，四环素的产量增加，降低温度后金霉素的产量增加。同时温度还会影响产物的稳定性，如在发酵的后期，蛋白质与其他产物很容易发生水解而产生了较多的水，有时水解的情况会很严重，采取降低温度的方法就能够降低水解的发生。在温度的选择方面还需要参考其他的发酵条件，需灵活掌握。如在供氧条件较差的情况下最适的发酵温度往往较正常情况下的低一些，菌体的生长速率也相对较小，从而弥补了因供氧不足而造成的代谢异常。

在四环素发酵中前期 0～30 h 以稍高温度促进生长，尽可能缩短非生产所占用的发酵周期，此后 30～150 h 以稍低温度维持较长的抗生素生产期，150 h 后又升温，以促进抗生素的分泌。青霉素发酵采用变温(0～5 h 30 ℃，5～40 h 25 ℃，40～125 h 20 ℃，125～165 h 25 ℃)培养比 25 ℃恒温培养能提高青霉素产量 15%。这说明了通过最适合的温度控制可以提高抗生素的产量。

6.2.1.4 温度的控制

在工业发酵生产中，大发酵罐在发酵生产中往往不需要额外的补充热量，因为发酵的过程中释放了大量的热能，因此需要冷却的情况较多。利用自动控制设备或者手动调节阀门，然后将冷却水通入发酵罐的夹层或蛇管，通过热交换来降温，保持在设定的温度发酵。

6.2.2 pH 的影响和控制

在发酵过程中，培养基的 pH 同温度一样影响各种酶的活性，进而影响产生菌的生长繁殖及产物的合成。pH 对微生物生长影响很明显，pH 不当，将严重影响菌体生长和产物合成。

6.2.2.1 pH 对发酵的影响

不同微生物最适生长 pH 和最适生产 pH 不同。由于细胞膜的选择透过性，培养环境中 pH 的变化尽管不会引起细胞内等同变化，但必然引起细胞内 pH 的同方向变化。由于细胞内存在着复杂酶体系，它们通过细胞提供一个适宜催化反应的局部 pH 环境。但由于细胞本身的 pH 缓冲能力有限，细胞外 pH 的变化必然对细胞内各种酶的催化活力产生影响。另外，培养环境中 pH 变化，必然影响膜电位和细胞跨膜运输，因为许多跨膜速输是以质子的跨膜转运为前提条件的。pH 变化也会导致发酵产物稳定性变化，影响其积累。一般中性条件下干扰素的产生能力比弱酸性条件有所下降，因为酸性环境(pH5.5)有利于发挥这种菌株的生产能力。pH 影响细胞表面电荷，从而关系到细胞结团或絮凝，对微生物生长和代谢不利。

发酵过程中 pH 的变化是各种酸、碱作用的结果：①糖代谢，快速利用的糖能够分解成小分子的酸、醇，导致 pH 下降。如果糖缺乏，pH 则会上升，这是补料的标志之一。②氮代谢，氨基酸中的—NH_2 被利用后 pH 会下降；尿素被分解成 NH_3 则 pH 上升，NH_3 利用后 pH 下降；当碳源不足时氮源当碳源利用，pH 上升。③生理酸碱性物质利用后 pH 会上升或下降。④某些产物本身呈酸性或碱性，使发酵液 pH 变化。如有机酸类产生使 pH 下降，红霉素、洁霉素、螺旋霉素等抗生素呈碱性，使 pH 上升。⑤菌体自溶，pH 上升；发酵后期 pH 上升。

6.2.2.2 发酵过程 pH 的调节及控制

由于微生物不断地吸收、同化营养物质和排出代谢产物，因此，在发酵过程中，发酵液的 pH 是一直在变化的。这不但与培养基的组成有关，而且与微生物的生理特性有关。各种微生物的生长和发酵都有各自最适的 pH。为了使微生物能在最适的 pH 范围内生长、繁殖和发酵，首先应根据不同微生物的特性，不仅要在原始培养基中控制适当的 pH，而且要在整个发酵过程中，随时检查 pH 的变化情况，并进行相应的调控。

在发酵过程中，微生物本身有造成其生长适应 pH 的能力，但外界条件发生较大改变时，pH 将会不断波动。如培养基中糖和脂肪被利用，其 pH 便会随氧化的程度而波动。在通气充足时，糖和脂肪得到完全氧化，产物为二氧化碳和水；在通气不充足时，糖和脂肪的氧化不完全，产生有机酸类的中间产物。这些产物会使培养基的 pH 下降，其差别仅是下降程度不同。属于生理酸性盐（被微生物利用后生酸的盐）的铵盐被利用后，与其结合的酸游离，使 pH 下降；属于生理碱性盐的硝酸盐（或有机酸盐）被利用后，则释放碱使其 pH 上升。如果有机氮源被利用，在脱氮的情况下，蛋白质被分解而放出氨，同时生成酸类使其 pH 下降；在脱羧的情况下，蛋白质分解放出氨，同时生成碱性胺，使 pH 上升。一般说来，培养基中的碳/氮值（C/N 值）高，则发酵液倾向于酸性，反之则倾向于碱性或中性。总之，发酵液的 pH 是发酵现象的综合指标。然而，pH 变化的情况取决于菌体的特性、培养基的组成和工艺条件。菌种不同，所含酶系的活性不同，培养基中糖、氮的种类和配比不同，以及通风、搅拌强度、调节 pH 方法等不同，pH 的变化也就不同。但是，正常发酵时 pH 的变化具有一定的规律性，因此，应根据具体情况调节控制 pH。

在实际生产中，调节 pH 的方法应根据具体情况加以选用。如调节培养基的原始 pH，或加入缓冲剂（如磷酸盐）制成缓冲能力强、pH 改变不大的培养基（注意灭菌对 pH 的影响），若使盐类和碳源的配比平衡，则不必加缓冲剂。也可在发酵过程中加弱酸或弱碱调节 pH，合理地控制发酵条件，尤其是调节通气量来控制 pH。此外，如果仅用酸或碱调节 pH 不能改善发酵情况，进行补料则是一个较好的办法，既可调节培养液的 pH，有利于灭菌，又可补充营养，增加培养基的浓度，减少阻遏作用，从而进一步提高发酵产物的产率。

氨基酸发酵，在原始培养基中，一般调节 pH 在 7.0 左右。在斜面培养、种子培养和发酵的长菌阶段，由于产物很少，pH 变化不大，一般不用调节 pH；而在发酵阶段，由于消耗氮源和积累氨基酸，pH 变化较大，则必须予以调节和控制。例如，谷氨酸发酵过程中，不同的时期对 pH 的要求不同。发酵前期，幼龄菌体细胞对氮的利用率高，pH 变化波动大。如果发酵前期 pH 偏低，菌体生长旺盛，消耗营养成分快，菌体转入正常代谢，长菌体而不产生谷氨酸；当 pH 偏高，对菌体生长不利，糖代谢缓慢，发酵时间延长。但是，在发酵前期 pH 稍高些（pH7.5～8.0）对抑制杂菌生长有利。因此，发酵前期宜控制 pH 在 7.5 左右，发酵中、后期宜控制 pH 在 7.2 左右，因为谷氨酸脱氢酶的最适 pH 为 7.0～7.2，氨基酸转移酶的最适 pH 为 7.2～7.4。

最适 pH 在微生物生长和产物形成中三个参数的相互关系有四种情况：①菌体的比生长速率(μ)和产物比生产速率(Q_p)的最适 pH 都在一个相似的较宽的适宜范围内，如图 6-1(a)所示，这种发酵过程易于控制；②第二种情况是 μ(或 Q_p)的最适 pH 范围很窄，而 μ 的范围较宽，如图 6-1(b)所示；③第三种情况是 μ 和 Q_p 对 pH 都很敏感，它们的最适 pH 又是相同的，如图 6-1(c)所示，第二、第三这两种模式的发酵 pH 应严格控制；④第四种情况更复杂，μ 和 Q_p 有各自的最适 pH，应分别严格控制各自的最适 pH，才能优化发酵过程，如图 6-1(d)所示。

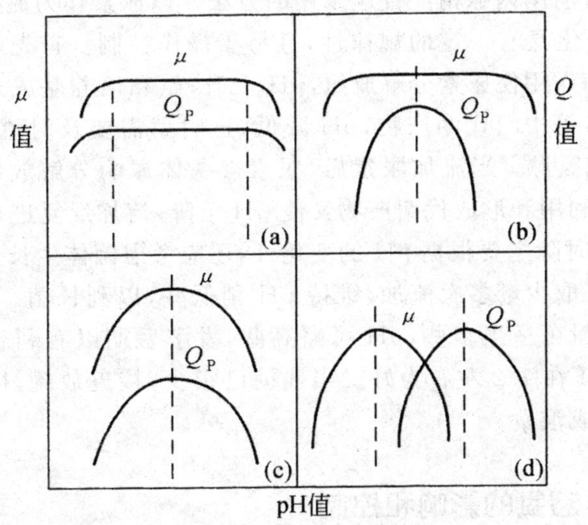

图 6-1　pH 与比生长速率和比生产速率之间的几种关系

在了解发酵过程中合适的 pH 要求后，就要采用各种方法来控制。首先需要考虑和试验发酵培养基的基础配方，保证发酵过程中的 pH 变化在合适的范围内。因为培养基中含有代谢产酸(如葡萄糖产生酮酸、$(NH_4)_2SO_4$)和产碱(如 $NaNO_3$、尿素)的物质以及缓冲剂(如 $CaCO_3$)等成分，它们在发酵过程中要影响 pH 的变化，特别是 $CaCO_3$ 能与酮酸等反应，而起到缓冲作用。在分批发酵中，常采用此法来控制 pH 的变化。

发酵过程中利用上述方法调节 pH 达不到要求时，可用以下方法调节 pH。

(1)添加碳酸钙法

采用生理酸性铵盐作为氮源时，由于 NH_4^+ 被菌体利用后，剩下的酸根会引起发酵液 pH 下降，在培养基中加入碳酸钙，就能调节 pH。但是，碳酸钙的用量甚大，在操作上易引起染菌，此法一般不宜采用。

(2)氨水流加法

在发酵过程中,根据pH的变化流加氨水调节pH,且作为氮源,供给NH_4^+。氨水价格便宜,来源容易。但是,氨水作用快,对发酵液的pH波动影响大,应采用少量多次流加,以免造成pH过高、抑制菌体生长,或pH过低、NH_4^+不足等现象。具体流加方法应根据菌种特性、长菌情况、耗糖等情况来决定,一般控制pH在7.0~8.0,最好采用自动控制连续流加方法。

(3)尿素流加法

此法是目前国内味精厂普遍采用的方法。以尿素作为氮源进行流加调节pH,pH变化具有一定的规律性,且易于操作控制。首先,由于通风、搅拌和菌体尿酶作用使尿素分解放氨,pH上升;氨和培养基成分被菌体利用并形成有机酸等中间代谢产物,pH降低,这时就需要及时流加尿素,以调节pH和补充氮源。当流加尿素后,尿素被菌体尿酶分解放出氨使pH上升,氨被菌体利用和形成代谢产物又使pH下降,流加反复进行以维持一定的pH。流加时除主要根据pH的变化外,还应考虑菌体生长、耗糖、发酵的不同阶段来采取少量多次流加,维持pH稍低些,以利长菌。当长菌快,耗糖快时,流加量可适当多些,pH可略高些,发酵后期以有利于促进产生谷氨酸,维持pH在7.2左右为好。当残糖已很少,接近放罐,以不加或少加为好,以免造成浪费。

6.2.3 溶氧的影响和控制

氧是细胞呼吸的底物,氧浓度的变化对细胞影响很大,也反映了设备的性能。溶氧量是指溶于培养液中的氧,常用绝对含量表示,也可用饱和氧浓度的百分数表示。

6.2.3.1 溶氧的影响

溶解氧对菌体生长的影响是直接的,适宜的溶氧量保证菌体内的正常氧化还原反应。溶氧量少将导致能量供应不足,微生物将从有氧代谢途径转化为无氧代谢来供应能量,由于无氧代谢的能量利用率低,同时碳源物质的不完全氧化产生乙醇、乳酸、短链脂肪酸等有机酸,这些物质的积累将抑制菌体的生长与代谢。溶氧量偏高可导致培养基过度氧化,细胞成分由于氧化而分解,也不利于菌体生长。

细胞内氧化还原反应乃至物质之间的转化也需要氧的参与。维生素B_{12}发酵中,供氧才能实现B因子(咕啉醇酰胺)到维生素B_{12}的转化。溶解氧对产物形成的影响是多样性的:第一类是必须大量供氧气才能高产,供氧不足,产量就会下降,积累大量乳酸和琥珀酸,如谷氨酸、精氨酸的发酵。第二类是供氧量不敏感,虽然氧充足时高产,但限制供氧量对产量影响不明显,如赖氨酸、苏氨酸等的发酵。第三类是供氧充足,产物合成受到抑制。只有在供氧受到限制时才能高产,如亮氨酸、苯丙氨酸、肌苷酸等的发酵。发酵过程对氧的需求与产物的合成代谢途径有关,如果代谢途径中产生的NADH越多,呼吸链需要的氧就越多,必须多供氧。有的发酵需要在不同的阶段进行不同的供氧。如在天冬酰胺酶的生产中,前期好氧发酵,后期厌氧发酵,能提高酶的活性。

6.2.3.2　溶氧的控制

发酵的溶氧浓度是由供氧和需氧两方面所决定的。也就是说,当发酵的供氧量大于需氧量时,溶氧浓度就上升,直到饱和;反之就下降。因此要控制好溶氧浓度,需从这两方面着手。

供氧是指氧溶于培养液中的过程。供氧主要由氧溶解速率决定:

$$N=K_{L}a(c_1-c_2) \tag{6-5}$$

式中,N为氧溶解速率,mmol/(L·h);K_L为氧的总传质系数,m/h;a为传质比表面积,m^2/m^3;c_1为氧的饱和浓度,mmol/L;c_2为实测氧浓度,mmmol/L。

$K_{L}a$与发酵罐大小、形式、鼓泡器、挡板、搅拌及温度有关。凡是使$K_{L}a$和c_1增加的因素都能实现发酵供氧改善。

在氧气供应方面,主要做法是提高氧传递的推动力以及液相体积氧传递系数的$K_{L}a$值。在生产中,控制供氧量的方法主要有调节搅拌转速与调节通气量。实际上,供氧量的大小还要与需氧量相互协调,也就是说发酵过程中要适时地控制需氧量,使菌体生长和产物形成的总需氧量不能超过设备的供应能力,使生产菌发挥最大水平。

发酵液的需氧量受多种因素的影响,其中菌体浓度、基质的种类和浓度以及培养条件等因素影响较大,且菌体浓度的影响最为明显。发酵液的摄氧速率是随菌体浓度增加而按比例增加,但氧的传递速率呈菌体浓度的对数关系减少。因此可控制菌的比生长速率在比临界值略高一点的水平,达到最适浓度。最适菌体浓度的控制可通过控制基质浓度来实现。如青霉素发酵就是通过控制补加葡萄糖的速率达到最适浓度。现已利用敏感型的溶氧电极传感器来控制青霉素发酵。

除了控制补料外,还可以采用降低温度、液化培养基、中间补水、添加表面活性剂等方式来提高溶氧浓度。

6.2.4 二氧化碳的影响和控制

6.2.4.1 二氧化碳的影响

二氧化碳是微生物在生长繁殖过程中的代谢产物，也是合成某些产物的基质。通常二氧化碳对菌体生长有直接影响。当空气中存在约1%的二氧化碳时，可刺激青霉素产生菌孢子发芽；当二氧化碳浓度高于4%时，即使溶氧浓度在临界溶氧浓度以上，也会对产生菌的呼吸、摄氧量和抗生素合成产生不利影响。用扫描电子显微镜观察二氧化碳对产黄青霉生长状态的影响，发现菌丝随着二氧化碳含量不同而发生变化。当二氧化碳含量在0～8%时，菌丝主要显丝状；上升到15%～22%时，显膨胀、粗短的菌丝；二氧化碳分压继续提高到8 kPa时，则出现球状或酵母状细胞，使青霉素合成受阻。

二氧化碳也会影响发酵产物的形成，如空气中二氧化碳的分压达到8 kPa时，青霉素的生产速率下降40%，红霉素的产量减少60%。四环素的合成也有一个最适二氧化碳分压(0.42 kPa)，在此分压下产量才能达到最高。

6.2.4.2 排气中 CO_2 浓度与发酵的关系

(1)检测菌体的生长

分析尾气中 CO_2 的含量，记录培养基体积及通气量的变化，用计算机计算 CO_2 的积累量与菌体的干重进行比较，得出对数期菌体生长速率与 CO_2 释放率成正比关系。

一般空气进口 O_2 占20.85%、CO_2 占0.03%、惰性气体占79.12%，因此连续测得排气中 O_2 和 CO_2 浓度，可计算出整个发酵过程中 CO_2 的释放率(carbon dioxide release ratio，CRR)。

$$\mathrm{CRR}=Q_{\mathrm{CO_2}}X=\frac{q_{进}}{V}\left[\frac{\varphi_{惰进}\cdot\varphi_{\mathrm{CO_2}出}}{1-(\varphi_{\mathrm{O_2}出}+\varphi_{\mathrm{CO_2}进})}-\varphi_{\mathrm{CO_2}进}\right]f \tag{6-6}$$

式中，$Q_{\mathrm{CO_2}}$ 为比二氧化碳释放率，mol/(g·h)；X 为菌体干重，g/L；$q_{进}$ 为进气流量，mol/h；$\varphi_{惰进}$，$\varphi\mathrm{CO_{2进}}$ 分别为进气中惰性气体、CO_2 的体积分数；$\varphi_{\mathrm{CO_2}出}$，$\varphi_{\mathrm{O_2}出}$ 分别为排气中 CO_2、O_2 的体积分数；V 为发酵液的体积，L；f 为系数，$f=\frac{273}{273+t_{进}}\times p_{进}$；$t_{进}$ 为进气温度，℃；$p_{进}$ 为进气绝对压强，Pa。

从测定排气 CO_2 浓度的变化，采用控制流加基质的方法来实现对菌体的生长速率和菌体量的控制。

(2)补糖与排气 CO_2 浓度的关系

发酵液中补加葡萄糖，即增加碳源，排气 CO_2 浓度增加，pH 下降。原因是葡萄糖被利用产生 CO_2，其中溶解的 CO_2 使培养液 pH 下降；另一方面，葡萄糖被利用产生有机酸，使 pH 下降。

糖、CO_2 和 pH 三者的相关性，是青霉素工业生产用于补料控制的参数，且排气 CO_2 的变化比 pH 变化更为敏感，所以采用测定排气 CO_2 释放率来控制补糖速率。

6.2.4.3　二氧化碳的控制

二氧化碳在发酵液中的浓度受到许多因素的影响，如菌体的呼吸速率、发酵液流变学特性、通气搅拌程度和外界压力大小等。由于二氧化碳的分压是液体深度函数，10 m 高的罐中，在 101 kPa 气压下操作，底部二氧化碳分压是顶部分压的 2 倍。为了排除二氧化碳的影响，必须考虑二氧化碳在培养液中的溶解度、温度及通气情况。在发酵过程中如遇到泡沫上升而引起"逃涮"时，经常采用增加罐压的方法消泡，会增加二氧化碳溶解度，这将对菌体生长不利。另外补料加糖亦会使液相、气相中二氧化碳含量升高，因为糖用于菌体生长、菌体维持和产物合成三个方面都产生二氧化碳。在发酵罐中不断通入空气，可随气排出产生的二氧化碳，使其在液相中的浓度降低，通气量越大，液相中二氧化碳浓度就越小。加强搅拌也有利于降低二氧化碳的浓度。因此，生产上一般采取调节搅拌速率及通气量的方法控制调节液相中二氧化碳的浓度。

6.2.5　加料方式的影响和控制

6.2.5.1　加料方式的影响

加料方式有以下 3 种：一次性加料、一次性投入主料中间补料、连续加料。一次性投料方式操作简单，不易染菌，但一次性投料因营养过于丰富，易造成细胞大量生长。影响发酵液流变学的性质，同时易造成底物浓度抑制、产物反馈抑制和分解代谢物的阻遏等，不利于产物合成。一次性投入主料中间补料方式除可避免上述不利因素外，还可用作控制细胞质量的手段，以提高发芽孢子的比例。连续加料方式易染菌，且由于长时间连续培养，生产菌易老化变异，但可提高设备利用率和单位时间产量，节省发酵罐非生产时间，便于自动控制，工业规模上很少采用。一次性投入主料中间补料方式是目前较为普遍采用的加料方式。补料类型很多,就补料方式而言有连续流加、不连续流加、多周期流加;从补加培养基的成分来分,又分为单组分补料和多组分补料。

6.2.5.2 加料方式的控制

补料操作控制系统分为两类,分别是有反馈控制与无反馈控制。这两种类别的数学模型在理论上差别不大。

反馈控制系统是由传感器、控制器和驱动器三个单元所组成。根据控制依据的指标不同,又分为直接方法和间接方法。间接方法是以溶氧、pH、呼吸熵、排气中 CO_2 分压及代谢产物浓度等作为控制参数。直接方法是直接以限制性营养物(如碳源、氮源或C/N等)的浓度作为反馈控制的参数。对间接方法来说,选择与过程直接相关的可检参数作为控制指标,是研究的关键,这需要详尽考察分批发酵的代谢曲线和动力学特性,获得各参数之间的相互关系,来确定控制参数。对于通气发酵,利用排气中 CO_2 的含量作为反馈控制参数是较常用的间接方法。直接方法由于缺乏可靠的实时测定手段,无法控制适时补料,一直没有真正用于工业发酵控制。

无反馈控制是指无固定的反馈控制参数来达到操作最优化的控制。如青霉素补料控制中,以产物浓度为目的函数,研究了葡萄糖流加的最优化方法。利用 Pontryaghin 连续最大原理(一种最优化过程的数学原理)得到一个包含流加速率连续增加阶段在内的最优操作曲线。在头孢菌素C的发酵研究中,采用计算机模拟的办法,考虑菌丝的分化、产物诱导及分解产物对产物合成的抑制等多种因素,利用归一法原理,把复杂的多组分补料问题简化成各种单一组分的补料,从而确定了最优化的补料方式。补料除了增加发酵液体积,改变营养成分比例,改善发酵液的物理性质以外,还能对发酵进行控制。通过补料加入的时间、数量、品种及配比的调整,来控制发酵菌的生长速度及发酵液中菌体浓度,并延长发酵产物的生物合成期。例如,要降低菌体的生长速度,在补料时碳、氮浓度就可以低一点,特别是氮浓度要低或不加氮;如果发酵液中菌体浓度太低,只要补料时间提前,补料时碳、氮浓度高一点。碳氮比低一些,并且多用一些有机氮源物质,就可以提高发酵液中的菌体浓度;前期补料时,碳、氮不过量,中、后期补料时让菌体处于半饥饿状态,就可推迟菌体的衰老与自溶,延长发酵产物的合成期,提高产量。

6.2.6 泡沫的影响和控制

6.2.6.1 发酵过程泡沫的变化

好气性发酵过程中泡沫的形成是有一定规律的。泡沫的多少一方面与通风、搅拌的剧烈程度有关,搅拌所引起的泡沫比通气来得大;另一方面与培养基所用原材料的性质有关,蛋白质原料如蛋白胨、玉米浆、黄豆粉、酵母粉等是主要的起泡因素。通常,培养基的配方含蛋白质多,浓度高,黏度大,容易起泡,且泡沫多而持久稳定。胶体物质多、黏度大的培养基更容易产生泡沫,如糖蜜原料与石油烃类原料,发泡能力特别强,泡沫多而持久稳定。多糖的水解不完全,糊精含量多,也容易引起泡沫的产生。培养基的灭菌方法和操作条件均会影响培养基成分的变化而影响发酵时泡沫的产生。因此可见,发酵过程中泡沫形成的稳定性与培养基的性质有着密切的关系。

在发酵过程中培养液的性质,因微生物的代谢活动而处于运动变化中,也会影响泡沫的形成和消长。例如,霉菌在发酵过程中的代谢活动所引起的培养液液体表面性质变化直接影响泡沫的消长。发酵初期,由于培养基浓度大,黏度高,营养料丰富,因而泡沫的稳定性与高的表面黏度和低的表面张力有关。随着发酵进行,表面黏度下降,表面张力上升,泡沫寿命逐渐缩短。另外,菌的繁殖,尤其是细菌本身具有稳定泡沫的作用,在发酵最旺盛时泡沫形成比较多,在发酵后期菌体自溶导致发酵液中可溶性蛋白质增加,又有利于泡沫的产生。此外,发酵过程中污染杂菌而使发酵液黏度增加,也会产生大量泡沫。

微生物工业上消除泡沫常用的方法有两种:化学消泡和机械消泡。

6.2.6.2 泡沫对发酵的影响

发酵培养液中存在一定数量的泡沫是正常的,泡沫的存在可以增加气-液接触的面积,增加氧在发酵液中的传递。但如果培养液中长时间存在大量的泡沫,则会对发酵产生极其不利的影响:①降低了发酵罐的装料系数(装料量与发酵罐的总体积之比)。如果培养液中有大量泡沫存在,就会占去大量的发酵罐容积,补料时只能减少装料量。一般发酵罐的正常装料系数应达0.6~0.7。②影响了菌体的生长。泡沫严重时,会影响通气搅拌的正常进行,从而影响微生物的正常呼吸和营养物质的吸收,抑制微生物的生长,导致发酵产物的产量降低。另外,还有一些菌随泡沫黏在罐顶、罐壁上不能继续生长,也使培养液中的菌体浓度降低,减小总产量。③增加了染菌的机会。大量的泡沫存在，使泡沫从罐顶轴中渗出或从排气管中逃液，增加了染菌污染的机会。④泡沫降低发酵物产量，大量存在时，会从排气管中排出泡沫，引起“逃液”现象。此时，如减少通气量，则影响发酵菌的正常生长；如加入消沫剂，不但影响发酵菌生长，而且对产生的代谢物的提取和精制带来不利影响，这一切都将大大地降低发酵产物的产量。

6.2.6.3 泡沫的控制

泡沫的控制方法可分为机械消泡和消泡剂消泡两大类。近年来也采用从生产菌种本身的特性着手预防泡沫的形成的方法。如单细胞蛋白生产中筛选在生长期不易形成泡沫的突变株。也有用混养方法，如产碱菌、土壤杆菌同莫拉氏菌一起培养来控制泡沫的形成。这是一株菌产生的泡沫形成物质被另一种协作菌同化的缘故。

(1)机械消泡

机械消泡是借机械引力引起的剧烈振动或压力变化消泡。消泡装置可安装在罐内或罐外。罐内法是在搅拌轴上方安装消沫桨，形式多样，泡沫借旋风离心力作用被压碎，也可将少量消泡剂加到消沫转子上以增强消沫效果。罐外法是将泡沫引出罐外，通过喷嘴的加速作用或离心力粉碎泡沫。机械消沫的优点在于不需引进外界物质，如消泡剂，从而减少染菌机会，节省原材料，不会增加下游工段的负担；缺点是不能从根本上消除泡沫成因。

(2)消泡剂消泡

发酵工业常用的消泡剂分天然油脂类、聚醚类、高级醇类和硅树脂类。常用的天然油脂有玉米油、豆油、米糖油、棉籽油、鱼油和猪油等，除作消泡剂外，还可作为碳源。其消泡能力强，但需注意油脂的新鲜程度，以免生长和产物合成受抑制。应用较多的聚醚类为聚氧丙烯甘油和聚氧乙烯氧丙烯甘油(俗称泡敌)，用量为0.03%左右，消沫能力比植物油大10倍以上。泡敌的亲水性好，在发泡介质中易铺展，消泡能力强，但其溶解度也大，消泡活性维持时间较短，在黏稠发酵液中使用效果比在稀薄发酵液中更好。十八醇是高级醇类中常用的一种，可单独或与载体一起使用。它与冷榨猪油一起能有效控制青霉发酵的泡沫。聚二醇具有消沫效果持久的特点，尤其适用于霉菌发酵。硅酮类消泡剂的代表是聚二甲基硅氧烷及其衍生物，其分子结构通式为$(CH_3)_3SiO[Si(CH_3)_2]_nSi(CH_3)_3$。它不溶于水，单独使用效果很差，常与分散剂(微晶$SiO_2$)一起使用，也可与水配成10%的纯硅酮乳液。这类消沫剂适用于微碱性的放线菌和细菌发酵，在pH为5左右的发酵液中使用效果较差。还有一种羟基聚二甲基硅氧烷，是一种含烃基的亲水性硅酮消泡剂，曾用于青霉素和土霉素发酵中。

6.2.7 菌体浓度与基质对发酵的影响

6.2.7.1 菌体浓度对发酵的影响

菌体浓度(cell concentration)是指单位体积中菌体的含量。它是发酵工业中一个重要的控制参数。它不仅代表菌体细胞的多少,而且反映菌体细胞生理特性不完全相同的分化阶段。在发酵动力学研究中,常利用菌体浓度来计算菌体的比生长速率和产物的比生产速率等动力学参数以及相互关系。

菌体浓度与菌体生长速率直接相关,而菌体生长速率与微生物的种类和自身的遗传特性有关。菌体生长速率首先取决于细胞结构的复杂程度和生长机制,例如,细菌、酵母、霉菌和原生动物的倍增时间分别为45 min、90 min、3 h和6 h左右,即随着物种等级的升高,细胞结构越复杂,细胞增殖速率越慢。其次菌体生长速率与营养物质和环境条件有密切关系,营养物质丰富有利于细胞的生长,但也存在基质抑制作用,即营养物质存在上限,当超过此上限时会引起生长速率的下降,可能引起高渗透压、抑制关键酶或细胞结构的改变。总之,控制营养条件是微生物发酵研究和生产中的重要环节。

菌体浓度的大小会对发酵产物产率产生重要的影响。氨基酸等初级代谢产物的产率与菌体浓度成正比,而抗生素等次级代谢产物则存在浓度范围,当菌体浓度过高可能引起培养液中营养成分明显改变和有毒物质积累,导致菌体代谢途径改变,特别是溶解氧传递的限制,可引发早期酵母细胞生长停滞、产生乙醇等现象,抗生素发酵受到限制使产量下降。因此,采用临界菌体浓度——摄氧速率与传氧速率相平衡时的菌体浓度,即摄氧速率随菌体浓度变化的曲线与传氧速率随菌体浓度变化的曲线交点所对应的菌体浓度,来获得最高生产率。

发酵过程应设法控制菌体浓度在合适的范围内,主要通过控制培养基中营养物质的含量来控制菌体浓度。首先,确定培养基中各种成分的配比,其次,采用中间补料的方式进行控制。在生产上可采用菌体代谢产生的CO_2量来控制生产过程的补糖量,以控制菌体的生长和浓度。总之,可根据不同的菌种和产品,采用不同的方法控制最适的菌体浓度。

6.2.7.2 基质对发酵的影响及其控制

基质即培养微生物的营养物质。对于发酵控制来说,基质是生产菌代谢的物质基础，既涉及菌体的生长繁殖，又涉及代谢产物的形成。因此，选择适当的基质和控制适当的浓度是提高代谢产物产量的重要方法。

在分批发酵中，当基质过量时，菌体的生长速率与营养成分的浓度直接相关；对于产物的形成，培养基过于丰富，有时会使菌体生长过旺、黏度增大、传质差、菌体不得不花费较多的能量来维持其生存环境，即用于非生产的能量大量增加。所以，控制合适的基质浓度对菌体的生长和产物的形成都有利。现具体阐述碳源、氮源和无机盐等主要影响因素的控制。

(1)碳源对发酵的影响及控制

按碳源利用快慢程度，分为快速利用的碳源和缓慢利用的碳源。前者能较迅速地参与代谢、合成菌体和产生能量，并产生分解产物(如丙酮酸等)，对菌体生长有利，但有的分解代谢产物对产物的合成可能产生阻遏作用；而缓慢利用的碳源多数为聚合物，菌体利用缓慢，有利于延长代谢产物的合成，特别是延长抗生素的分泌期，这为许多微生物药物的发酵所采用。例如，乳糖、蔗糖、麦芽糖、玉米油及半乳糖分别是青霉素、头孢菌素C、核黄素及生物碱发酵的最适碳源。因此，选择最适碳源对提高代谢产物的产量非常重要。

在青霉素发酵的早期研究中，就认识到了碳源的重要性，在迅速利用的葡萄糖培养基中，菌体生长良好，但青霉素合成量很少；在缓慢利用的乳糖培养基中，菌体生长缓慢，但青霉素的产量明显地增加。它们的代谢变化如图6-2所示。从图可知糖的缓慢利用是青霉素合成的关键因素。在其他抗生素发酵及初级代谢中也有类似情况，如葡萄糖完全阻遏嗜热脂肪芽孢杆菌产生胞外生物素——同效维生素(其化学构造及生理作用与天然维生素相类似的化合物)的合成。因此，控制使用能产生阻遏作用的碳源是非常重要的。在工业上，发酵培养基中常采用含迅速利用和缓慢利用的混合碳源，就是根据这个原理来控制菌体的生长和产物的合成的。

碳源的浓度对于菌体生长和产物合成有着明显的影响。因此，要优化碳源浓度的控制，可采用经验法和发酵动力学法，即在发酵过程中采用中间补料的方法进行控制。在实际生产中，要根据不同代谢类型确定，如补糖时间、补糖量和补糖方式。而发酵动力学法要根据菌体的比生产速率、糖比消耗速率及产物的比生产速率等动力学参数来控制。

(2)氮源的种类和浓度对发酵的影响及控制

氮源可分为无机氮源和有机氮源两大类，不同种类和不同浓度的氮源都能影响产物合成的方向和产量。例如，在谷氨酸发酵中，当 NH_4^+ 供应不足时，促使形成 α-酮戊二酸；过量的 NH_4^+ 反而促使谷氨酸转变成谷氨酰胺。控制适当量的 NH_4^+ 浓度才能获得谷氨酸的最大产量。在研究螺旋霉素的生物合成中,发现无机铵盐不利于螺旋霉素的合成,而有机氮源(如鱼粉)则有利于产物的形成。

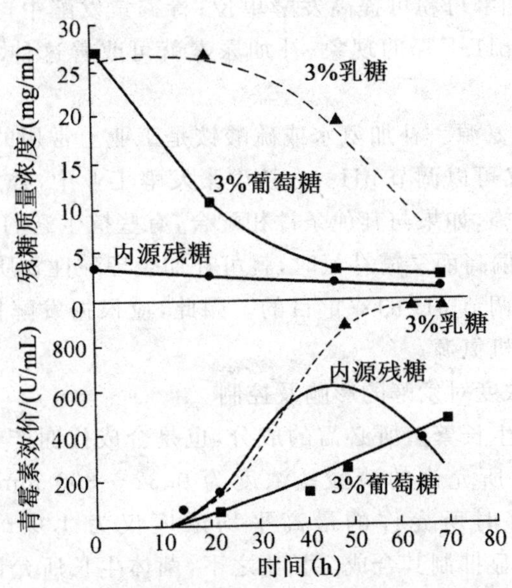

图 6-2　糖对青霉素生物合成的影响

像碳源一样,也有可快速利用的氮源和缓慢利用的氮源。前者如氨基(或铵)态氮的氨基酸(或硫酸铵等)和玉米浆等;后者如黄豆饼粉、花生饼粉、棉籽饼粉等蛋白质。它们各有自己的作用,可快速利用的氮源容易被菌体所利用,促进菌体生长,但对某些代谢产物的合成,特别是某些抗生素的合成产生调节作用而影响产量。例如,链霉菌的竹桃霉素发酵中,采用促进菌体生长的铵盐浓度,能刺激菌丝生长,但抗生素的产量反而下降。铵盐对柱晶白霉素、螺旋霉素、泰洛星等的合成产生调节作用。缓慢利用的氮源对延长次级代谢产物的分泌期、提高产物的产量是有好处的。但一次性的投入也容易促进菌体生长和养分过早耗尽,导致菌体过早衰老而自溶,从而缩短产物的分泌期。综上所述,对微生物发酵来说需要优化选择适当的氮源及其浓度。

发酵培养基一般选用含有快速和慢速利用的混合氮源。例如,氨基酸发酵用铵盐(硫酸铵或醋酸铵)和麸皮水解液、玉米浆作为氮源;链霉素发酵采用硫酸铵和黄豆饼粉作为氮源。但也有使用单一铵盐或有机氮源(如黄豆饼粉)的。为了调节菌体生长和防止菌体衰老自溶,除了基础培养基中的氮源外,还要通过补加氮源来控制浓度。生产上常采用以下方法:

①补加有机氮源。根据产生菌的代谢情况，可在发酵过程中添加某些具有调节生长代谢作用的有机氮源，如酵母粉、玉米浆、尿素等。例如，在土霉素发酵中，补加酵母粉可提高发酵单位；青霉素发酵中，后期出现糖利用缓慢、菌浓变稀、pH 下降的现象，补加尿素就可改善这种状况并提高发酵产量。

②补加无机氮源。补加氨水或硫酸铵是工业上常用的方法，氨水既可作为无机氮源，又可以调节 pH。在抗生素发酵工业中，补加氨水是提高发酵产量的有效措施，如果与其他条件相配合，有些抗生素的发酵单位可提高50%。但当 pH 偏高而又需补氮时，就可补加生理酸性物质的硫酸铵，以达到提高氮含量和调节 pH 的双重目的。因此，应根据发酵控制的需要来选择与补充其他无机氮源。

(3)磷酸盐浓度对发酵的影响及控制

磷是微生物生长繁殖所必需的成分，也是合成代谢产物所必需的。微生物生长良好时所允许的磷酸盐浓度为 0.32～300 mmol/L，但次级代谢产物合成良好时所允许的最高平均浓度仅为 1.0 mmol/L，提高到 10 mmol/L 可明显抑制其合成。相比之下，菌体生长所允许的浓度比次级代谢产物合成所允许的浓度要大得多，相差几十倍，甚至几百倍。因此，控制磷酸盐浓度对微生物次级代谢产物发酵来说是非常重要的。磷酸盐浓度对于初级代谢产物合成的影响，往往是通过促进生长而间接产生的，对于次级代谢产物，其影响机制更为复杂。

对磷酸盐浓度的控制，一般是在基础培养基中采用适当的浓度。对抗生素发酵来说，常常是采用生长亚适量(对菌体生长不是最适合但又不影响生长的量)的磷酸盐浓度。其最适浓度取决于菌种特性、培养条件、培养基组成和原料来源等因素，并结合具体条件和使用的原材料进行实验来确定。培养基中的磷含量还可能因配制方法和灭菌条件不同而有所变化。在发酵过程中，若发现代谢缓慢的情况，还可补加磷酸盐。例如，在四环素发酵中，间歇添加微量 KH_2PO_4，有利于提高四环素的产量。

除碳源、氮源和磷酸盐等主要影响因素外，在培养基中还有其他成分影响发酵。例如，Cu^{2+} 在以醋酸为碳源的培养基中，能促进谷氨酸产量的提高，而 Mn^{2+} 对芽孢杆菌合成杆菌肽等次级代谢产物具有特殊的作用，必须使用足够的浓度才能促进它们的合成等。

总之，控制基质的种类及其各成分的浓度是决定发酵是否成功的关键，必须根据产生菌的特性和产物合成的要求进行深入细致的研究，以取得最满意的结果。

6.3　发酵染菌的防止和处理

6.3.1　染菌原因分析

在发酵染菌后，首先要分清楚染菌的原因，然后总结发酵染菌的经验。力求做到将发酵染菌消灭在萌芽之中，这是避免发酵染菌最重要的措施。如果不对染菌作具体的分析，只是盲目地采取措施，这样只会耗费更多的人力、财力，收效甚微。

造成发酵染菌的因素很多，总的来说，其原因可分为：种子带菌、无菌空气带菌、设备渗漏、灭菌不彻底、操作失误和技术管理不善等。表 6-3 为日本抗生素发酵染菌原因分析，表 6-4 是上海天厨味精厂谷氨酸发酵染菌原因分析。发现染菌后，分析无菌试验的结果，并参考以下方法进行原因分析，确保污染不再发生。

表 6-3　日本抗生素发酵染菌原因分析

染菌原因	染菌率/%	染菌原因	染菌率/%
种子带菌或怀疑种子带菌	9.64	阀门渗漏	1.45
接种时罐压跌零	0.19	蛇管穿孔	5.89
培养基灭菌不彻底	0.79	罐盖渗漏	1.54
空气系统有菌	19.96	接种管穿	0.39
夹套穿孔	12.36	其他设备渗漏	10.13
搅拌填料渗漏	2.09	操作问题	10.15
泡沫冒顶	0.48	原因不明	24.91

表 6-4　上海天厨味精厂谷氨酸发酵染菌分析

染菌原因	染菌率/%	染菌原因	染菌率/%
空气系统染菌	32.05	补料、取样带菌	4.30
设备问题	15.46	种子带菌	1.72
管理和操作不当	11.34	环境污染及原因不明	35.13

由表 6-3、表 6-4 可知，由于不同厂家的设备渗漏几率、技术管理不同，而使各种染菌原因的百分率有所不同，其中尤以设备渗漏和空气带菌而染菌较为普遍且严重。值得注意的是，不明原因的染菌，分别达 24.91% 和 35.13%。这表明，目前分析染菌原因的水平有待提高。

6.3.1.1 染菌的杂菌种类分析

每一发酵过程所污染的杂菌的种类对发酵的影响是不同的。如在抗生素的发酵过程中，青霉素发酵污染细短产气杆菌比粗大杆菌的危害更大；链霉素发酵污染细短杆菌、假单胞杆菌和产气杆菌比污染粗大杆菌更有危害；柠檬酸发酵最怕青霉菌污染；谷氨酸发酵最怕噬菌体污染。若污染的杂菌是耐热的芽孢杆菌，可能是由于培养基或设备灭菌不彻底、设备存在死角等引起。若污染的是球菌、无芽孢杆菌等不耐热杂菌，可能是由于种子带菌、空气过滤效率低、除菌不彻底、设备渗漏和操作问题等引起。若污染的是真菌，则可能是由于设备或冷却盘管的渗漏，无菌室灭菌不彻底或无菌操作不当，糖液灭菌不彻底等引起。

6.3.1.2 发酵染菌的规模分析

从染菌的规模来看，主要有三种。

(1)大批量发酵罐染菌

这种类型的染菌常有发生，如在发酵前期，由于种子带菌或灭菌系统设备引起的染菌；若染菌发生在发酵的中后期，并且这些杂菌的类型相同，一般是空气净化系统出现的问题；若空气中细菌的量不是很多，无菌试验的显现时间较长，那么对于带菌的防治就比较困难。

(2)部分发酵罐染菌

若染菌发生在发酵前期，极有可能是种子染菌或者灭菌系统杀菌不彻底造成的；若发酵后期出现染菌，极有可能是中间补料染菌，如补料液带菌、补料管渗漏。

(3)个别发酵罐连续染菌

通常来说，如果采用间歇灭菌的方式是不会发生连续染菌的。真正的个别发酵罐连续染菌大都是由设备渗漏造成的，因此生产时应该仔细检查阀门、罐体或罐器是否清洁等。一般来说，设备渗漏引起的染菌有一个显著的特点，那就是每批染菌时间会出现向前推移的现象。

6.3.1.3 不同污染的时间分析

从发生染菌的时间来分析，也是三种情况。

①染菌发生在种子培养阶段,或称种子培养基染菌。此时通常是由种子带菌、培养基或设备灭菌不彻底,以及接种操作不当或设备因素等原因引起染菌。

②在发酵过程的初始阶段发生染菌,或称发酵前期染菌。此时大部分染菌也是由种子带菌、培养基或设备灭菌不彻底,及接种操作不当或设备、无菌空气带菌等引起。

③发酵后期染菌。这主要是由于空气过滤不彻底、中间补料染菌、设备渗漏、泡沫顶盖以及操作问题而引起染菌。

6.3.2　染菌途径及预防

6.3.2.1　种子带菌及其防止

种子带菌的原因主要有以下几方面。

(1)培养基及用具灭菌不彻底

菌种培养基及用具的灭菌都在灭菌锅中进行,引起灭菌不彻底的主要原因是灭菌锅内的空气排放不完全,从而造成假压,使得灭菌时温度达不到要求。

(2)菌种在移接过程中受污染

菌种的移接必须是在无菌室中进行,若菌种在转移过程中操作不当,或无菌室已经受到污染。因此一定要制定严格的无菌室管理制度,按要求合理设计无菌室。

(3)菌种在培养过程或保藏过程中受污染

菌种在培养和保藏的过程中,由于受到外界空气的侵入而受到污染。为防止污染的发生,试管的棉花塞不宜太松,且有一定长度,培养和保藏的温度变化不宜太大。每一级种子培养物均应经过严格检查,确认未受污染才能使用。

6.3.2.2　无菌空气带菌及其防止

无菌空气带菌引起的污染是发酵染菌的主要原因之一。要避免无菌空气的带菌,首先要从空气进化流程和设备的设计、过滤介质的选用和装填、过滤介质的灭菌和管理等方面完善空气净化系统。

6.3.2.3　培养基和设备灭菌不彻底导致的染菌及其防止

培养基和设备灭菌不彻底的原因很多,这里对其主要原因进行分析。

(1)原料性状

一般而言,稀薄的培养基很容易进行彻底的灭菌,然而淀粉质材料,特别是有颗粒时,很容易造成染菌。淀粉质材料在升温过快或者混合不均匀时,极易发生结块,使得团块中心部位处于"夹生状态",同时活的细菌也在其中,由于蒸汽不能直接进入杀死活菌,发酵过程中由于团块的散开,导致染菌的发生。因此,在对淀粉质培养基进行灭菌时应采用食罐灭菌,在升温之前先搅拌均匀,同时还要加入一定量的α-淀粉酶使之边加热边液化,有大颗粒的原料应过筛除去。

(2)实罐灭菌时未充分排除罐内空气

进行实罐灭菌时,由于罐内的空气没有排除完全,从而造成"假压"现象,使得灌顶空间的局部温度达不到灭菌的要求。因此,在对实罐进行灭菌时应及时打开排气阀门,使蒸汽通过,达到彻底灭菌。

(3)蒸汽压波动大

培养基连续灭菌时,蒸汽压力波动大,培养基未达到灭菌温度,导致灭菌不彻底而污染。培养基连续灭菌应严格控制灭菌温度,最好采用自动控制装置。

(4)设备、管道存在"死角"

由于各种原因造成的屏障等原因,引起蒸汽无法充分到达应该需要灭菌的部位,从而不能达到彻底灭菌的需要。我们将这些不能彻底灭菌的部位称为"死角"。"死角"可能是设备或者管道的一个部位,也可以是培养基或者其他物料的某一部分。

常见的设备、管道"死角"如下:

发酵罐的"死角",发酵罐内部的部件及其支撑件,如拉手扶梯、搅拌轴拉杆、联轴器等的周围极易引起污垢的积累,从而形成"死角"。只要经常清洗这些部位,就可以消除这些"死角"。

发酵罐制作不良也会形成"死角",如不锈钢衬里焊接质量不好,导致不锈钢与碳钢之间有空气,在灭菌时,由于三者膨胀系数不同,使不锈钢鼓起或破裂,造成"死角",如图 6-3 所示。

罐底部堆积培养基中的固体物,形成硬块,包藏着脏物,如图 6-4 所示,使灭菌不彻底。应清洗彻底,消除积垢。

罐底的加强板长期受压缩空气顶吹而腐蚀、受损或裂缝,或焊接不当,造成灭菌不彻底,如图 6-5 所示。应煅成与罐底相同弧度,使之吻合紧密,并注意焊接质量。

发酵罐封头上的人孔(或手孔)、排风管接口、灯孔、视镜口、进料管口、压力表接口等都是造成"死角"的潜在之处。一般应安装边阀,使灭菌彻底,并注意清洗。

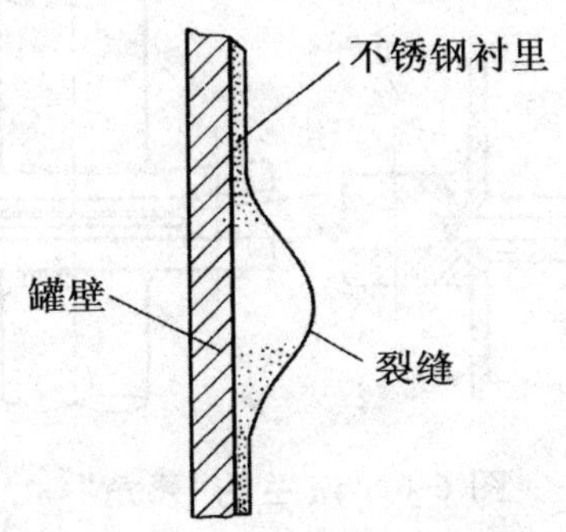

图 6-3　不锈钢衬里破裂造成“死角”

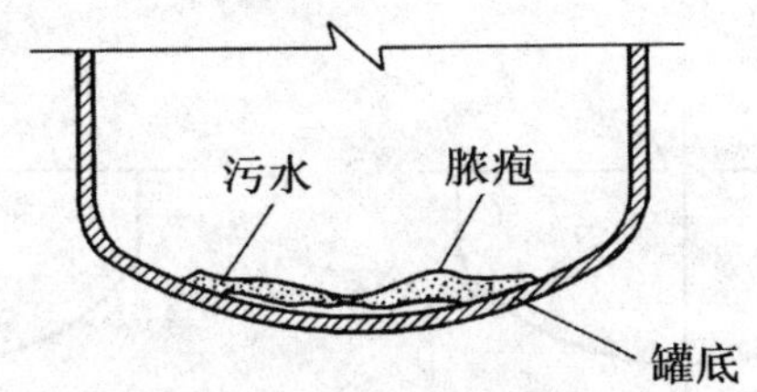

图 6-4　发酵罐罐底脓疱状积垢

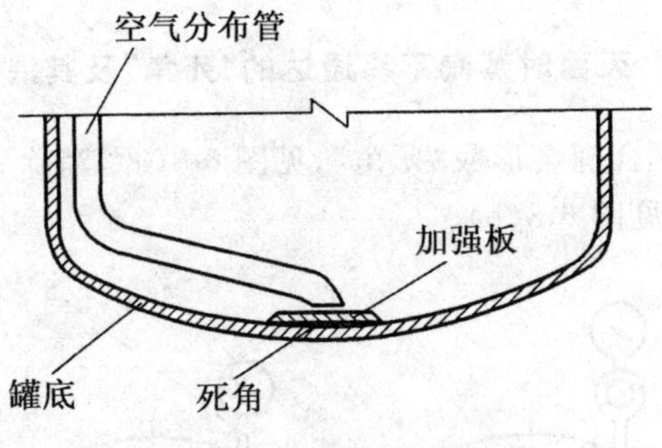

图 6-5　罐底的加强板

管道安装不当形成的“死角”。发酵车间的管道大多数以法兰连接，法兰的加工、焊接和安装要符合灭菌要求，使衔接处两节管道畅通、光滑、密封性好，垫片内圆恰与法兰内径相等，安装时须对准中心。垫片内径太大、太小或安装不对准中心，都会造成“死角”，法兰与管子焊接不好，受热不均匀，易使法兰翘曲而形成“死角”，法兰的“死角”如图 6-6 所示。

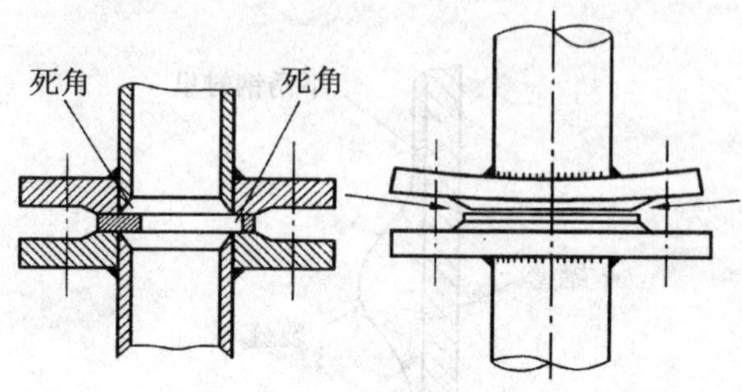

图 6-6　法兰的"死角"

某些管道须在发酵过程中或在培养基灭菌后才进行灭菌，如种子罐底部的移种管，若安装不当，就会存在蒸汽不易通达的"死角"，见图 6-7(a)。消除方法见图 6-7(b)。

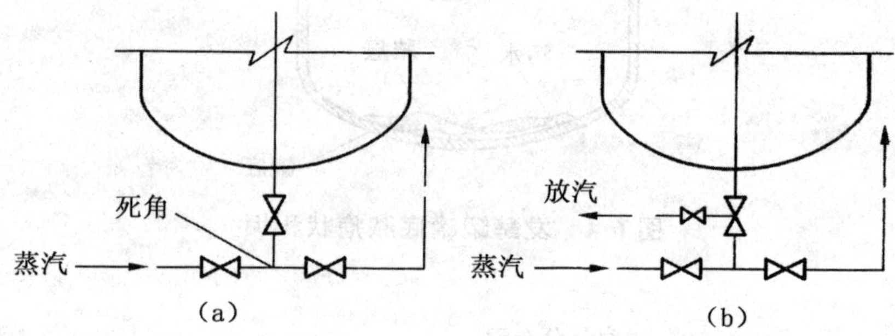

图 6-7　灭菌时蒸汽不易通达的"死角"及其消除方法

压力表安装不合理会形成"死角"，见图 6-8(a)，消除方法是在近压力表处安装放汽边阀，见图 6-8(b)。

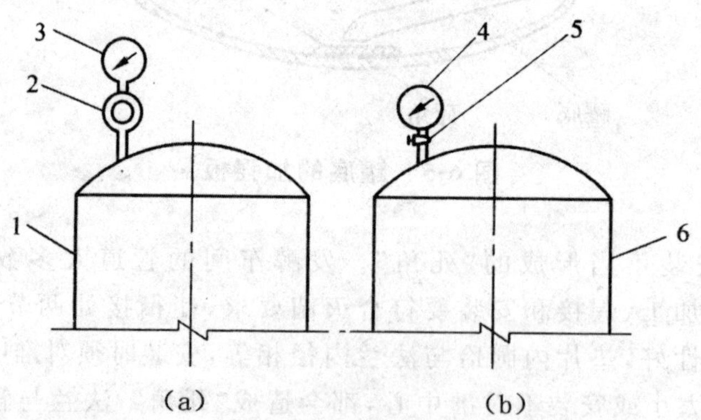

图 6-8　压力表安装不合理形成"死角"

1，6—发酵罐；2—缓冲管；3，4—压力表；5—旋塞

6.3.2.4 设备渗漏引起的染菌及其防止

发酵设备、管道以及阀门在长期使用后，由于各种原因往往会出现渗漏。避免设备、管道及阀门出现渗漏，首先是要选用优质材料，其次是要经常进行检查。冷却蛇管的微小渗漏不易被发现，可以压入碱性水，在罐内可疑地方，用浸湿酚酞指示剂的白布擦，如有渗漏，白布显红色。

6.3.2.5 操作失误导致的染菌及其防治

通常来说，稀薄的培养基更容易实现彻底灭菌，然而淀粉质材料在升温时很容易结块，团块中心部位蒸汽一般无法进入，从而造成染菌。同样，如果培养基中的麸皮、黄豆饼等固形物含量较多时，在投料的过程中很容易溅到罐壁或者罐内的各种支架上，时间越久，就越容易造成堆积，这些堆积物传热较慢，因此灭菌很难彻底，当灭菌操作完成后，经过冷却、搅拌、接种等操作步骤，含有杂菌的堆积物将重新返回培养液中，造成染菌。针对上述染菌因素，一般会采取相应的应对措施。如对于淀粉质培养基的灭菌时一般采用实罐灭菌法，通常在升温之前进行充分的搅拌，并加入一定量的淀粉酶进行液化处理，在有大颗粒时应先将大颗粒筛出，再进行灭菌；对于麸皮、黄豆饼一类固形物含量较多的培养基，应采用罐外预先配料，然后转至发酵罐内进行灭菌。

灭菌时由于操作不当，造成罐内空气没有完全排除，此时压力表显示的压力为“假压”，即罐内实际温度与压力表指示数不一致，从而导致培养基的温度以及灌顶局部空间的温度达不到灭菌的要求，导致灭菌不彻底而染菌。因此灭菌升温时要及时打开排气阀，使蒸汽畅通并排出罐内冷空气，这样就能够有效避免染菌的发生。

培养基在灭菌过程中极易产生泡沫，发泡严重时，泡沫会上升至灌顶甚至逃逸，杂菌很容易藏在泡沫中，又由于泡沫的传热性能很差，因此泡沫内的温度低于灭菌温度，所以灭菌不完全，一旦灭菌操作完成并进行冷却时，这些泡沫破裂，杂菌就会释放到培养基中，造成染菌。因此操作时要严防泡沫升顶，一般都要添加消泡剂以防止泡沫的大量生成。

在进行连续的灭菌时，培养基的灭菌温度及灭菌时间都要符合要求，尤其是在灭菌结束前最后一部分培养基也要严格灭菌，以确保彻底灭菌。避免蒸汽压力波动过大，应严格控制灭菌的温度，最好采用自动控温过程。

现代发酵工程一般都采用了自动控制，一些自动化控制仪器逐渐得到应用。如用于连续测定并控制发酵液 pH 的复合玻璃电极、测定溶氧浓度的探头等。这些元件在使用高温蒸汽灭菌时很容易受到腐蚀，从而缩短了使用寿命。因此，一般常采用化学试剂浸泡等方法来灭菌。但常会因灭菌不彻底，放入发酵罐后导致染菌。

6.3.2.6 噬菌体污染及其防治

在利用细菌或者放线菌进行发酵时很容易受到噬菌体的污染，由于噬菌体具有极强的感染力，其传播蔓延非常迅速，因此很难防治，对发酵造成的影响也非常大。噬菌体是一种病毒，其直径约为 0.1 μm，因此它能够通过环境污染、设备渗漏、空气净化系统、培养基灭菌过程、补料过程及操作过程等环节进入发酵系统。

在发酵过程中由于噬菌体侵染的时间、噬菌体的毒性与菌株的敏感性不同，因此表现出的症状也不相同。比如氨基酸的发酵过程，感染噬菌体后，常使发酵液的光密度在发酵初期不上升或回降；pH 逐渐上升，可到 8.0 以上，且不再下降或 pH 稍有下降，pH 停滞在 7～7.2 之间，氨的利用停止；糖耗、温升缓慢或停止；产生大量的泡沫，有时使发酵液呈现黏胶状；酸的产量很少、增长缓慢或停止；镜检时可发现菌体数量显著减少，甚至找不到完整的菌体；CO_2 排出量异常，发酵周期延长；发酵液发红、发灰、泡沫很多、难中和，提取分离困难，收率很低等。

噬菌体在自然界中的分布很广，通常它们在土壤、腐烂的有机物以及空气中都有存在，噬菌体是专一性的活菌寄生体，但有时也能脱离寄主在环境中长期存在。在实际生产中，经常由于空气的传播而造成噬菌体污染。因此，环境污染噬菌体是引起噬菌体感染的主要原因。

至今最有效的防治噬菌体染菌的方法是以净化环境为中心的综合防治法，主要有净化生产环境，消灭污染源，改进提高空气的净化度，保证纯种培养，保证种子本身不带噬菌体，轮换使用不同类型的菌种，使用抗噬菌体的菌种，改进设备装置，消灭“死角”，药物防治等。

噬菌体的防治是一项庞大的系统工程，只有经过全方位的检查，才能根除噬菌体的危害。

6.3.3 染菌的拯救与处理

发酵时一旦出现染菌，应立即根据污染微生物的种类、染菌的时期及其染菌的危害程度等作出判断，然后快速进行挽救和处理，同时清理相关的设备。

(1)种子培养期染菌的处理

如果发现种子受到杂菌污染，该种子不应继续接入发酵罐中进行发酵，应该及时灭菌然后丢弃，同时还要对种子罐、管道进行仔细检查和彻底的灭菌,然后将无染菌的种子接入发酵罐,继续进行发酵生产。如果没有备用种子,也可以将发酵罐内适当的发酵液作为种子,进行"倒种"处理,接入新鲜的培养基中进行发酵,从而保证发酵生产的正常进行。

(2)发酵前期染菌的处理

当发现发酵前期就已经染菌,如果培养基中碳、氮源含量还比较高的情况下应该立即停止发酵,然后将培养基加热到一定温度,经过新一轮的灭菌处理后,重新接入种子进行发酵;如果此时染菌已经造成了较大的危害,且培养基中碳、氮的消耗已经较多,一般采用两种方法进行,其一是放掉部分料液,补充新鲜的培养基,经重新灭菌后再进行接种发酵。其二是采取降温培养、调节 pH、调整补料量、补加培养基等措施进行处理。

(3)发酵中、后期染菌处理

如果发酵中、后期染菌或者发酵前期有轻微染菌而发现较晚时,可考虑加入适当的杀菌剂或者抗生素以及正常的发酵液,从而抑制杂菌的生长,也可以通过降低培养温度、降低通风量、停止搅拌、少量补糖等措施进行处理。当然如果发酵过程的产物代谢已达一定水平,此时产品的含量若达一定值,只要明确是染菌也可放罐。对于没有提取价值的发酵液,废弃前应加热至 120 ℃以上、保持 30 min 后才能排放。

(4)染菌后对设备的处理

染菌后的发酵罐在重新使用前,必须在放罐后进行彻底清洗,空罐加热灭菌至 120 ℃以上、30 min 后才能使用,也可用甲醛熏蒸或甲醛溶液浸泡 12 h 以上等方法进行处理。

6.4　微生物发酵的代谢调控与代谢工程

微生物在新陈代谢过程中,在进行分解代谢的同时也在进行着合成代谢,细胞内的各种代谢反应十分复杂,每个反应之间都是相互制约、彼此协调的,可随环境条件的变化而迅速改变代谢反应的速度,这主要是因为微生物细胞内有着一整套极为精细的代谢调节(或称代谢调控,regulation of metabo lism)系统。通常情况下,细胞内只合成所需的中间代谢产物,严格防止氨基酸、核苷酸等物质的积累。一旦有新的外源氨基酸或核苷酸等物质进入细胞内,细胞将会立即停止该物质的合成,只有该物质消耗达到一定的低浓度阈值时,细胞才会重新开启合成的大门。细胞是如何精准地做到这种代谢调控的呢? 这是因为细胞既可以通过控制酶的合成量或活性,也可以通过控制细胞膜的通透性来实现这种精细调控。

6.4.1 酶活性调节

酶活性调节是通过酶分子构象或分子结构的改变来调节其催化反应速率的，调节的是已有酶分子的活性，是在酶化学水平上发生的。酶活性的调节可分为激活与抑制两种方式。这两种调节方式可以使微生物细胞对环境变化迅速做出反应，因为底物的性质和浓度、环境因子以及其他酶的存在都有可能激活或抑制酶的活性。酶活性调节的机制主要有两种——变构调节和酶分子的修饰调节。

6.4.1.1 变构调节

在一个由多步反应组成的代谢途径中，末端产物通常会反馈抑制该途径的第一个酶，这种酶通常被称为变构酶(allosteric enzyme)。变构酶通常是某一代谢途径的第一个酶或是催化某一关键反应的酶。变构酶既有能与底物结合的活性中心(称为催化部位或活性部位)，也还有一个能与最终产物结合的部位，称为调节中心(或称为变构部位)。在某些重要的生化反应中，反应产物的积累往往会抑制该反应中酶的活性，这是由于反应产物与酶的结合改变了酶的构象，从而抑制了底物与酶活性中心的结合。

变构调节往往通过反馈抑制来完成，反馈抑制这种调节方式又分为协同反馈、累积反馈和顺序反馈等多种类型，在生物化学课程中已作了详细介绍。

6.4.1.2 修饰调节

修饰调节是指酶蛋白分子中的某些基团可以在其他酶的催化下发生可逆的共价修饰，从而导致酶活性的改变，使之处于活性和非活性的互变状态，从而导致调节酶的活化或抑制，以控制代谢的速率和方向。磷酸化、去磷酸化作用是最常见的共价修饰调节类型，此外还有乙酰化与去乙酰化，甲基化与去甲基化等可逆调节系统。

6.4.2 酶合成的调节

微生物还可以通过控制酶基因的表达来调节酶的合成量，进而调节代谢速率，这是一种在基因水平上的代谢调节，与遗传因子密切相关，是调节基因作用的结果。

凡能促进酶生物合成的现象，称为诱导，而能阻碍酶生物合成的现象，则称为反馈阻遏。与上述调节酶活性的反馈抑制相比,其优点是通过阻止酶的过量合成,有利于节约生物合成的原料和能量。其调节方式有两种。

6.4.2.1 诱导

根据酶的生成是否与环境中所存在的该酶底物或其有关物的关系,可把酶划分成组成酶(constitute enzyme)和诱导酶(induced enzyme)两类。组成酶是细胞固有的经常以较高浓度存在的酶类,例如EMP等细胞内中间代谢途径中的有关酶类。诱导酶则是细胞为适应环境中的外来底物或其结构类似物而临时合成的一类酶。例如,大肠杆菌分解乳糖的半乳糖苷酶就属于诱导酶。又如,催化淀粉分解为糊精、麦芽糖等的α-淀粉酶也是一种诱导酶,多种微生物都能产生这种酶。如果将能合成α-淀粉酶的菌种培养在不含淀粉的葡萄糖溶液中,它就直接利用葡萄糖而不产生α-淀粉酶;如果将它培养在含淀粉的培养基中,它就会产生活性很高的α-淀粉酶。

诱导酶的合成除取决于诱导物以外,还取决于细胞内所含的基因。如果细胞内没有控制某种酶合成的基因,即便有诱导物存在也不能合成这种酶。因此,诱导酶的合成取决于内因和外因两个方面。诱导酶在微生物需要时合成,不需要时就停止合成。这样,既保证了代谢的需要,又避免了不必要的浪费,增强了微生物对环境的适应能力。

6.4.2.2 反馈阻遏

反馈阻遏是指在合成过程中有生物合成途径的终点产物对该途径的一系列酶的量进行调节而引起的阻遏作用。反馈阻遏是基因转录水平上的调节,产生效应慢,但可更彻底地控制代谢和减少末端产物的合成。阻遏作用有利于生物体节省有限的养料和能量。阻遏的类型主要有末端代谢产物阻遏和分解代谢产物阻遏两种。在某些代谢途径中,因末端代谢产物的过量累积而引起酶合成的阻遏作用称为末端代谢产物阻遏。但在某些情况下,有时细胞内同时存有两种可供分解的底物A和B时,从而会出现底物A利用快,而底物B利用慢,这是因为可优先利用的底物A阻止了底物B分解酶的合成。例如,有人将大肠杆菌培养在含乳糖和葡萄糖的培养基上,发现该菌可优先利用葡萄糖,并于葡萄糖耗尽后才开始利用乳糖,这就产生了两个对数生长期中间隔开一个生长延迟期的“二次生长现象”。其原理是,葡萄糖的存在阻遏了分解乳糖酶系的合成,这一现象称葡萄糖效应。由于这类现象在其他代谢的普遍存在,后来就把类似葡萄糖效应的阻遏统称为分解代谢产物阻遏。

6.4.3 细胞膜透性调节

微生物细胞膜是位于细胞壁内侧,包围细胞质的一层薄膜。细胞膜是一个具高度选择性的屏障,把细胞质与外界环境分隔开,使细胞获得一个相对稳定的内环境。细胞从外部环境中吸收营养物质进入细胞内,或者将细胞内产生的代谢产物分泌至细胞外,都要通过细胞膜。因此,细胞可通过调节膜的通透性大小来实现对代谢过程的调节作用。当在培养基中存在速效和迟效的碳源或氮源时,微生物菌体的生长往往会出现二次生长现象。其原因,除了分解代谢物阻遏作用外,还与细胞对速效和迟效营养成分的先后准入次序有关,因为运输迟效营养成分的载体只有在速效营养成分耗尽后才会合成。

6.4.4 代谢调节在发酵生产工业中的应用

在工业生产上常会采用微生物发酵生产某种代谢产物的方法,比如,利用微生物发酵生产柠檬酸和乳酸等各种有机酸、维生素、氨基酸和抗生素等产品。在发酵工业中,调节微生物代谢过程的方法很多,包括添加前体物或诱导物、控制发酵工艺等生物化学方法,还包括菌种遗传特性的改变和细胞膜渗透性的调控等各种措施。

6.4.4.1 生物化学方面的调控措施

影响微生物代谢过程的化学因子包括 pH、溶氧水平和营养物质、浓度等,其中在发酵过程中通过向培养基中添加前体物质,可以成功地绕过反馈阻遏或反馈抑制的作用而实现产量的大幅度增加。例如,在利用异常汉逊氏酵母进行色氨酸发酵时,过量合成的目的产物会对合成途径中的 3-脱氧-2-酮-D-阿拉伯庚酮糖-6-磷酸合成酶有反馈抑制作用,而影响色氨酸的产量。如果向培养基中直接加入邻氨基苯甲酸(图 6-9),就跨过了 3-脱氧-2-酮-D-阿拉伯庚酮糖-6-磷酸合成阶段,从而就解除了前面的反馈抑制,从而可大幅度提高色氨酸的产量。

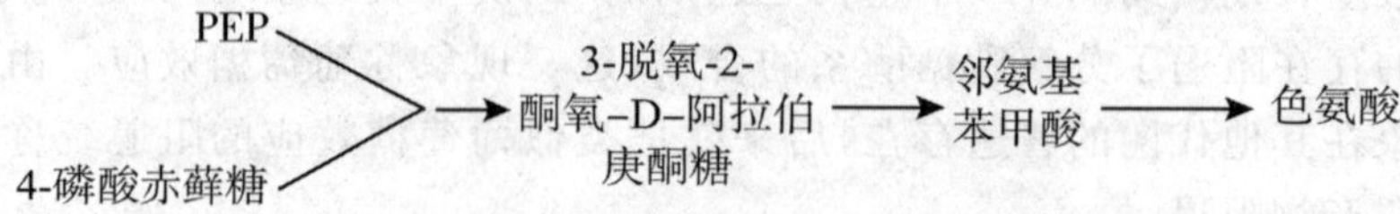

图 6-9 异常汉逊氏酵母的色氨酸生物合成途径

也可通过添加诱导物来提高诱导酶的合成量。从提高诱导酶的合成量来说，最好的办法往往不是添加酶的底物，而是底物的衍生类似物。

6.4.4.2　菌种遗传特性的改变

如前所述，在正常活细胞内，每种物质的代谢都有着严格的调控机制，其中间代谢产物或终产物都不会被大量积累。若要选育某种目的产物(可以是代谢过程中的中间产物或终产物)的高产菌种，就必须打破或解除原有正常的调控体系，并建立新的调控体系。这往往需要改变代谢途径以解除反馈抑制，或者需要选育抗反馈调节突变株来完成。突破微生物的自我调控机制，目前通常采用如下措施来达到积累目的产物的目标。

①通过选育营养缺陷型或渗漏缺陷突变株来切断支路代谢营养缺陷型菌株是指野生菌株发生基因突变后，合成途径中某种功能酶丧失了活性，代谢途径发生了阻断而不能合成终产物。因此在缺陷型菌株中终产物的反馈调节(包括反馈抑制和反馈阻遏)作用就在基因水平上得到了解除，这样中间产物或另一分支途径中的末端产物就得以积累。

渗漏缺陷突变株是指遗传性障碍不完全的缺陷型，也就是这种基因突变只使某种酶的活性下降而不是完全失去活性，因此菌株仍然能够少量地合成某一种代谢终产物。因为菌株不能过量地合成终产物，因此就不会引起反馈抑制，所以也就不会影响到所需要的目的中间代谢产物的积累。

②选育抗反馈调节突变株来解除反馈调节。抗反馈调节突变株，是指一种对反馈抑制不敏感或阻遏有抗性的组成型突变株。这种突变株可采用代谢拮抗物(也就是目的产物的结构类似物)抗性实验来筛选获得。因反馈调节作用被解除，所以能累积大量末端代谢产物。这种突变株，往往是因为调节基因发生了突变，另外，这种突变株不易发生恢复突变，获得的突变性能稳定性好，因此它在生产上被广泛应用。一般来说，在分支合成途径中不宜采用此方法直接选育高产菌株，而应先选取合适的营养缺陷型菌株，再选取具有一定结构类似物抗性的菌株，这样产量才会有可能得到大幅度的提高。

6.4.4.3　细胞膜渗透性的调控

微生物的细胞膜对于细胞内、外物质的运输具有高度选择性。细胞内合成的目标代谢产物不能顺利地运到细胞外，所以积累的物质很自然地通过反馈调节作用限制了它的进一步合成。如果能采取生理学或遗传学方式,设法改变细胞膜的通透性,就可以使细胞内的代谢产物大量地运输到细胞外,从而可提高产量。比如可通过限量提供生物素、添加脂肪酸类似物改变细胞膜的结构,进而改变膜的透性;还可以通过在发酵培养基中添加表面活性剂,或添加抗生素破坏细胞膜的完整性来增加细胞膜的通透性,以促进细胞内产物运输到细胞外。

第7章 微生物发酵工程的下游工艺技术

生物工业产品是通过微生物发酵过程、酶反应过程或动植物细胞大量培养获得的。从这些发酵液、反应液或培养液中分离、精制有关产品的过程称为生物工程下游技术。因此,生物工程下游技术是实现生物工程产业化的关键环节。当前生物工程下游技术领域中生物活性大分子物质的提取、分离及纯化技术、沉淀技术、浓缩技术、膜分离技术、生物反应器技术、各种色谱技术、各种电泳技术等各项技术发展迅速。

7.1 微生物发酵下游技术的特点和一般过程

7.1.1 微生物发酵下游技术的特点

微生物发酵液的性质和产品的性质决定了下游技术不同于其他化学产品的分离技术。微生物发酵液是复杂的多相体系,分散在其中的固体和胶体物质具有可压缩性,其密度又和液体相近,加上发酵液黏度大,是属于非牛顿性液体。微生物的产品是生物大分子或生物小分子产品,其对热、酸、碱、有机溶剂、酶以及机械剪切力等是十分敏感的。这些因素决定了微生物发酵下游技术的特殊性,其主要特点为:①耗能高:发酵液中产品的浓度往往很低,而杂质含量较高,尤其是利用基因工程方法生产的蛋白质,常伴有大量性质相近的杂蛋白。从低浓度发酵液中分离产品,需要消耗较多的能量。②多单元操作:含目标产物的发酵液组成复杂,除产物外,还存在和目标产物分子结构、构成成分和性质非常相似的异构体,这种杂类物质盼分离需经多种单元操作才能达到纯化产品的目的。③收率低:由于目的产物起始浓度低,杂质多,且对发酵产品的纯度要求高,需要多步操作,结果使产品的收率下降。④易失活:发酵产品是生物活性物质,对热、酸、碱、有机溶剂、酶以及机械剪切力等是十分敏感,易失活。⑤不稳定:微生物培养过程中,由于生物变异性大，各批发酵液中有效产物浓度，发酵液成分，以及发酵染菌程度等不尽相同，这就要求下游技术做出相应的调整。⑥费用高：像啤酒、发酵饮料等发酵混合产品，其下游加工过程所占成本一般为10%左右。小分子产品乙醇、有机酸、氨基酸、抗生素、维生素等这类产品的分离精制部分的投资占总投资的60%左右，而基因工程产品的分离纯化占整个生产费用的80%～90%。从这些数据可知下游加工过程的代价是昂贵的。

7.1.2　微生物发酵下游技术的一般过程

微生物发酵下游加工过程由多种化工单元操作组成。由于所需的微生物代谢产品不同，如有的发酵是为了获得菌体，有的是胞内产物，而有的是胞外产物。因此分离纯化的单元操作组合不一样。但大多数微生物产品的下游加工过程一般操作流程可分为四部分，即发酵液的预处理和过滤、初步提取、高度纯化（精制）和成品加工，如图7-1所示。

发酵液的预处理和过滤的目的是使发酵液的固-液分离，对于黏度较大的发酵液，如直接采用过滤技术，过滤过程耗时长，且过滤收率低。因此，常采用凝聚和絮凝等预处理方法改善发酵液的物理性质，提高过滤效果。为了减少过滤介质的阻力，常采用错流过滤技术。如果所需产物是胞内产物，则需先进行细胞破碎，再通过过滤技术分离细胞碎片，使细胞固相和液相分离。

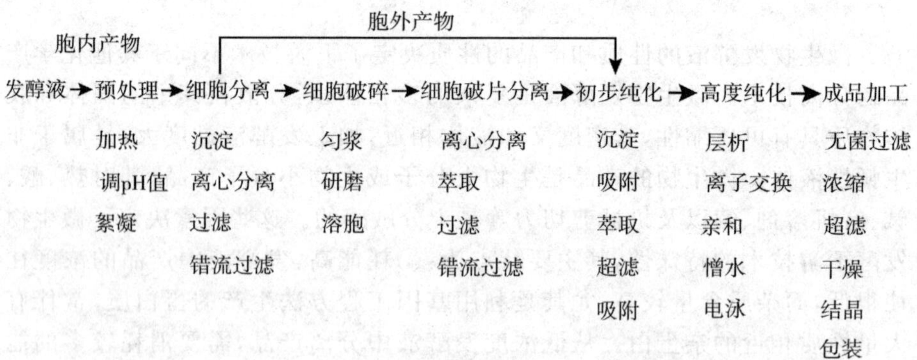

图7-1　发酵产品下游后加工过程的工艺流程和操作步骤

初步提取是将和目标产物性质差异大的杂质除去，去除的方法有沉淀、蒸馏、萃取和超滤等技术。根据产品的类型，可以单独使用这些方法，也可以多种技术联合使用。通过初步提取可以使产物浓缩，并提高了产品的纯度。

高度纯化是对初步提取的产物进行精制,此操作是除去和发酵产物性质相近的杂质。采用的方法有层析法、电泳法、离子交换方法等。这些方法对目标产物有高度选择性,通过这些技术处理后,得到的产物的纯度较高。对于一些产品,如工业用酶产品,则不需经过高度纯化步骤。

成品加工是获得质量合格产品的最终步骤,加工方法有浓缩、结晶、干燥等方法。

7.2 发酵液的预处理及固液分离

发酵液的预处理包括:改善发酵液的可过滤性、去除无机离子和杂蛋白质、固液分离、细胞破碎等。

7.2.1 改善发酵液的可过滤性

对发酵液进行适当的处理就可以改善其流动性能,从而降低了滤饼的阻力,使过滤与分离的速率提高。

改变发酵液过滤的方法主要有调酸(等电点)、热处理、电解质处理、添加凝聚剂、添加表面活性物质、添加反应剂、冷冻-解冻及添加助滤剂等。

7.2.1.1 降低发酵液黏度

(1)加水稀释

加入适量的水进行稀释,虽然降低了发酵液的黏度,但也会增加悬浮液的体积,使得后续操作的负担增加。由过滤操作的效率来看,稀释后提高过滤效率的百分比必须大于加水比才有效果,即若加水1倍,则稀释后液体的黏度必须下降50%以上才能有效提高过滤速率。

(2)升高温度

对发酵液进行适当的升温可以降低其黏度,使过滤速度提高。同时,适当的温度还可以使蛋白质凝聚,从而形成较大颗粒的凝聚物,更进一步提高了发酵液的可过滤性。

需要注意的是,加热时要严格控制加热温度与时间。首先,加热温度不宜过高,否则会造成目标产物的活性;其次,过高的温度和长时间的加热会使细胞溶解,胞内物质外溢,导致发酵液的复杂性增加,影响其后的产物与纯化。

7.2.1.2 调整 pH

pH 能够直接影响发酵液中某些物质的电离度与电荷性质，适度的调节 pH 可以改善发酵液的过滤特性。首先，调节 pH 可以使蛋白质等两性物质达到等电点从而除去。其次，在过滤的过程中，发酵液中的大分子物质容易与膜发生吸附，改善 pH 能够改变易吸附分子的电荷特性，从而减少膜的堵塞与污染。

7.2.1.3 凝聚与絮凝

凝聚和絮凝技术能够改善细胞、细胞碎片等的分散状态，使小颗粒较快的聚结成较大的颗粒，从而提高了过滤的效率。此外，此法还能够去除一些杂质，提高了滤液质量。

7.2.1.4 加入助滤剂

助滤剂的主要作用是疏松滤饼、吸附胶体、扩大过滤面积，增大了过滤速度。助滤剂的种类很多，常见的有硅藻土、纤维素、石棉粉与珍珠岩等。助滤剂的用法有两种：其一是在过滤介质表面预涂助滤剂，其二是直接加入发酵液，也可以两者兼用。

7.2.1.5 加入反应剂

一些反应剂能够与一些可溶性盐发生反应并生成不溶性沉淀，沉淀能够防止菌丝体黏结在一起，使菌丝具有块状结构，沉淀本身具有助滤的作用，从而使得胶状物与悬浮物凝固，消除了发酵液中的某些杂质，使过滤流畅。例如，新生霉素发酵液、环丝氨酸发酵液等可以用氧化钙和磷酸处理，生成磷酸钙沉淀。

7.2.2 去除无机离子和杂蛋白质

7.2.2.1 高价无机离子的去除

高价无机离子的存在使离子交换树脂的交换容量降低，因此在过滤之前，必须清除发酵液中的高价无机离子。

(1)钙离子的去除

若要去除发酵液中的钙离子，一般是加入草酸，然而草酸的溶解度较小，不适宜用在用量较大的场合，因此选用可溶性盐来代替草酸。又由于草酸价格昂贵，一般需要回收使用。

(2)镁离子的去除

已知三聚磷酸钠能与镁离子形成配合物，所以可以使用三聚磷酸钠去除发酵液中的镁离子。使用磷酸盐处理，也能够降低钙镁离子浓度。

(3)铁离子的去除

发酵液中有铁离子存在，可加入黄血盐或硫化钠，铁离子能够与普鲁士蓝生成普鲁士蓝沉淀，而硫化钠则与铁离子生成硫化亚铁沉淀，从而将铁离子去除。

7.2.2.2　杂蛋白质的去除

在有可溶性蛋白质存在的情况下，离子交换树脂的交换容量会有所降低，采用吸附法提取时的吸附能力也会受到影响；在采用有机溶剂法或双水相萃取法时很容易产生乳化现象，使液固两相分离不清；在常规过滤或膜过滤时，它还能使过滤介质堵塞或受污染，影响过滤速率。因此必须除去发酵液中的杂蛋白质。

(1)沉淀法

蛋白质在酸性溶液中能与一些盐类(阴离子)形成沉淀，这类物质有三氯乙酸盐、水杨酸盐、钨酸盐、苦味酸盐、鞣酸盐、过氯酸盐等；在碱性溶液中，能与一些阳离子如 Ag^{+}、Cu^{2+}、Zn^{2+}、Fe^{3+} 和 Pb^{2+} 等形成沉淀。因此，根据发酵液酸碱性质，向发酵液中投入以上各类物质，就可以去除杂质蛋白。

(2)吸附法

一些吸附剂或者沉淀剂能能够吸附杂质蛋白而将其从发酵液中去除。例如，在枯草芽孢杆菌发酵液中，加入氧化钙和磷酸氢二钠，就会生成庞大的凝胶，并将蛋白质、菌体及其他不溶性粒子吸附、包裹起来，从而加快了过滤的速度。

(3)变性法

通过加热、大幅度的调节 pH、添加酒精等有机溶剂或者表面活性剂，都可以促使杂蛋白质发生变性而在发酵液中凝固下来。如在抗生素生产中，经常调节发酵液的 pH 至偏酸性(pH 2～3)或较碱性(pH 8～9)范围使蛋白质凝固，通常情况下酸性条件下去除的蛋白质较多。

然而变性法也有一定的局限性。加热法也仅仅适于对热较稳定的目的产物；极端的调节 pH 也会导致一些目标产物失活，并且还会消耗大量的酸或碱；有机溶剂法也只适用于所处理的液体数量较少的场合。

7.2.3 固液分离

发酵液采取固液分离的方法主要有离心分离法与过滤法。对于不同性状的发酵液应采用不同的分离方法。霉菌和放线菌发酵液一般采用过滤法分离,而细菌与酵母菌发酵液多采用高速离心法。例如菌体较小的氨基酸发酵液,采用絮凝和添加助滤剂等方法进行预处理后,即可用板框过滤机或带式过滤机进行菌体分离。

7.2.3.1 离心分离

离心分离是利用转鼓高速转动所产生的离心力来实现悬浮液和乳浊液分离或浓缩的分离过程。离心分离设备有碟片式离心机、管式离心机和倾析式离心机。

(1)碟片式离心机

碟片式离心机的优点是分离速度快、效率高、澄清度好。缺点是设备投资高、耗能较大,此外在连续排料时,固相干度不如过滤设备。按卸料方式的不同,可将碟片式离心机分为三种,分别是人工卸料离心机、自动间歇排料离心机和喷嘴连续排料离心机。其中人工卸料、自动间歇排料的离心机适于在悬浮液固性颗粒含量较少的条件下工作。间歇式操作,固相干度较好;而连续操作固相含水量较大,并具有流动性。

碟片式离心机适用于细菌、酵母菌、放线菌等多种微生物细胞悬浮液的分离。它的最大允许处理量为300 m^3/h,主要用于大规模的分离过程。

(2)管式离心机

管式离心机也是一种沉降式离心机,其优点是结构简单、容易操作、分离效果好,常用于液液分离和固液分离。在采用液液分离时采用连续操作,而固液分离则采用间歇操作,在进行一段操作后,需将沉积在转鼓壁上的固体拆除。

管式离心机由于转鼓直径较小,因此容量有限,生产能力相对较小。转速相对较低的管式离心机最大处理量为10 m^3/h。

管式离心机除了用于微生物的细胞分离外,还可用于细胞碎片、细胞器、病毒等大分子物质的分离。它主要适用于普通离心机难以分离的且固形物含量低于1%的发酵液的分离。对于固形物含量较高的发酵液,由于无法进行连续分离,需频繁拆机卸料,影响生产能力,且容易损坏机件。

(3)倾析式离心机

倾析式离心机主要依靠离心力和螺旋的推进进行连续的排渣,因此也称之为螺旋卸料沉降离心机。倾析式离心机的转动部分由转鼓及装在转鼓中的螺旋输送器组成，两者以稍有差别的转速同向旋转。在离心力作用下，固体颗粒发生沉降分离，沉积在转鼓内壁上。堆积在转鼓内壁上的固相靠螺旋推向转鼓的锥形部分，从排渣口排出。

倾析式离心机的优点是操作连续、适应性强、应用范围广、结构简便、维修方便，适用于含固形物较多的悬浮液的分离。缺点是它的分离效果较差，不适合微小微生物的分离。此外，液相的澄清度也相对较差。

常用离心机的性能如表 7-1 所示。

表 7-1　常用离心机的性能

项目	管式离心机	碟片式离心机		倾析式离心机
		间歇排渣	连续排渣	
固体含量/%	0.01～0.2	0.1～5	1～10	5～50
微粒直径/10^{-6}m	0.01～1	0.5～15	0.5～15	>2
排渣方式	间歇或连续	间歇	连续	连续
滤渣状况	团块装(间歇)	糊膏状	糊膏状	较干
分离因素	$(10^4\sim6\times10^5)g$	$(10^3\sim2\times10^4)g$	$(10^3\sim2\times10^4)g$	$(10^3\sim10^4)g$
最大处理量/(m^3/h)	10	200	300	200

7.2.3.2　过滤

所谓过滤是指将悬浮液中的大量菌体、细胞以及细胞碎片等固体成分与液体进行分离的过程。根据过滤方式的不同可将过滤操作分为澄清过滤与滤饼过滤。

(1)澄清过滤

将过滤介质填充于过滤器内形成过滤层，当悬浮液通过过滤层时，大颗粒被阻拦或吸附在滤层的颗粒上，使滤液得以澄清，这种方法叫作澄清过滤。常用的过滤介质有硅藻土、砂、颗粒活性炭、玻璃珠、塑料颗粒等，也有用烧结陶瓷、烧结金属、黏合塑料及用金属丝绕成的管子等组成的成型颗粒滤层。此法适合于固体含量低于 0.1 g/100 mL、颗粒直径在 5～100 μm 的悬浮液的过滤分离，如河水、麦芽汁、酒类和饮料等的澄清。

(2)滤饼过滤

滤饼过滤又称为滤渣过滤，过滤的介质为滤布。当悬浮液通过滤布时，固体颗粒被阻挡下来形成滤饼。当滤饼的厚度达到一定程度就可以起到过滤作用，这时就可以获得澄清的滤液。此方法适用于固体含量高于 0.1 g/100 mL 的悬浮液的过滤分离。

按推动力的不同，滤饼过滤又可以分为四种，分别是重力过滤、加压过滤、真空过滤和离心过滤。

7.2.4 细胞破碎

某些蛋白质在细胞培养时被宿主细胞分泌到培养液中，提取过程只需直接采用过滤和离心进行固液分离，然后将获得的澄清滤液再进一步纯化即可，其后续分离和纯化都相对简单。由于一些重组 DNA(rDNA)产品结构复杂，必须在细胞内组装来获得生物活性，如果在培养时被宿主细胞分泌到培养液中，其生物活性往往有所改变，此类生物产品是细胞内产品(非分泌型)，这些产品主要为医药和保健产品，对于这类产品的提取，需要先应用细胞破碎技术破碎细胞，使细胞内产物释放到液相中，然后再进行提纯，为后续的分离纯化做好准备工作。

所谓细胞破碎技术是指利用外力来破坏细胞壁和细胞膜，使细胞内容物包括目的产物成分释放出来的技术，是分离纯化细胞内合成的非分泌型生化物质(产品)的基础。随着重组 DNA 技术和组织培养技术上的重大进展，以前认为很难获得的蛋白质现在都可以大规模生产。

微生物细胞和植物细胞外层均为细胞壁，细胞壁里面是细胞膜，细胞膜和它所包围的细胞浆合称为原生质体。动物细胞没有细胞壁，仅有细胞膜。一般而言，细胞壁比较坚韧，细胞膜比较脆弱，受到冲击压容易破碎，所以细胞破碎的阻力主要来自于细胞壁。

由于遗传基因与环境的不同，生化物质的细胞壁组成结构也不完全相同，因此细胞壁的机械强度不同，其破碎程度也就不同。此外，不同的生化物质其稳定性有较大差别，在破碎过程中应防止变性和被胞内的酶水解。因此，破碎方法的选择和操作条件的优化是十分必要的。

细胞破碎的方法一般有三种，分别是机械破碎法、非机械破碎法及目标产物的选择性释放，鉴于篇幅，这里将不再叙述。

7.3 发酵产物的提取与精制

发酵液预处理和固-液分离后得到混有目的产物的混合物，经过提取和精制后方可得到目的产物。提取是除去与目标产物理化性能有很大差异的物质，提高产物的浓度和纯度。常用的方法有沉淀法、蒸馏法、萃取法和膜分离等。产品精制是除去与产物物理化学性质相近的杂质。典型的分离方法有色层分离、离子交换、电泳等方法。下边介绍常用的沉淀法、蒸馏法、离子交换技术、萃取技术、膜分离法。

7.3.1 沉淀法

沉淀法是将溶液中的溶质由液相转变为固相而析出的过程称为沉淀。发酵液中目标产品的提取和纯化通常利用沉淀法。通过沉淀法可以有选择地沉淀不需要的成分，也可以有选择地沉淀所需要的成分。通过沉淀过程使物质沉淀，并且固相和液相明显分开，根据需要去除沉淀留液相，或去除液相而留沉淀。沉淀法具有设备简单、成本低、原材料易得等优点，广泛用于蛋白质、多糖等生物大分子物质及氨基酸、抗生素、柠檬酸和酶制剂等产品的提取。其缺点是过滤困难，产品质量较低，需要进一步的纯化。

沉淀法有盐析法、有机溶剂沉淀法、等电点沉淀法、非离子多聚体沉淀法、生成盐复合物沉淀法、热变性及酸碱变性沉淀法等。常用的沉淀法是盐析法和有机溶剂沉淀法。

7.3.1.1 盐析法

盐析法利用被分离物质成分与其他物质成分之间对盐敏感程度不同而达到沉淀分离目的。此法一般应用于蛋白质和酶蛋白的分离提取。

(1)盐析法原理

蛋白质溶液和酶溶液在一定条件下是稳定的胶体溶液，其稳定性由两个因素决定，一是由于在同一溶液中，蛋白质分子表面带有电荷而产生相互排斥的现象，另一是由于蛋白质分子外表一层水化层是分子体积增大，减少了互相碰撞的机会。在蛋白质溶液中添加低浓度的中性盐后，盐类离子与水分子会对蛋白质分子的极性产生影响，促使蛋白质在水中较多的溶解。若盐类的浓度继续升高到某一程度，盐类离子就可以中和蛋白质分子表面的大量电荷，从而破坏了蛋白质表面的水化膜，由于水的活性降低而使蛋白质分子相互聚集、沉淀。

(2)盐析过程中应注意的问题

①蛋白质浓度：相同条件下的盐析，蛋白质浓度高容易发生沉淀，使用盐的饱和度极限也降低，对沉淀有利。如果蛋白质浓度过高，不同分子之间的相互作用力增强，易发生蛋白质共沉作用，得不到分离纯化的目的。一般控制样品液中蛋白质浓度在0.2%～2%为宜。

②盐的饱和度:不同的蛋白质盐析时要求的盐的饱和度不同,在分离混合蛋白质溶液时,中性盐的饱和度从稀到浓逐渐增加,每当出现一种蛋白质后,一般放置半小时到一小时,待完全沉淀后再进行离心或过滤。然后再继续加入饱和液,增加盐的饱和度,使第二种蛋白质沉淀,再进行分离,以此类推。

③溶液的 pH:当蛋白质溶液的 pH 等于蛋白质的等电点时,蛋白质溶解度最小,盐析时 pH 常选择在被分离蛋白质等电点附近。

④盐析温度:由于盐溶液对蛋白质有一定保护作用,所以盐析操作可以在室温下进行,而对于热敏感的酶则应在低温条件下操作。

⑤盐析后的脱盐:通过盐析得到的蛋白质沉淀中含有盐,需要进行脱盐处理,才能得到纯品。常用的脱盐方法有透析法、电透析和凝胶层析等方法。这些方法的原理和操作方法参阅生物下游工程。

7.3.1.2 有机溶剂沉淀法

有机溶剂可以使溶于水的小分子生化物质和大分子生化物质的溶解度降低,采用有机溶剂使沉淀析出的分离纯化方法称为有机溶剂沉淀法。

(1)有机溶剂沉淀法的原理

有机溶剂的介电常数小,在溶液中加入有机溶剂后,溶液的介电常数降低,导致溶剂的极性减小,溶质分子间的静电吸引力会增加,聚集形成沉淀。此外有机溶剂与水作用后能够破坏蛋白质的水化膜,使蛋白质在一定的有机溶剂中沉淀析出。

有机溶剂沉淀法比盐析法的分辨率高,其沉淀不用脱盐处理,过滤也比较容易。但有机溶剂沉淀法易使某些生物大分子变性失活,因此要求有机溶剂沉淀法在低温下进行。

(2)有机溶剂沉淀法的影响因素和注意事项

①温度:有机溶剂沉淀法易使某些生物大分子变性失活。因此有机溶剂沉淀过程中对温度要特别注意,操作时加入冷却至低温的有机溶剂,边加边搅拌,以免局部浓度过高。沉淀过程也必须在冰浴中进行,这样对提高沉淀效果也有利。

②样品浓度:如果预沉淀蛋白质,蛋白质样品浓度越低,使用的有机溶剂量大,共沉作用小,利于提高分离效果。但是具有生理活性的样品,易产生稀释变性。高浓度样品可以节省有机溶剂用量,减少变性危险,但共沉作用大,分离效果差。适宜样品浓度为 5~20 mg/mL。

③pH:当蛋白质溶液的 pH 等于蛋白质的等电点时,蛋白质溶解度最小,有机溶剂沉淀时 pH 常选择在被分离蛋白质等电点附近。

④离子强度：有机溶剂沉淀时添加 0.05 mol/L 中性盐，可提高分离效果。因为低浓度的中性盐能增加蛋白质的溶解度，减少变性。若中性盐浓度过高导致沉淀不好。

有机溶剂沉淀的蛋白质如果不能立即溶解进行第二步分离，则应立即用水或缓冲溶液溶解，降低有机溶剂浓度，以免影响样品的生物活性。

7.3.2　蒸馏法

蒸馏法是依据混合物中各组分的液体具有不同的挥发度，而将液-固、液-液混合物分离成较纯或接近于纯态组分的技术。操作时，将混合液加热沸腾，其中部分液体汽化，把所汽化的蒸汽冷凝，易挥发组分在冷凝液中的含量较原液增加。对冷凝液再加热沸腾，再冷凝，如此重复操作，最后可将混合物中的组分以几乎纯态的形式分离出来。蒸馏技术主要用于白酒、酒精、甘油、丙酮、丁醇等发酵产品的提取和精制。

7.3.3　离子交换技术

离子交换技术是利用离子交换剂中各种离子结合力（静电引力）的差异而使各组分分离的方法。在微生物工业中，离子交换技术广泛用于抗生素、氨基酸、多肽、有机酸等提取与精制。离子交换技术具有设备简单、工艺操作方便、提取效率较高、成本低等优点，但是离子交换技术的操作时间长，生产过程中废液较多，加重了废液处理的成本。

7.3.3.1　离子交换技术的基本原理和分类

离子交换技术的核心是离子交换树脂，离子交换树脂是一类高分子聚合物，它既不溶于酸，也不溶于碱和有机溶剂。其分子主要由两部分组成，一部分是稳定的、不能移动的多价高分子集团，这部分是树脂的骨架，起着支持树脂网络骨架的作用。另一部分是可移动的离子，称之为活离子，能够与外界发生交换作用。这两部分连接成一体，无法自由移动，但是活性粒子能够在网络骨架间自由迁移。当树脂浸在水溶液中时，骨架上的活性粒子发生离解后脱离骨架，活性粒子以一定的速度扩散到溶液中，与此同时，溶液中的同性离子也会从溶液中扩散到骨架的孔内。当这两种离子的浓度之差较大时，就会产生交换的推动力，浓度差越大，交换速度就越快，处于动态交换过程。

离子交换树脂中可以交换的基团决定了该树脂的主要性能。树脂根据活性离子可分为阳离子交换树脂与阴离子交换树脂。阳离子交换树脂的活性离子是阳离子，顾名思义它能够与溶液中的其他阳离子进行交换。含有阴离子活性离子的树脂称为阴离子交换树脂。阳离子交换树脂的功能基团是酸性，而阴离子交换树脂的功能基团为碱性。功能基团的电离程度决定了树脂酸碱性的强弱，根据功能团酸碱性的强弱把离子交换树脂分为强酸性阳离子交换树脂、弱酸性阳离子交换树脂、强碱性阴离子交换树脂和弱碱性阴离子交换树脂。

(1)强酸性阳离子交换树脂

强酸性阳离子交换树脂含有强酸性功能团，如$-SO_3H$、$-PO(OH)_2$、$-PHO(OH)$等酸性和中等强度的酸性基团，由于这些基团的离解能力很强，其解离程度不随外界溶液中 pH 的大小变化，因此使用时 pH 没有限制。

(2)弱酸性阳离子交换树脂

含有弱酸性基团的阳离子交换树脂叫弱酸性阳离子交换树脂。此树脂的基团为$-COOH$、$-OH$ 等，其离解能力和交换能力和溶液的 pH 有很大的关系。

在溶液 pH 较低时，几乎不会发生离子交换作用，只有在碱性、中性或微酸性溶液中才能进行离解和离子交换。对于$-COOH$ 应在 $pH>6$ 的溶液中进行，$-OH$ 应在 $pH>9$ 的溶液中操作。

(3)强碱性阴离子交换树脂

强碱性阴离子交换树脂含有季胺基($-NR_3OH$)等强碱性基团，能在水中离解出 OH^- 而呈碱性。由于其离解性能强，使用时不受溶液 pH 限制。

(4)弱碱性阴离子交换树脂

弱碱性阴离子交换树脂含有$-NH_2$、$-NHR$、$-NR_2$ 等弱碱性基团，能在水中离解出 OH 而呈弱碱性。弱碱性阴离子交换树脂离解能力较弱，只能在较低 pH 下进行离子交换操作。

7.3.3.2 离子交换树脂的选择和操作时的注意事项

(1)离子交换树脂

根据发酵中预分离产物的性质选择离子交换树脂。若产物是强酸性物质应选用弱碱性阴离子交换树脂，强碱性离子交换树脂也能够吸附强酸性物质，但从树脂上洗脱下酸性产物较困难。弱酸性产物则应选择强碱性阴离子交换树脂，用弱碱性阴离子交换树脂不易吸附。反之，强碱性产物选择弱酸性阳离子交换树脂，弱碱性物质则应采用强酸性阳离子交换树脂。

树脂的交联程度影响其对产物的吸附，大分子的产物选择交联度低一些的树脂;小分子产物则选择高交联度的树脂。如果交联度太小,会影响树脂的选择性,并且交联度小的树脂,其机械强度也较低,容易破碎,造成树脂的破碎流失。树脂交联度选择的原则是在不影响交换容量的前提下,尽可能选择高交联度的树脂。

(2)操作时的注意事项

离子交换树脂使用时注意环境溶液的 pH。pH 既影响被交换吸附产物的稳定性,也影响被吸附产物的离子化,并且 pH 也影响树脂的离子化。合适的pH 应从以下三方面考虑。

①使用树脂前,树脂处理成一定的型式,对于弱酸性和弱碱性树脂,为了使其能够离子化,采用钠型或氯型;强酸性和强碱性树脂可以采用任何型,但是,如果产物在酸性或碱性条件下容易破坏,不易采用氢型或羟型。

②发酵液中产物的浓度对交换有影响,例如,当产物分子是低价离子时,增加浓度有利于交换上柱;产物为高价离子则应在较低浓度下易吸附。同时,也考虑产物溶液中的其他竞争性离子的影响。

③吸附于树脂上的产物经洗脱过程后能得到纯产物,洗脱条件与吸附上柱条件相反。若交换环境为碱性,采用酸性条件洗脱。为了使洗脱过程中 pH 不至于变化太大,采用缓冲溶液洗脱。若产物在碱性条件下容易破坏,可以采用氨水等较缓和的碱性洗脱剂。洗脱时应增加竞争性离子的浓度。

离子交换树脂使用一段时间后,需要再生处理后再使用,再生的目的使官能团回复原来状态。强酸性阳离子交换树用强酸(HCl)进行再生,弱酸性阳离子交换树脂可以用酸进行再生。强碱性阴离子交换树脂用强碱再生,弱碱性阴离子交换树脂用 Na_2CO_3、NH_4OH 等再生。

7.3.4　萃取技术

萃取是利用溶质在互不相溶的两相之间分配系数的不同而使不同物质分离的方法。此方法常用于溶质的纯化或浓缩,是一种常用的化工单元操作。它不仅广泛应用于石油化工、湿法冶金、精细化工等领域,而且在微生物工业中物质的分离和纯化中也是一种重要的手段。这是因为它具有如下的优点:①具有较高的选择性;②通过转移到具有不同物理或化学特性的第二相中,来减少由于降解(水解)引起的产品损失;③适用于各种不同的规模;④传质速度快,生产周期短,便于连续操作,容易实现计算机控制。

萃取技术广泛地用于有机酸、维生素、抗生素、激素等的分离提取。近年来，萃取技术与其他技术相互结合形成了一系列的分离技术，如超临界流体萃取、双水相萃取等。

7.3.4.1 萃取技术的原理

萃取法的基础是分配定律，分配定律也就是溶质的分配平衡规律：在温度、压力一定的条件下，溶质在互不相溶的两相中达到分配平衡，如果其在两相中的相对分子质量相等，则其在两相中的平衡浓度之比为常数，即 $A=c_2/c_1$ 为常数，A 称为分配常数。由于不同溶剂的分配常数不同，而达到将其分离的目的。

7.3.4.2 萃取技术的分类

①根据被萃取的原料状态的不同可将萃取分为液-液萃取和液-固萃取。一般以液体作为萃取剂时，如果含有目标产物的原料也是液体，这种方法称之为液-液萃取，如果含有目标产物的原料为固体，则称为液-固萃取或浸取(Leaching)。以超临界流体为萃取剂时，含有目标产物的原料既可以是液体，也可以是固体，这种操作称之为超流界流体萃取。此外，在液-液萃取中，根据萃取剂种类和形式的不同又分为有机溶剂萃取、双水相萃取、液膜萃取和反胶束萃取等。

②根据被提取物与萃取剂的作用方式可将萃取分为物理萃取和化学萃取。所谓物理萃取是指溶质根据相似相溶的原理在两相间达到分配平衡，萃取剂与溶质之间不发生化学反应。化学萃取则利用脂溶性萃取剂与溶质之间的化学反应生成脂溶性复合分子实现溶质向有机相的分配。萃取剂与溶质之间的化学反应包括离子交换和络合反应等。化学萃取中通常用煤油、己烷、四氯化碳和苯等有机溶剂溶解萃取剂，改善萃取相的物理性质，此时的有机溶剂称为稀释剂(diluent)。

③根据料液与萃取剂的接触方式的不同，萃取操作流程可分为单级或多级，后者可分为多级错流和多级逆流及混合。

单级萃取：使用一个混合器(萃取器)和一个分离器的萃取称为单级萃取，料液与萃取剂一起加入萃取器内搅拌，使两者混合均匀，产物由一相转入另一相，流入分离器分离得到萃取相和萃余相，萃取相中的萃取剂和产物在回收器分离。

多级错流萃取：单级接触萃取效率较低，为达到一定的萃取收率，间歇操作时需要的萃取剂量较大，或者连续操作时所需萃取剂的流量较大。将多个混合—分离器单元串联起来，各个混合器中分别通人新鲜萃取剂，而料液从第一级通入，逐次进入下一级混合器的萃取操作称为多级错流接触萃取。

多级逆流萃取:将多个混合—分离器单元串联起来,分别在左右两端的混合器中连续通入料液和萃取液,使料液和萃取液逆流接触,即构成多级逆流接触萃取。

④超临界萃取:超临界萃取是以超临界流体为萃取剂的萃取技术。超临界流体是其温度和压力超过或接近临界温度和临界压力的流体。超临界流体具有气体和液体的双重特性,其黏度与气体相似,而密度和液体相近,扩散系数比液体大得多。因此,对物料具有较好的渗透性和较强的溶解能力,能够将物料中某些成分提取出来。超临界流体具有较低的化学活性和毒性,因此该技术适用于分离价值高、难于用常规方法分离的生物活性物质。目前,此项技术广泛应用于食品添加剂、医药和香料等天然产物的萃取。

7.3.5 膜分离法

20世纪50年代初兴起了现代高分子膜分离研究技术,经过50多年的发展,现在已经成为一项重要的分离和浓缩技术。科学界一致认为膜分离技术是21世纪最具发展前途的重大生产技术,一时间成为了世界各国研究的热点。目前膜分离法已经成功地应用于发酵技术食品、医学、化工等工业生产及水处理等领域,取得了较大的经济效益和社会效益。

7.3.5.1 膜的定义、功能及特点

(1)膜的定义

通过在流体相中置于一薄层凝聚相物质,而将流体相分隔成为两部分,这一薄层物质称为膜。膜的厚度在0.5 mm以下,否则就不称为膜。膜本身是由均匀的一相或者两相以上的凝聚物质所构成的复合体。膜具有两个界面,通过它们分别与两侧的流体相(液体或气体)物质接触,把流体相物质分隔开来。膜可以是半透性的,也可以是全透性的,但不可以是不透性的。膜应该具有高度的渗透选择性,作为一种高效的分离技术,膜传递某物质的速度必须比传递其他物质快。膜可以独立地存在于流体相间,也可以附着于支撑体或载体的微孔隙上。

(2)膜的功能

膜具有三种功能:①对物质的识别与透过:物质的识别与透过是使混合物中各组分之间实现分离的内在因素;②具有将流体相分隔开的界面:膜将透过液和保留液(料液)分为互不混合的两相;③反应场:膜表面从孔内表面

含有与特定溶质具有相互作用能力的官能团，通过物理作用、化学反应或生化反应提高膜分离的选择性和分离速度。膜分离法主要是利用物质之间透过性的差别，而膜材料上固定特殊活性基团，使溶质与膜材料发生某种相互作用来提高膜分离性能的功能。

(3)膜分离特点

①膜分离技术不涉及物相的转变，对能量的要求不高，因此和蒸馏、结晶、蒸发等有着很大的区别；②膜分离的条件比较温和，这对于热敏性物质复杂的分离过程十分重要。此外它还有操作简便、结构紧凑、易维修、耗能少等优点，因而是现代分离技术中一种效率较高的分离手段。

7.3.5.2 膜分离法及其分离原理

微生物发酵技术产物分离领域应用的膜分离法有微滤、超滤、反渗透、透析、电渗析和渗透气化等。不同的膜分离法其动力和原理也不同。

在生物技术中应用的膜分离过程，根据推动力本质的不同，可具体分为四类：①以静压力差为推动力的过程；②以蒸汽分压差为推动力的过程；③以浓度差为推动力的过程；④以电位差为推动力的过程。

(1)以静压力差为推动力的过程

以静压力差为推动力的膜分离有三种：微滤(MF)、超滤(UF)和反渗透(RO)，它们在粒子或被分离分子的类型上具有差别。

超滤(UF)和微滤(MF)都是利用膜的筛分性质，以压差为传质推动力。UF 膜和 MF 膜具有明显的孔道结构，主要用于截留高分子溶质或固体微粒。UF 膜的孔径较 MF 膜小，主要用于处理不含固形成分的料液，其中相对分子质量较小的溶质和水分透过膜，而相对分子质量较大的溶质被截留。因此，超滤是根据高分子溶质之间或高分子与小分子溶质之间相对分子质量的差别进行分离的方法。超滤过程中，膜两侧渗透压差较小，所以操作压力较低，一般为 0.1～1.0 MPa。微滤一般用于悬浮液的过滤，在生物分离中，广泛用于菌体的分离和浓缩。微滤过程中膜两侧的渗透压差可忽略不计，由于膜孔径较大，操作压力比超滤更小，一般为 0.05～0.5 MPa。UF 法适用于分离或浓缩直径 1～50 nm 的生物大分子(蛋白质、病毒等)；MF 法适用于细胞、细菌和微粒子的分离，目标物质的大小范围为 0.1～10 μm。

反渗透(RO)是利用膜的溶解—扩散性质。如一个容器中间用一张可透过溶剂(水)，但不能透过溶质的膜隔开，两侧分别加入纯水和含溶质的水溶液。若膜两侧压力相等，在浓差的作用下作为溶剂的水分子从溶质浓度低(水浓度高)的一侧(A 侧，纯水)向浓度高的一侧(B 侧，水溶液)透过，这种现象称为渗透。如果欲使 B 侧溶液中的溶剂(水)透过到 A 侧，在 B 侧所施加的压力必须大于此渗透压，这种操作称为反渗透。RO膜无明显的孔道结构，RO法适用于1 nm以下小分子的浓缩。

(2)以蒸汽分压差为推动力的过程

①膜蒸馏(MD)分离原理是根据溶质和膜的亲和力而达到分离目的。在不同温度下分离两种水溶液的膜分离过程，已经用于高纯水的生产，溶液脱水浓缩和挥发性有机溶剂的分离，如丙酮和乙醇等。膜蒸馏也称为渗透气化法，渗透气化膜主要为多孔聚乙烯膜、聚丙烯膜和含氟多孔膜等。近几年来，由于膜材料的进步，20世纪80年代以后渗透气化技术实现了产业化，在乙醇、丁醇等挥发性发酵产物的发酵—分离耦合过程中的应用、开发、研究非常活跃。

②渗透蒸发：是以蒸汽压差为推动力的过程，但是在过程中使用的是致密(无孔)的聚合物膜。液体扩散能否透过膜取决于它们在膜材料中的扩散能力。

(3)以浓度差为推动力的过程

透析是一种重要的、以浓度差为推动力的膜分离过程。分离原理是根据筛分而达到分离目的。透析膜一般为孔径5～10 nm的亲水膜，例如纤维素膜、聚丙烯氰膜和聚酰胺膜等。在生物分离方面，主要用于生物大分子溶液的脱盐。由于透析过程以浓差为传质推动力，膜的透过通量很小，不适于大规模生物分离过程，而在实验室中应用较多。生化实验室中经常使用的透析袋直径为5～80 mm，将料液装入透析袋中，封口后浸入到透析液中，从样品中除去无用的低相对分子质量溶质和置换存在于渗透液中的缓冲液，必要时需更换透析液。透析法在临床上常用于肾衰竭患者的血液透析。

(4)以电位差为推动力的过程

以电位差为推动力的过程为电渗析，也称为离子交换膜电渗析(EDTM)，即利用分子的荷电性质和分子大小的差别进行分离的膜分离法，可用于小分子电解质(例如氨基酸、有机酸)的分离和溶液的脱盐。电渗析是一个膜分离过程，依据离子的迁移过程而达到分离的目的。电渗析操作所用的膜材料为离子交换膜，即在膜表面和孔内共价键合有离子交换基团，如磺酸基(SO^{3-})等酸性阳离子交换基和季铵基(N＋R3)等碱性阴离子交换基，形成选择性渗透膜。键合阴离子交换基的膜称作阴离子交换膜，键合阳离子交换基的膜称作阳离子交换膜。阴离子交换膜只能透过阴离子，阳离子交换膜则只能透过阳离子。在电场的作用下，前者选择性透过阴离子，后者选择性透过阳离子。电渗析在工业上多用于海水和苦水的淡化以及废水处理。作为生物分离技术，电渗析可用于氨基酸和有机酸等生物小分子的分离纯化。

7.3.5.3 膜装置

膜装置是由膜、固定膜的支撑体、间隔物(spacer)以及收纳这些部件的容器构成的一个单元(Unit),也称为膜组件(Membrane module)。膜组件的结构根据膜的形式可分为管式膜组件、平板式膜组件、螺旋卷式膜组件和中空纤维(毛细管)式膜组件四种。

(1)管式膜组件

将膜固定在圆管状(内径 10～25 mm,长约 3 m)多孔支撑体上,多根这样的管并联或用管线串联,装在筒状容器内组成管式膜组件。管式膜组件内径较大,结构简单,适合于分离悬浮物含量较高的料液,操作完成后的清洗比较容易。

(2)平板式膜组件

由多枚圆形或长方形平板膜以 1 mm 左右的闸隔重叠加工而成,膜间衬设多孔薄膜,供料液或滤波流动。平板膜组件比管式膜组件比表面积大得多。过滤速度较管式膜组件高。

(3)螺旋卷式膜组件

将两张平板膜固定在多孔性滤液隔网上(隔网为滤液流路),两端密封。两张膜的上下分别衬设一张料液隔网(为料液流路),卷绕在空心管上,空心管用于滤液的回收。螺旋卷式膜组件的比表面积大,结构简单,价格较便宜。但缺点是处理悬浮物浓度较高的料液时容易发生堵塞现象。

(4)中空纤维(毛细管)式膜组件

由数百至数百万根中空纤维膜固定在圆筒形容器内构成。中空纤维膜的耐压能力较高,常用于反渗透;毛细管膜的耐压能力在 1.0 MPa 以下,主要用于超滤和微滤。

7.3.5.4 膜分离法的应用

膜分离在生物分离纯化过程中有着不可替代的作用,膜分离法的应用主要有以下几个方面。

(1)菌体分离

采用微滤或超滤进行错流分离过滤是膜分离法的重要应用之一,与传统的过滤手段相比,错滤过率法具有以下优点:①透过通量大;②滤液清净,菌体回收率高;③不添加助滤剂或絮凝剂,回收的菌体纯净有利于进一步分离操作(如菌体破碎,胞内产物的回收等);④适于大规模连续操作;⑤易于进行无菌操作,防止杂菌污染。

(2)小分子产物的回收

氨基酸、抗生素、有机酸和动物疫苗等发酵产品的相对分子质量在 2 000 道尔顿以下，选用 MW-CO(截留分子量)为 $1\times10^4 \sim 3\times10^4$ 的超滤膜，可从发酵液中回收这些小分子发酵产物，再用反渗透法浓缩和除去相对分子质量更小的杂质。

(3)蛋白质的回收、浓缩与纯化

蛋白质透过膜与其相对分子质量、浓度、带电性质以及膜表面的吸附层结构、溶液的 pH、离子强度和膜的孔径、结构有关。根据蛋白质的分子特性，选择合适的膜，并对料液进行适当的预处理(如调节 pH，离子强度等)，以提高目标产物的回收率。如膜选择适当，蛋白质的回收率可达 95%以上。收率的部分降低主要是由于膜的吸附以及操作中剪切作用引起的蛋白质变性。一般来说，胞外产物的收率较高，而胞内产物从细胞的破碎物中回收，收率较低。这是由于菌体碎片微小，容易对膜造成污染和形成吸附层，阻滞蛋白质的透过。

目前，运用超滤浓缩和分级分离的酶蛋白、纯化酶制剂已实现工业规模，但存在酶的失活和膜对酶的吸附等关键问题。超滤过程中，不适宜的温度、pH 和离子强度以及流动引起的剪切作用均可能引起酶的失活。超滤膜对酶的吸附不仅造成酶的收率下降，还会使透过通量降低，影响分离速度。

7.4　微生物药物的成品加工

微生物药物由发酵液经过提取、精制后，还必须完成浓缩、结晶以及干燥等单元操作，才能获得质量合格的成品。

7.4.1　浓缩

浓缩通常在发酵液提取前后和结晶前进行，有时贯穿于整个发酵产品提取过程。浓缩方法有以下 4 种。

7.4.1.1　蒸发浓缩法

蒸发是将稀溶液加热沸腾，使溶液中部分溶剂(通常是水)汽化后除去，从而将溶液浓缩的过程。它常作为下一工序的预处理(如结晶、干燥之前)，以缩小被处理料液体积，节约能源和操作费用，提高得率。

蒸发设备通常是指创造蒸发必要条件的设备组合，由蒸发器、冷凝器、抽气泵等组成。工业上为了强化蒸发过程,一般采用的蒸发设备都是在沸腾状态下进行,因为液体在沸腾状态下,给热系数高、传热速度高。为强化蒸发,还可采用真空蒸发。真空蒸发时沸点降低,具有许多优点,如对热敏性物料破坏减小、减少蒸发器所需传热面积、可利用低压蒸汽或废蒸汽作为加热蒸汽等。由于各种溶液性质不同,蒸发要求的条件差别很大,所以选择蒸发器时必须考虑溶液的耐热性、结垢性、发泡性、结晶性、腐蚀性、黏滞性。

工业上应用的蒸发设备类型繁多,分类方式多样,按液体循环方式分为自然循环型、强制循环型、无循环型;按液体在传热面上的形状分为膜式和浸液式;按加热器的型式分直接加热型、夹套式、管式、板式等;按蒸发器的压力分为常压和真空蒸发设备。

7.4.1.2 冰冻浓缩法

冰冻浓缩法主要用于生物发酵中大分子和具有活性的发酵产品的浓缩。冰冻时水分子结成冰,盐类、发酵产品不进入冰内。浓缩时先将待浓缩溶液冷却,使之成为固体,然后缓慢熔解,利用溶质和溶剂熔解点的差别,达到去除大部分溶剂的目的。

7.4.1.3 吸收浓缩法

采用吸收剂将溶液中的溶剂分子除去,使溶液得到浓缩。其中吸附剂不与溶液发生任何化学反应,且对生物大分子、发酵产品没有吸附效果,易与溶液分开。吸附剂除去溶剂后,可以重复使用。常用的吸附剂有聚乙二醇、蔗糖、凝胶等。

7.4.1.4 超滤浓缩法

超滤法是利用特别的薄膜对溶液中的各种溶剂分子进行有选择性的过滤,这一方法比较适用于生物大分子的发酵产品,特别适用于酶与蛋白质的浓缩与脱盐。超滤浓缩法的优点是成本低、容易操作、回收率高、能较好的保持大分子的生理活性。

7.4.2 结晶

所谓结晶是指过饱和溶液经冷却、蒸发之后,溶质呈晶体析出的过程。结晶的过程其实具有高度的选择性,即只有相同类型的分子或离子才能够结合成晶体,因此析出的晶体很纯粹。很多发酵产品如味精、柠檬酸、核苷酸、酶制剂、抗生素等,通过结晶的方法来制取高纯度产品。

7.4.2.1　结晶原理

晶体在不饱和溶液中，会吸收能量而溶解，同时已经溶解的物质也会放出能量而析出。溶解状态与结晶状态处于动态平衡的溶液称之为饱和溶液。物质的溶解度由以下几个因素共同决定：①物质自身的化学性质；②溶液的性质；③温度。溶解度与温度的关系可以采用饱和曲线来描述。从理论上来说，某一温度下只要超过饱和曲线就会有固体物质析出，然而实际上采用缓慢冷却或移除部分溶剂使溶液微呈过饱和，并不会有晶体析出，只有达到某种程度的过饱和，才会有晶体自然析出。晶体的产生有一个过程，起初溶液中形成许多细小的晶核，然后晶核慢慢成长为一定大小的晶体。开始有晶核形成的过饱和浓度与温度的关系用过饱和曲线来描述（图 7-2）。图中实线表示饱和曲线，虚线表示过饱和曲线，各种溶液的过饱和曲线与饱和曲线大致平行，由此把温度-浓度图分成 3 个区域：

①稳定（不饱和）区。不会发生结晶。

②不稳定（过饱和）区。结晶能自发形成。

③介稳区。在稳定区与不稳定区之间，结晶不能自动进行，但在介稳溶液中加入晶体，能诱导结晶产生。这种晶体称为晶种。

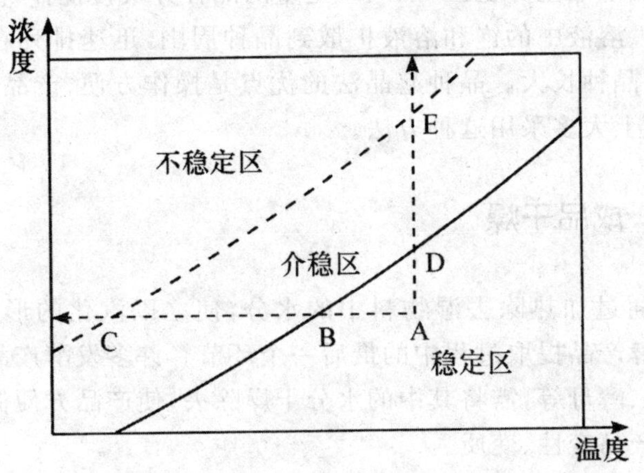

图 7-2　饱和曲线与过饱和曲线

溶液的结晶通常发生在介稳区和不稳定区，在不稳定区结晶的形成很快，但多是大量细小的晶体，这对于工业结晶来说是极为不利的。为了获得较大、整齐的颗粒，通常加入晶种后把溶液浓度控制在介稳区，使在较长时间内在品种表面上慢慢长大。使溶液达到结晶区域的方法主要有：

①冷却结晶。将一定浓度溶液冷却到介稳区域以上；

②蒸发结晶。将稀溶液加热去除部分溶剂，使浓度达到介稳区域以上；

③真空结晶。利用真空使溶液同时冷却和蒸发。

7.4.2.2 起晶方法

(1)自然起晶法

将溶液进行蒸发浓缩排除大量溶剂，直至溶液浓度达到过饱和不稳定区，溶液自然结晶，有大量晶核生成。随着晶核的生成，溶液的浓度迅速下降，逐渐降到介稳区下部，不再生成新的晶核，晶体只在已有晶面上长大。自然起晶法的优点是起晶迅速，但是难以控制晶核数量，且需要过饱和的浓度较高，耗热较多，蒸发时间长。

(2)刺激起晶法

溶液通过蒸发浓缩排除部分溶剂，使溶液浓度进入介稳区，再经过冷却进入不稳定区，逐渐生成晶核，当晶核达到一定数量时，立即加热一段时间，使溶液浓度进入介稳区，然后一边冷却一边搅拌，使晶体长大。如味精、柠檬酸结晶可采用此法。

(3)晶种起晶法

溶液加热浓缩至介稳区，加入一定量的晶种并缓慢搅拌，使晶种均匀悬浮于溶液中。溶液中的饱和溶液扩散到晶种周围，迅速排列在晶种的各个晶面上，促使晶种长大。晶种起晶法的优点是操作方便、产品大小均匀、晶型一致，工业上大多采用这种方法。

7.4.3 成品干燥

干燥是通过加热除去湿物料中的水分，使之以汽化的形式蒸发出去。干燥也是发酵产品提取过程中的最后一个环节。许多发酵产品，如味精、酶制剂、柠檬酸、酵母等，需将其中的水分干燥除去，使产品方便储存、运输，也是为了防止产品变性、变质。

7.4.3.1 常用干燥方法

(1)对流加热干燥法

对流加热干燥法也称为空气加热干燥法，此法是利用热空气使物料中的水分汽化，水蒸气随空气排除。空气的作用既是载热体也是载湿体。这种方法在工业发酵领域得到了广泛的应用，常用的有气流干燥、沸腾干燥、喷雾干燥等。

(2)接触加热干燥法

又称加热面传热干燥法,即利用加热面与物料相接触的方法传热给湿物料,使水分汽化。例如箱式干燥和真空干燥等。

(3)红外线干燥法

利用红外线辐射作为热源,向湿物料供热。按波长可分为近红外和远红外,后者干燥速度更快,但能耗较大。

(4)冷冻升华干燥法

物料冷冻至冰点以下,使水分结冰,然后在较高的真空条件下使冰直接升华而除去。此法适合具有生理活性的生物大分子和酶制剂、维生素、抗生素等发酵产品的干燥。

7.4.3.2 工业发酵中常用的干燥过程

(1)气流干燥

气流干燥就是把呈泥状、粉粒状或块状的湿物料,经过适当方法分散于热气流中,在与热气流并流输送的同时进行干燥而得到粉粒状干燥制品的过程。适用于对味精、柠檬酸、葡萄糖等的干燥。

气流干燥具有以下优点:①干燥强度大;②干燥时间短,适用于热敏性或低熔点物料的干燥;③热效率高;④处理量大;⑤设备简单;⑥应用范围广。缺点是:气流速度较高,粒子有一定磨损和粉碎,因此不太适用于对成品外形有一定要求的物料或非常黏稠的液体物料,热利用效率较低。

气流干燥器类型很多,目前我国常用的可分为长管式气流干燥器(长10～20 m)、短管式气流干燥器(长4 m左右)、旋风气流干燥器和短管旋风气流干燥器等。

采用长管式气流干燥器干燥味精的流程为:空气被鼓风机抽吸,经过过滤器、空气加热器后,被送入气流干燥管。味精(含水分约4%)经料斗和分配器均匀地由干燥管的下部送入,由热空气流送入干燥管脱水干燥,再经过旋风分离器分离,进入振筛分级得到味精产品(含水约0.2%)。尾气经幼粉回收器回收味精粉末后排入大气。

(2)沸腾干燥

沸腾干燥是利用热的空气流体使孔板上的粒状物料呈流化沸腾状态,使水分迅速汽化达到干燥的目的。干燥时,使气流速度与颗粒的沉降速度相等,粒子在气体中呈悬浮状态。目前沸腾干燥法在工业发酵中广泛用于柠檬酸、四环素、土霉素等产品的干燥。

沸腾干燥的优点是传热传质速率高、干燥湿度均匀、容易控制,对无严重凝聚现象的湿物料(颗粒直径30～300 μm)一般都能适用。缺点是对气流速度有要求，应在使颗粒流化范围内，要求较高的热风压强使物料流态化；此外因摩擦作用较强，对易碎物料或对表面形状、光泽有所要求的不宜采用。

沸腾干燥设备的种类很多，按照操作条件可分为连续的和间歇的沸腾操作；按照设备结构和形式，可分为单层沸腾干燥器、多层沸腾干燥器、沸腾床干燥器、振动沸腾干燥器、脉动沸腾干燥器以及喷雾沸腾造粒干燥器等。沸腾床干燥器如图 7-3 所示。

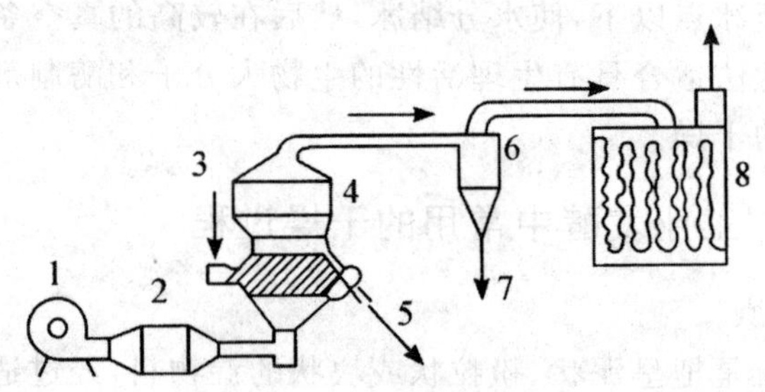

图 7-3　沸腾床干燥器

1—风机；2—加热器；3—加料；4—流化床；5—卸料；
6—旋风分离器；7—细粉；8—袋滤器

(3)喷雾干燥

喷雾干燥是利用不同的喷雾器，将溶液、乳浊液、悬浊液或浆料喷成雾状，使其在干燥室中与热空气接触，水分被蒸发而成为粉末状或颗粒状的产品。酶制剂粉、酵母粉、链霉素粉及其他药品或各种热敏性物料，多采用喷雾干燥方法。

喷雾干燥具有以下优点：干燥速度快，干燥时间短；干燥过程中液滴的温度不高，产品质量较好；产品具有良好的分散性，流动性种溶解性；生产过程简化，操作控制方便；适宜连续化大规模生产。缺点是：干燥强度较小；干燥设备比较庞大，占地面积较大，设备投资费用较大；热利用率较低，功能消耗较多；废气中回收微粒的分离装置要求较高。

按照喷雾方法不同，喷雾干燥可分为压力式喷雾干燥、气流式喷雾干燥和离心喷雾干燥。

①压力式喷雾干燥。利用喷嘴在高压之下(5.1～20.3 MPa)将物料喷成均匀的雾滴。此法不适用于悬浮液的喷雾。

②气流式喷雾干燥。利用压缩空气(压强为 147～490 kPa)通过气流喷雾器而使液体喷成雾状。适用于各种料液的喷雾。

③离心喷雾干燥。将料液注于急速旋转的喷雾盆上，借助离心力的作

用，使料液分散成雾状。此法适用于各种料液的喷雾，应用范围广，但功率消耗比压力式喷雾干燥大。

(4)冷冻干燥

在冷冻干燥过程中，被干燥的产品首先进行预冻，然后在真空状态下进行升华。使水分直接由冰变成汽而获得干燥。冷冻干燥可以有效地干燥热敏性物料，而不致影响其生物活性或效价。冷冻干燥后物料呈多孔的海绵状结构，保持完整的形态、完整的生物活性和溶解度，并可长期保存。缺点是冷冻干燥速率较低，设备复杂，操作要求高，投资和管理耗费较大，使成品的成本较高。

第8章 微生物在制药工业上的应用

本章主要介绍青霉素、红霉素、维生素等与医药有关并适合用微生物发酵方法制备的微生物发酵产物。熟悉这些微生物发酵产物的医药用途和掌握其发酵特点与发酵技术，对于了解微生物制药和微生物代谢调节控制技术具有重要意义。

8.1 微生物发酵制药的特点

①以活的生命体（微生物）作为目标反应的实现者，反应过程中既涉及特异的化学反应的实现，又涉及生命个体的代谢存活及生长发育，生物反应机理非常复杂，较难控制，反应液中杂质也多，不容易提取、分离。因此，微生物发酵制药是一个极其复杂的生产过程，但目标反应过程是以生命体的自动调节方式进行，数十个反应过程能够在发酵设备中一次完成。

②反应通常在常温常压下进行，条件温和，能耗小，设备较简单。

③原材料来源丰富，价格低廉，生产过程中废物的危害性较小，但原料成分往往难以控制，给产品质量带来一定影响。生产原料通常以糖蜜、淀粉及碳水化合物为主，可以是农副产品、工业废水或可再生资源，微生物本身能有选择地摄取所需物质。

④由于活的生命体参加反应，受微生物代谢特征的限制（不能耐高渗透压，高浓度底物或产物易导致酶活性下降），反应液中底物浓度不应过高，产物浓度不应过高，设备体积庞大。

⑤微生物参与制药反应，能够高度选择性地进行复杂化合物在特定部位进行氧化、还原、脱氢、脱氨及官能团引入或去除等反应，易产生复杂的高分子化合物。

微生物发酵制药研发的一般程序如图 8-1 所示。

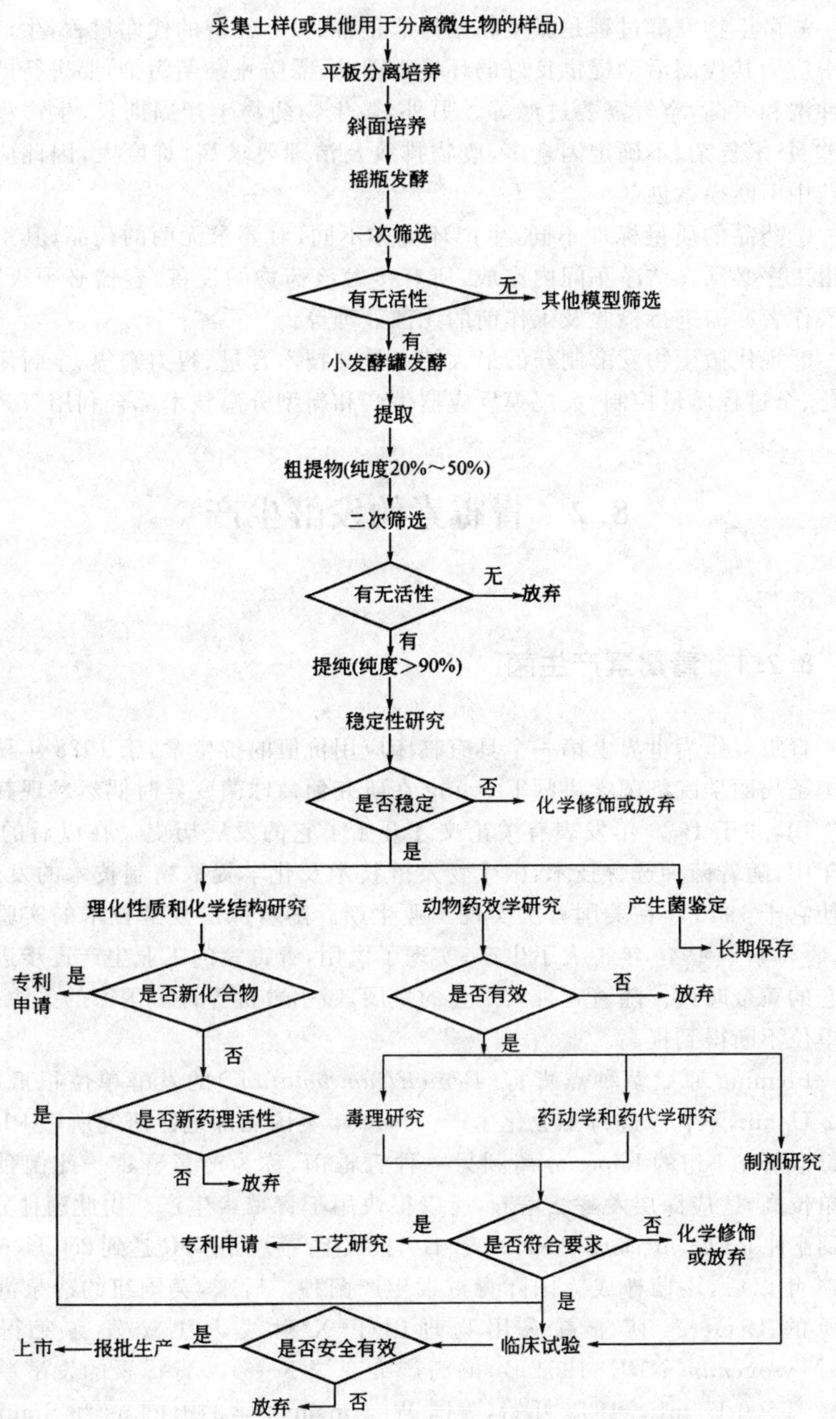

图 8-1 微生物发酵制药研发的一般程序

⑥微生物发酵过程是微生物菌体非正常的、不经济的代谢过程，生产过程中应为其代谢活动提供良好的环境。因此，需防止杂菌污染，要进行严格的冲洗和灭菌，空气需要过滤等。另外，微生物药物生产周期长、生产稳定性差、技术复杂、不确定因素多，废物排放及治理要求高、难度大，因此应在实践中不断摸索创新。

⑦药品的质量标准不同，生产环境亦不同，对要求无菌的药品，其最后一道工序必须在洁净车间内完成，所有接触该药物的设备、容器必须灭菌，而操作者亦需进行检验及工作前的无菌处理等。

⑧现代微生物发酵制药的最大特点是高技术含量、智力密集、全封闭自动化、全过程质量控制、大规模反应器生产和新型分离技术综合利用等。

8.2 青霉素的发酵生产

8.2.1 青霉素产生菌

青霉素作为世界上第一个具有临床应用价值的抗生素，于 1928 年秋被英国圣玛丽学院细菌学讲师 Fleming 在研究葡萄球菌变异时偶然发现其抗生作用，并于 1929 年发表有关论文才开始了它的发展历史。在以后的 10 余年中，随着菌种选育技术、微生物发酵技术及化学提取精制技术的发展，才使它于 1943 年在美国首次实现工业生产。随着深层发酵技术的实验成功，青霉素于 1944 年扩大了生产，实现了民用，青霉素的工业生产逐步进入了它的黄金时代。随着青霉素工业的发展，吸引着世界许多国家的关注，生产单位不断得到提高。

Fleming 原始菌种点青霉（*Penicillium notatum*）的发酵单位很低，只有 2 U/mL，不利于进行工业化生产。1944 年美国北部地区研究所（NRRL）青霉素研究小组的 Raper 分离到另一种青霉菌，称为产黄青霉。此菌种发酵单位高，适应深层发酵法培养，所以很快用于青霉素生产。由此菌种分离得到亚种 *P. ckrysogenum* NRRL1951 B_{25}，投入生产后发酵单位达到 250 U/mL。1944 年以后，该菌株成为国际青霉素生产菌种。后来，美国纽约冷泉港研究所的 Demeres 博士首次用物理因子 X 射线人工诱发突变得到 *P. ckrysogenum* NRRL1951 B_{25} 的高产突变株 X-1612，青霉素的发酵单位提高到 500 U/mL。1945 开始，美国 Wisconsin 大学的 Backus 和 Stauffer 将 X-1612 再用紫外线诱发突变，获得 Q-176 突变株，青霉素生产的发酵单位进一步提高到 1 000～1 500 U/mL。以后，又通过诱变解决了 Q-176 菌株产生黄色色素使成品质量发黄的问题，获得的无色素突变株 BL_3D_{10} 的后代突变株保留了无色素的遗传特性，保证了产品质量，并进一步提高了青霉素的生产能力。1951 年青垂素生产使用的突变株是 W51-20，发酵单位达到 2 000～2 500 U/mL。目前，国际青霉素生升最高发酵单位水平已达到 80 000～90 000 U/mL。

目前国内青霉素的生产菌种按其在深层培养中菌丝的形态分为丝状菌和球状菌两种。丝状菌根据孢子颜色又分为黄孢子丝状菌及绿孢子丝状菌。因黄孢子丝状菌生产能力较低，目前我国各生产厂家使用的均为绿孢子丝状菌。

8.2.2　青霉素分子结构

青霉素是含有 6-氨基青霉烷酸(6-APA)母核的一族抗生素的总称，它属于 β-内酰胺类抗生素。其母核 6-APA 又是半合成青霉素的原料。青霉素的分子结构由一个 β-内酰胺环并联一个四氢噻唑环(图 8-2)。

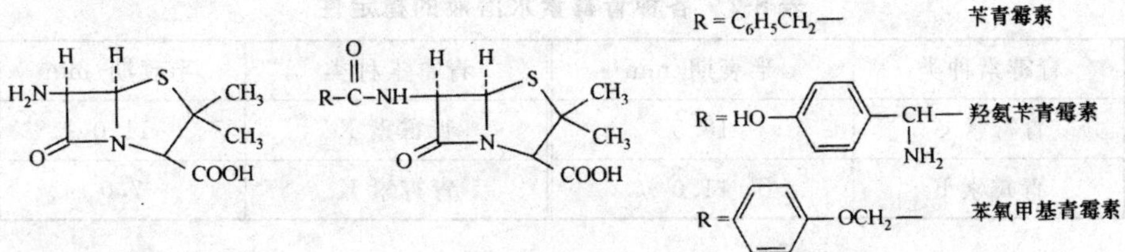

6-APA

$R = C_6H_5CH_2-$　苄青霉素

$R = HO-C_6H_4-CH(NH_2)-$　羟氨苄青霉素

$R = C_6H_5-OCH_2-$　苯氧甲基青霉素

图 8-2　青霉素分子结构示意图

天然青霉素族抗生素有 8 种，它们的区别在分子结构中的侧链上(表 8-1)。

表 8-1　各种天然青霉素的结构与命名

序号	侧链 R	学名	俗名
1	$CH_3-CH_3-CH=CH-CH_2$	戊烯(2)青霉素	青霉素 F
2	$CH_3-(CH_2)_3-CH_2-$	戊青霉素	青霉素二氢 F
3	$CH_3-(CH_2)_5-CH_2-$	庚青霉素	青霉素 K
4	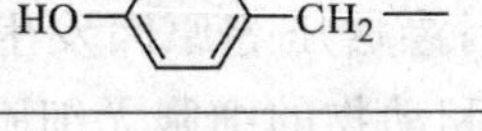 $HO-C_6H_4-CH_2-$	对羟基苄青霉素	青霉素 X

续表

序号	侧链 R	学名	俗名
5	$CH_2=CH-CH_2-S-CH_2-$	丙烯硫甲基青霉素	青霉素 O
6	$C_6H_5-CH_2-$	苄青霉素	青霉素 G
7	$C_6H_5-O-CH_2-$	苯氧甲基青霉素	青霉素 V
8	$HOOC-CH(NH_2)-(CH_2)_2-CH_2-$	4-氨基-4-羧基丁基-青霉素	青霉素 N

在这八种天然青霉素中，青霉素 G(即苄青霉素)，由于其发酵生产效价高，萃取收率高，生产成本低，稳定性较其他几种青霉素好(表 8-2)而受到生产厂家的青睐。特别是半合成青霉素及头孢菌素的发展，需要大量青霉素 G 及青霉素 V 作封原料，更有力地促进了青霉素 G 工业生产的发展。

表 8-2　各种青霉素水溶液的稳定性

青霉素种类	半衰期/min	青霉素种类	半衰期/min
青霉素 G	18.5	青霉素 X	11.0
青霉素 F	11.0	青霉素 K	7.0

青霉素 G 目前在发展中国家应用较为普遍，因为其高效、低毒、廉价，且还没有出现致病菌严重耐药的问题而深受广大患者和医务人员的欢迎。然而在发达国家，由于青霉素 G 存在着抗菌谱窄、稳定性差、不能口服、使用易发生药物过敏及耐药性等问题，故患者大量使用的是经过侧链修饰的半合成青霉素或经青霉素 G 扩环制取的头孢菌素。

8.2.3　青霉素的作用机制、抗菌谱及稳定性

(1)青霉素的作用机制

青霉素 G 为繁殖期杀菌剂，其作用原理为抑制细菌的转肽酶，阻止细胞壁肽合成中的交叉连接步骤，使正处于繁殖分裂期的细菌细胞壁的合成发生障碍，导致菌体细胞壁损坏，使细胞因渗透压等原因发生溶解而死亡。肽聚糖结构是细菌细胞壁的特有成分，人和动物的细胞无细胞壁，所以青霉

素 G 具有高度的抗菌选择作用，对人及动物无害，但青霉素存在易引起过敏反应的问题。

(2)抗菌谱

青霉素 G 主要作用于大多数革兰氏阳性细菌及部分革兰氏阴性球菌，如对肺炎链球菌(*Streptococcus pneumoniae*)、葡萄球菌属(*Staphylococcus*)、脑膜炎球菌(meningococcus)、回归热螺旋体(*Spirochaeta recurrentis*)、钩端螺旋体(*Leptospira sp.*)等有较强抗菌作用。但对革兰氏阴性杆菌如大肠杆菌与痢疾杆菌(dysentery bacillus)等以及结核分枝杆菌、真菌、病毒、立克次氏体(*Rickettsia*)引发的感染无效。青霉素 G 为一窄谱抗生素(narrow-spectrum antibiotic)。

(3)青霉素的稳定性

青霉素 G 为一弱酸性的有机物，它在水中的 pK 值为 2.76，即 $K_a = 2.0 \times 10^{-3}$。由于其游离酸的稳定性远较其碱金属盐为差，故作为半合成青霉素的原料或临床使用时，均以白色结晶性粉状的碱金属盐(钾盐、钠盐)为刈象。干燥纯净的青霉素盐很稳定，在溶媒中较稳定，青霉素在低温下稳定。青霉素稳定的 pH 为 5～7，pH6 时最稳定。因其易吸湿降解，平时应注意密封保存。由于青霉素分子中有三个手性碳原子，具有旋光性，故可用旋光法测其效价。

8.2.4　青霉素发酵工艺流程及发酵控制

发酵工艺流程如下：

砂土孢子→单菌培养→斜面孢子→小米孢子→种子培养→发酵→过滤。

为了获得较高的青霉素发酵产率，需要控制并优化主要环境因素。包括：培养基的成分(碳、氮源，补料，添加前体)、发酵温度、发酵 pH、溶解氧、生长与发酵两阶段控制(发酵初期，为菌生长阶段，无抗生素产生；发酵后期，菌生长速度下降，抗生素大量合成)等。

(1)培养基的成分影响

①碳源：最好的碳源是碳水化合物，其中葡萄糖或乳酸是青霉素发酵过程常用的碳源，只在种子罐中用少量蔗糖。

②氮源：现生产中使用的无机氮源有氯化铵、硫酸铵、硝酸铵等。有机氮源常用麸质粉、玉米浆、饼粉等。

③无机盐：它们为青霉菌生长提供必需的金属或非金属元素，在发酵过程中，Na_2SO_4、KH_2PO_4、$Ca(OH)_2$、$CaCO_3$ 等提供了 P、S、K、Na、Ca 等元素。

④前体：苯乙酸、苯乙酰胺（或苯乙酸钾、苯乙酸钠）作为前体，它们一方面结合入青霉素分子中作为侧链，另一方面作为养料及能源。

（2）青霉素发酵工艺及其控制

青霉素发酵采用二级发酵，菌种种龄的长短与菌种特性、接种量及生长环境有关，它们的确定要通过生产实践来完成。

（3）补料及控制

①糖：维持生长和合成青霉素都需补充碳源，因此补料量大，需按一条经验加糖曲线，根据流动值进行微调；

②硫酸铵：补充菌体生长及青霉素合成所需要的氮源，加入量依测定的氨氮残量及生产控制标准而定；

③苯乙酸前体：为青霉素 G 的合成提供的原料，一般有一定经验加料曲线及一条残量控制曲线，根据高效液相测定的残余量与残余量控制线相比较进行加入量的调整；

④氨水：既调 pH 又补充氮源，只有氨氮降至 0.35 后才可用氨水调节，并应灭菌后才能使用；

⑤玉米油：作为发酵过程的消泡剂，也可提供碳源，应控制加量。

（4）发酵温度、pH 及通气搅拌的控制

种子罐一般控制在 26～27 ℃，发酵罐在 26～27 ℃；pH 控制在 6.6～6.9；通气及搅拌一般控制在 1∶0.95。

8.2.5 青霉素提取

青霉素提取精制的工艺流程如下：

发酵液预处理及过滤→萃取→脱水脱色→反萃取→结晶→过滤洗涤→干燥→包装

8.2.5.1 发酵液预处理及过滤

发酵液中含有大量菌丝，还有大量蛋白质及其他物质，这些物质对后工序影响是很大的。菌丝将堵塞萃取离心机，大量蛋白质等在萃取加酸后会变性，萃取前多糖等杂质的存在也大大增加体系黏度，起到辅助乳化剂的作用。变性蛋白质以及多糖等因素都会造成提取时的严重乳化，萃取前需将部分蛋白质等预先除去，以提高以后工序处理的质量。

发酵液处理的方法有：

（1）加热使蛋白质变性沉淀再过滤除掉

青霉素早期生产中，曾采用在 pH5.8～6.0 迅速将发酵液加热到 70 ℃，然后迅速冷却的方法来凝固蛋白质，以提高滤液质量。其结果是，滤液质量虽大大提高，但由于青霉素的热敏性，使过滤收率仅 70%左右，能耗还大大增加，现在不得不淘汰了此工艺。

(2)加絮凝剂使蛋白质变性沉淀

在发酵液中加入高效能净化溶液的絮凝剂，由于其电荷密度很高，可以中和蛋白质表面及扩散双电层中的电荷，使其凝固蛋白质能力加强，可大量除去青霉素滤液中的蛋白质等杂质。

经以上处理的发酵液就可以过滤了，由于青霉菌菌丝粗长，粗细达 10 μm，较易过滤，一般可用真空鼓式过滤机过滤。原理是利用真空吸滤，整个过程分为四个阶段：吸滤、洗涤、吸洗液、刮除固形物质。板框压滤机的使用也较多，它虽然结构简单，滤液质量好，但笨重的体力劳动、费滤布、不能连续操作、卫生差、占地面积大及生产能力低，又限制了它的应用。目前国内多采用转鼓或板框加絮凝剂一次过滤的工艺，也有用二次过滤的工艺，即加絮凝剂过一次转鼓，再酸化后过一次板框。

(3)分离

使用固-液分离离心机。

(4)超滤技术在青霉素过滤中的应用

超滤膜技术在青霉素滤液中的应用已取得了初步效果，可减少滤液中蛋白质约 17%。此方法有可能革除破乳剂及脱色工序，甚至于革去板框过滤，滤液可直接进行萃取，对萃取结晶、溶媒回收、三废治理等均有利，又降低能耗。

8.2.5.2 萃取工艺过程及其控制

目前青霉素的萃取工艺常用的有两种，从滤液中萃取青霉素使用二级逆流工艺，而从醋酸丁酯中反萃取时，多采用二级顺流（错流）的萃取工艺。萃取工艺流程如图 8-3 所示。

(1)青霉素萃取的目的和原理

尽管目前国内青霉素 G 的发酵水平已达 55 000 U/mL 左右，但其在发酵液中浓度依然很低，折合质量计算仅含 3%左右，还必须浓缩许多倍才能结晶。同时在青霉素滤液中纯度很差，残存培养基、菌体的代谢产物、青霉素的降解产物还很多，从外观上看颜色就很深，根本不具备药用价值，更无法作为肌肉注射与静脉滴注用药。因而必须进行萃取，才能为精制工序提供合格的原料，才能生产出符合药用标准的青霉素。

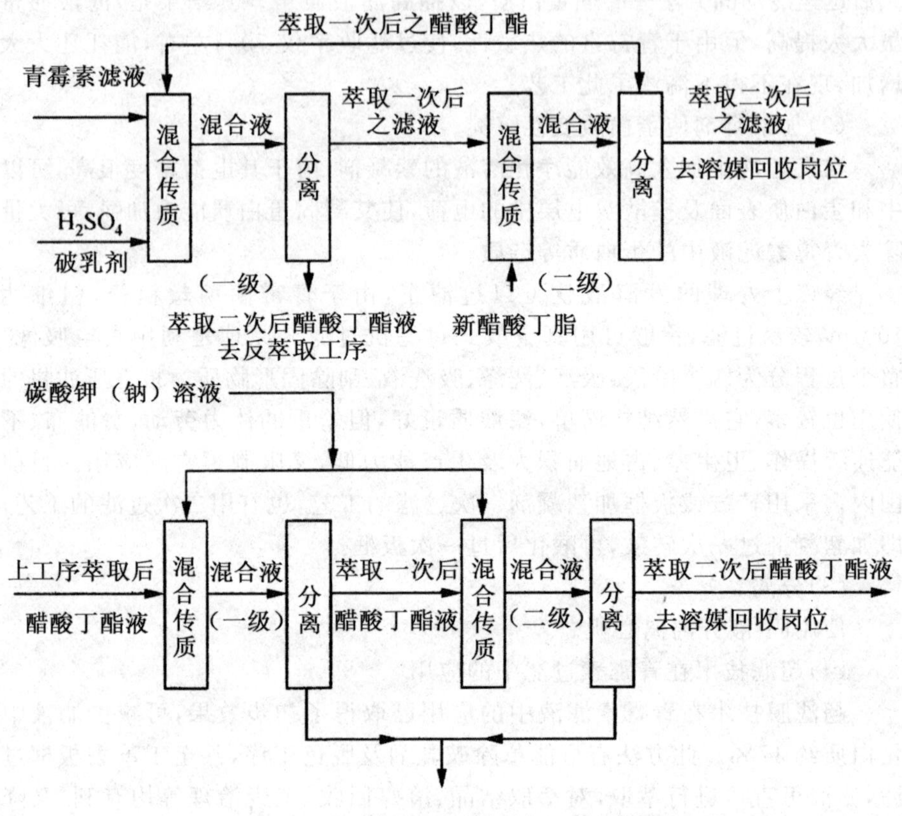

图 8-3　二级顺流(错流)工艺流程

青霉素萃取使用溶剂萃取法,提取的原理是依据青霉素 G 的溶解性及分配定律:青霉素 G 的游离酸在水中的溶解度很小,而其易溶于醋酸丁酯、醇等有机溶剂中。它的钾盐、钠盐却易溶于水,可溶于乙醇,在丁醇、醋酸丁酯、醋酸乙酯中难溶或不溶。由于青霉素在滤液中是以盐的形式溶于其中的,就可以在滤液中加入稀硫酸及醋酸丁酯,使其在 pH 为 2 时转化为游离酸的形式萃取入醋酸丁酯中。当在此醋酸丁酯萃取液中加入呈碱性的碳酸钾(或碳酸钠)溶液,当 pH 达到 6.2～7.2 时,青霉素就会以盐的形式转入水相中,实现反萃取。当青霉素自滤液萃取到醋酸丁酯中时,滤液中的一些杂质,如有机酸、低分子蛋白、色素等也转入溶剂中,无机杂质、大部分含氮化合物等碱性物质则留在水相中。有机酸中酸性强弱和青霉素相差悬殊的也可以得到分离。对于酸性较青霉素强的有机酸,从滤液萃取到醋酸丁酯中时,大部留在滤液中。而对酸性较青霉素弱的有机酸,在从醋酸丁酯相反萃取到水中时,大部留在醋酸丁酯相中,这样就使青霉素得以提纯。

(2)影响萃取收率及质量的因素

①pH 的影响:在萃取的过程中需要反复调 pH,然而青霉素又是一种化学性质活泼,易于降解、异构化与重排的抗生素,特别在碱性或酸性条件下,更容易诱发这种反应。在青霉素分子中,最不稳定的部分就是β-内酰胺环,而其抗菌活性正决定于β-内酰胺环,故青霉素的降解产物几乎都不再具有抗菌活性。

②温度的影响:加热会加快其降解反应。青霉素在碱性条件下,分子中的β-内酰胺环破裂,再经过加热或加酸,可完全水解得青霉胺、青霉醛和二氧化碳。青霉素在弱酸或中等强度酸性下,水解不完全,但继续加热或施以强酸则水解完全,也得上述最终产物。此外,青霉素分子很容易发生重排、异构化,各异构体在一定条件下大多可相互转换,上述反应在相当低的温度下都能发生,而且反应速度较快。

③乳化现象的影响:由于微生物发酵过程中,会产生大量蛋白质、有机色素及其他生物副产品,在萃取时加酸酸化就会引起蛋白质的变性,而变性蛋白质这一个良好的乳化剂会引起醋酸丁酯相与水相的严重乳化,这种现象即使使用不同的离心机,也不能使二相获得良好的分离。如果萃余相夹带萃取相,就意味着青霉素及有机溶剂的损失,而会危及收率及消耗。而萃取相中夹带萃余相,就将影响产品质量。因此,破乳成为青霉素萃取技术中的关键环节。

④工艺过程及浓缩倍数的影响:在单级萃取、二级顺流萃取、二级逆流萃取这三种工艺中,在同样条件下收率依次提高,而受浓缩倍数的影响依次降低。在萃取过程中浓缩倍数越高,收率越低。

⑤微生物污染的影响:在萃取及精制生产系统中防止染菌是十分重要的。系统染菌后,这些杂菌往往会分泌出一些酶来破坏青霉素。一种是β-内酰胺酶,其影响与青霉素的碱性水解相同,生成青霉噻唑酸;另一种酶为青霉素酰胺酶,它能将青霉素分-子裂解为母核(6-氨基青霉烷酸)及苯乙酸。生产过程中必须经常注意消毒及清洗,一方面杀死杂菌,另一方面也可以破坏这些酶。

⑥萃取时间的影响:由于青霉素的化学性质决定其易于破坏,特别在酸化萃取或在水相中存放的时候更要求快速操作。青霉素在水中,半衰期仅18.5 min,因此,在青霉素生产中尽量缩短在水相中停留时间是十分重要的。

⑦混合效果与分离质量的影响:在提取青霉素时,为保证收率及质量,强化混合传质效果十分重要。有了充分的混合,才能使青霉素由一相尽可能多地转入萃取相中,以保证收率。萃取设备多使用 Podbielniak 卧式离心萃取机或分离机。

8.2.6 青霉素的精制

精制是获得纯净青霉素的重要工序，包括结晶、晶体过滤及洗涤、干燥等步骤，其中结晶是关键。青霉素在溶液中尽管经过预处理、过滤、萃取、脱色等工序，但发酵过程生化代谢带来的一些杂质并不能完全清除，纯度还只有60%～70%，仍必须通过结晶才能获得较纯的固体。因为在结晶中，只有同种物质的分子才能排列在晶格上，杂质分子仍留在晶体母液中而使晶体得以纯化。

青霉素之所以必须制成其碱金属盐的晶体，是因为：①青霉素的碱金属盐比其游离酸稳定得多，青霉素游离酸的无定形粉末在非常干燥的情况下才仅能保存数小时，在0 ℃能保存24 h，又由于其吸湿性强，只要含微量水分就会很快失效。而干燥、纯净的青霉素碱金属盐的结晶可存放3年仍可保持其效价，这种盐加热1 h并在150 ℃温度效价也无明显变化，因此，青霉素应做成干燥碱金属盐结晶贮存。②又由于青霉素在水中稳定性很差，会很快水解，因而也不宜做成水针剂存放，只能做成晶体形态才能长期保存。

青霉素结晶使用过的几种工艺如下：

8.2.6.1 醋酸丁酯液中直接结晶

青霉素的结晶，初期很长一段时间采用醋酸钾（钠）乙醇溶液在青霉素醋酸丁酯液中直接结晶，方法虽简单，但缺点很多。首先，醋酸钾（钠）在水中溶解度很低，需用乙醇溶解，结晶母液中水分就很低，而这些水分的缺乏就使杂质易于吸附在晶体上而影响质量。其次，直接结晶晶体在加入结晶剂后很快析出，因而养晶时间非常短，这会造成晶体细小。再则，晶体上带有残留醋酸丁酯，用丁醇洗涤晶体时，其将混入丁醇中，不仅影响洗涤效果，还会造成丁醇因酯含量高影响质量。还应指出，醋酸钾、乙醇价格均较高，也影响成本。这些缺点影响了该工艺的应用。因此，目前青霉素结晶改为碳酸钾（钠）、丁醇-水真空共沸蒸馏结晶。

8.2.6.2 丁醇-水共沸结晶

青霉素的碱金属盐易溶于水，但不稳定，而其在丁醇中几乎不溶解，但却很稳定，同时青霉素的一些降解产物也都极易溶于丁醇。于是，在青霉素反萃取后获得的水溶液中加入丁醇，加热到共沸之后，丁醇与水的混合液能形成组成恒定的二元共沸物蒸出，丁醇会将其中的水分带走。二元共沸物的共沸点（96.2 ℃），较之丁醇的沸点（117 ℃）及水的沸点（100 ℃）均低，由于不断补加丁醇，混合液经过不断蒸馏而改变溶液层的相对量，以致其中一相减少直至消失，另一相剩余之时青霉素的碱金属盐就会析出晶体。如果结晶在真空条件(如 40～60 mmHg)下进行，其共沸点就会降至 40 ℃以下。其馏出液中水分子百分数为 82.53%，使用真空后，不仅减少了青霉素的破坏，还大大缩短了结晶时间。现在结晶都采用苹果底(又称 W 底)改进型 DTB 结晶器。结晶工艺按经过结晶动力学及热力学研究求得的最佳操作时间表执行，故晶体质量好、收率高。

结晶后过滤、洗涤、干燥：①过滤、洗涤。结晶终止后，用真空抽滤来处理带母液的晶体，然后在抽滤器中泡洗丁醇，并适当搅拌，由于丁醇对晶体上附着的杂质有极好的溶解性，因此用丁醇洗涤效果最好。但此时丁醇中的水分要格外注意，当丁醇中含有微量水分时，青霉素的晶体会迅速溶解，严重影响收率。②干燥。现青霉素的干燥常采用真空双锥旋转干燥器，主体为一个可以旋转的双锥形圆筒，圆筒内要求光洁度较高，圆筒外有夹套，可以通入加热介质。被干燥的湿物料装入圆筒内后，使干燥器处于真空状态下，利用夹套加热，使湿物料中的溶剂和水蒸发，蒸出的溶剂经旋风分离器后再经冷凝器回收。锥形圆筒每分钟旋转 3～6 转，使筒内的物料得以翻动，使干燥均匀。

目前，随生产技术的发展，采用带式或罐式集过滤、洗涤、干燥为一体的“三合一”高效设备正取代上述设备。以罐式“三合一”为例，在过滤阶段，它可实现产品的滤饼和母液的分离，滤饼厚度可达 600 mm。在洗涤晶体阶段，滤饼进一步纯化。在干燥阶段，滤饼在被搅拌器逐层刮疏松的同时，设备侧壁、滤板的底部以及运动的搅拌叶同时对滤饼加热，湿分迅速蒸发，通过设备内加真空的办法加快蒸发速度，通过加入处理后的热氮气等介质，带走蒸发湿分，加速干燥。卸料过程是通过搅拌器的推动，将干物料从侧出料口自动卸出，直接进入包装，也有的用空气将粉子吹出自动包装。

8.2.7　溶媒回收

青霉素提取使用溶剂萃取法，要使用大量有机溶剂(醋酸丁酯)，精制时又要用大量丁醇，如果不回收用过的溶剂，成本将无法承受，因此各生产青霉素厂家均设有溶媒回收工段。提取后的废酸水，采用立式传质塔(CTST)蒸馏回收其中残留的醋酸丁酯。废醋酸丁酯及废丁醇均采用先脱水后脱色的双塔连续蒸馏工艺进行。以上蒸馏设备与最早使用的泡罩塔及间歇蒸馏方式相比，效率有很大提高，而且节能效果显著。

8.3 红霉素的发酵生产

8.3.1 概述

8.3.1.1 红霉素及其理化性质

红霉素是大环内酯类抗生素。红霉素分子由红霉内酯 B(erythronolide B,EB)、脱氧氨基己糖(desosamine)和红霉糖(cladinose)3 部分组成,内酯环的 C_3 位以氧原子与红霉糖相连,C_5 位通过氧原子与脱氧氨基己糖连接。红霉素类化学结构通式如图 8-4 所示。其中根据 R^1 和 R^2 基团的不同,红霉素又可分为红霉素 A、红霉素 B、红霉素 C 和红霉素 D 四种。

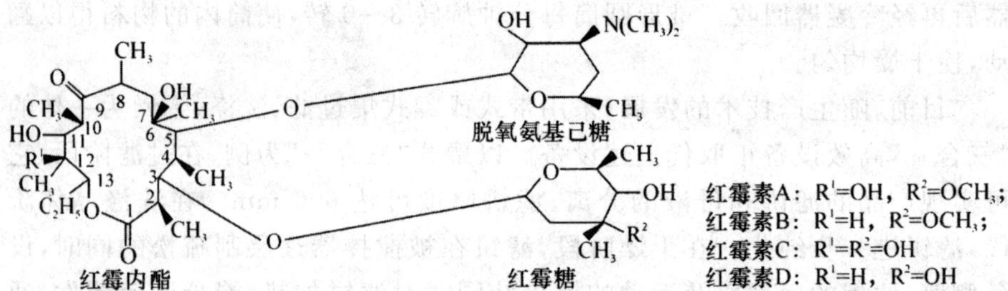

图 8-4 红霉素类化学结构通式

红霉素 A 的体外抗菌活力最高,红霉素 B 是红霉素 A 的 75%～85%,红霉素 C 和红霉素 D 为红霉素 A 的 25%～50%。我国红霉素商品主要成分是红霉素 A,含极少量的红霉素 C 和至少两种微量杂质,但不含有红霉素 B。这里探讨的红霉素未经注明一般指红霉素 A。

红霉素 A 为白色或类白色的结晶性粉末,微有吸湿性,味苦,易溶于醇类、丙酮、氯仿、酯类(如乙酯、丁酯、戊酯等),微溶于乙醚。在水中的溶解度为 2 mg/mL(25 ℃左右)。它随着温度的升高而减少,55 ℃时为最小。在室温和 pH 6～8 的条件下,其溶液相当稳定. 温度升高稳定性下降。红霉素熔点为 135～140 ℃(游离碱水合物)、190～193 ℃(无水游离碱),具有旋光性和紫外口及收峰。红霉素碱能和有机酸或无机酸类结合成盐,其盐类易溶于水,如红霉素盐酸盐的溶解度为 40 mg/mL。此外还能和酸酐结合成酯。

红霉素 B 的理化性状与红霉素 A 很相似．熔点为 198 ℃，紫外吸收峰在 286 nm(甲醇作溶剂)处。比较难溶于水，极易溶于乙醚、丙酮、氯仿和乙酸乙酯，并且和酸类结合成的盐易溶于水。红霉素 B 与红霉素 A 最大的不同点是在酸性溶液中较 A 稳定，利用这一点可制得纯的红霉素 B。

红霉素 C 的理化性状与红霉素 A、红霉素 B 很相似，熔点为 121～123 ℃，在 292 nm(甲醇作溶剂)处有一很宽的紫外吸收峰。比较难溶于水，十分易溶于丙酮、氯仿和醚。

8.3.1.2 药理作用及应用范围

红霉素是广谱抗生素，对革兰氏阳性菌作用强，临床上主要用于呼吸道感染、皮肤与软组织感染、泌尿生殖系统感染及胃肠道感染等，用于治疗腹泻、菌痢、胆结石、胆囊炎、疟疾、绿脓杆菌继发感染、支气管炎、哮喘和脓毒性心内膜炎皆有效。红霉素还可起到防治心脏病的作用，用于辅助治疗肺癌和阶段性回肠炎，亦可用于预防双湿季节性发作。红霉素的毒副作用少，主要副作用为恶心和呕吐等胃肠道反应，适用于青霉素过敏者。

8.3.2 红霉素的发酵工艺及过程

8.3.2.1 菌种

红霉素的产生菌是红色糖多孢菌(Saccharopolyspora erythraea)，该菌以前称为红霉素链霉菌(Streptomyces ery-threus)。红色糖纠孢菌在合成培养基上生长的菌落由淡黄色变为微黄色，气生菌丝为白色，孢子呈不紧密的螺旋形，3～5 圈，孢子呈球状。它是 1952 年从红色链霉菌培养液中分离出来的碱性抗生素，是多组分的，其中红霉素 A 为有效组分，红霉素 B、红霉素 C 为杂质。我国 20 世纪 60 年代上海第三制药厂开始红霉素的工业生产，采用的丰生菌是 P_{32}-102 菌株，生产水平不高，并易产生噬菌体污染。随着菌种选育的发展，使用自然分离、紫外线、氮芥子气、硫酸二乙酯、亚硝酸、甲基磺酸乙酯、二氧化碳、激光及快速中子处理等方法选育了抗噬菌体的高产菌种；从控制红霉素生物合成的代谢路线考虑进行定向筛选，得到抗乙硫氨酸的菌株，并采用原生质体融合的方法获得高产优质的菌种，经生产实践，其红霉素 A 的含量高，红霉素 C 的含量低，结合工艺控制条件的改进，发酵单位提高了 15%左右。选育的高产菌株已推广到全国各红霉素生产厂使用。因此，目前生产上使用的菌种不但具有抗噬菌体的特性，且生产能力例较高。

8.3.2.2 发酵工艺流程

红霉素发酵工艺流程见图 8-5。

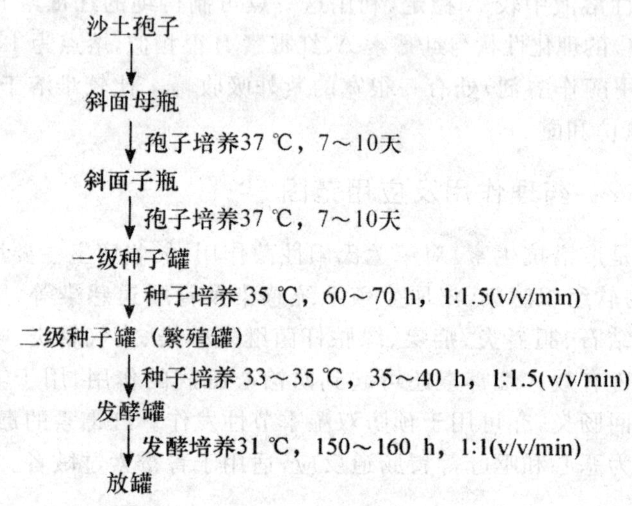

图 8-5 红霉素发酵工艺流程图

8.3.2.3 发酵工艺过程

(1)生产孢子制备工艺

斜面孢子培养基组分(%)为淀粉 1.0、硫酸铵 0.3、氯化钠 0.3、玉米浆 1.0、碳酸钙 0.25、琼脂 2.2，pH 7.0～7.2。斜面培养温度 37 ℃，湿度 50% 左右，避光培养 7～10 天，斜面上长成白色至深米色孢子，色泽新鲜、均匀、无黑点，背面产生红色或红棕色色素。在母瓶斜面孢子中，挑选优良孢子区域或剖菌落接入子瓶，每批子瓶斜面孢子数不低于 1 亿个。母瓶可冰箱存放 1 个月，子瓶可存放 2 个月。菌种保藏采用冷冻干燥法、液氮超低温保藏法和沙土管保藏法，每年自然分离 1～2 次。

(2)发酵工艺

红霉素大规模生产一般是将其孢子悬液接入种子罐，种子扩大培养 2 次后移入发酵罐进行发酵。将子瓶斜面孢子按一定接种量移入种子罐内，35 ℃培养 60～70 h，检查菌丝形态正常后，即移入繁殖罐，在一级发酵的基础上使菌丝体继续大量繁殖，通常在 33 ℃培养 40 h 左右，检查菌丝形态正常，无菌检查合格，按 10% 接种量移入发酵罐，此时的发酵为三级发酵，除了继续大量繁殖菌丝外，主要是生产红霉素。由于每级发酵的目的不同，因此它们的培养基水分、加料、培养温度、pH、空气流量和培养时间都要采用不同的条件进行控制，见表 8-3。

表 8-3　红霉素发酵条件表

发酵级别	主要培养基组分	空气流量	培养时间	pH 范围	培养温度
种子罐（一级）	花生饼粉、蛋白胨、硫酸铵、淀粉、葡萄糖等	1∶1.5v/v/m	65 h	6.6～7.2	35 ℃
繁殖罐（二级）	花生饼粉、蛋白胨、硫酸铵、淀粉、葡萄糖等	1∶1.5v/v/m	40 h	6.6～7.2	33 ℃
发酵罐	黄豆饼粉、玉米浆、淀粉、葡萄糖、碳酸钙、硫酸铵、磷酸二氢钾等	1∶1v/v/m	6～7 d	6.6～7.2	31 ℃

8.3.2.4　发酵工艺控制要点

红霉素发酵属于好氧发酵过程，在发酵过程中需不断通入无菌空气并搅拌，以维持一定的罐压和溶氧。发酵过程中应严格控制发酵温度、发酵液还原糖量、pH、溶氧量及发酵液黏度等，以便红色糖多孢菌能够大量合成红霉素并排至胞外。此外，生产中还要加入消泡剂以控制泡沫。在发酵期间每隔一定时间要取样进行分析、镜检及无菌试验，检测生产状况，分析或控制以下主要参数。

(1)种子质量的控制

成熟的斜面孢子呈深米色，色泽新鲜、均匀、无黑点，背面产生红色或红棕色色素。在母瓶斜面孢子挑选优良孢子区域或单菌落接入子瓶，每批子瓶斜面孢子数不低于 1 亿个。斜面孢子成熟后除做摇瓶试验测定生产能力外，还应插进一试验罐对比考察发酵水平，如不低于前批孢子，可用于生产。高产菌株的子瓶内要求无黑点。

(2)培养基的控制

发酵培养基成分由黄豆饼粉、玉米浆、淀粉、葡萄糖、碳酸钙、硫酸铵、磷酸二氢钾等组成。

①碳源。以葡萄糖为主(占 80%～85%)，其次是淀粉(占 15%～25%)。为了降低成本与节粮，生产上常用母液糖代替固体葡萄糖。

②氮源。以黄豆饼粉为主，其次是玉米浆和硫酸铵。中间补料有花生饼粉、蛋白胨、酵母粉及氨水。因黄豆饼粉消毒时泡沫较封，故一、二级种子罐及后期补料用部分花生饼粉代替，但全用花生饼粉则最终成品会出现带

灰现象。

玉米浆质量对红霉素生物合成也有影响。玉米浆可用玉米胚芽粉代替,因玉米胚芽粉含磷量低于玉米浆,配方中无机磷用量要相应增加。蛋白胨亦可用优质玉米浆代替。

采用丰富培养基往往能提高发酵单位,但丰富培养基固形物的增加使溶解氧随之下降,故又限制了抗生素产量的进一步提高,因此需寻找一个既能丰富培养基又能减少固形物、提高溶解氧的方法。将基础原料液体化,即用蛋白酶水解各种饼粉,取滤液(酶解液)代替固体饼粉,加入培养基进行发酵,再加上酶解液进行中间补料,能使摇瓶发酵单位大幅度提高。酶解液的质量取决于饼粉本身的质量,饼粉的质量取决于它所含有对菌丝生长必需氨基酸的多少及其新鲜程度。这是因为各种饼粉中对菌丝生长起作用的主要是某些重要氨基酸如酪氨酸、组氨酸,而蛋氨酸(特别是高浓度时)却抑制菌丝生长。

③前体。根据红霉素生物合成途径,红霉素 C 转为红霉素 A 需要甲基供体,生产上采用发酵过程加入丙酸或丙醇作为前体以提高红霉素 A 的产量。

丙酸作前体时,其加入量、加入速度及加入浓度控制不当易使菌丝自溶,影响正常发酵,甚至造成倒罐,应加入水稀释降低丙酸浓康,减慢加入速度或用丙酸钠代替。

丙醇作前体时,代谢较稳定,对 pH 影响小,发酵单位及成品得率都比较高,但要注意安全。

(3)培养条件的控制

①通气和搅拌。发酵罐的通气量一般为 1∶(0.8～1.2)v/v/m,增大空气流量和加快搅拌转速会提高发酵单位,但必须加强补料的工艺控制,防止菌丝早衰自溶,否则会给成品质量带来不良影响。较佳通气量的控制可减少动力的消耗,同样达到高产优质。过低的通气量亦会导致发酵液转稀。

②温度。一般采用全程 31 ℃培养,遇发酵激烈有转耐趋势时适当降低培养温度。红色链霉菌对温度较敏感,若前期 33 ℃培养则菌丝生长繁殖速度加快,40 h 黏度即达最高峰,但衰老自溶亦快,发酵液黏度容易下降。31 ℃培养菌丝生长虽比 33 ℃慢,48 h 黏度方达最高峰,但衰老较慢,使黏度下降速度减缓,转稀时间推迟,见图 8-6。后期的罐温更需控制,温度偏高会使菌丝在短时间内迅速自溶。

③pH。整个发酵过程维持在 pH 6.6～7.2,菌丝生长良好,不自溶,发酵单位稳定。发酵过程中的 pH 和培养基的原始 pH 与原材料的质量及消毒操作都有关,如原始 pH 微带酸性,较慢地向碱性转变时则为正常。如在

接种后24 h内pH过低或偏高，则菌丝生长较慢，生物合成水平的差别也很显著，特别在发酵前期，当pH 5.7～6.3时，发酵终了时的单位仅为对照的一半。

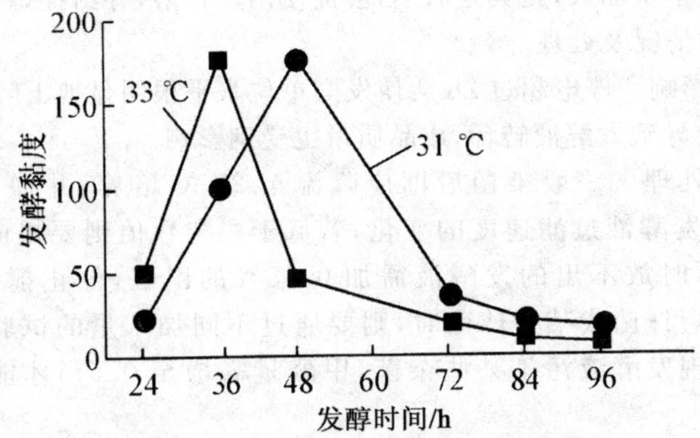

图8-6 不同培养温度的发酵液黏度

pH过低时红霉素的生物合成完全停止。在发酵的任何阶段，pH低于6.5时均对红霉素生物合成不利；pH若高于7.2，菌丝自溶，且会导致红霉素C的比例增加，使红霉素A的含量相应降低，对成品质量也有所影响。

④中间补料。发酵过程中还原糖控制在1.2%～1.5%范围内，每隔6 h加入葡萄糖，直至放罐前12～18 h停止加糖。有机氮源一般每天补3或4次，根据发酵液黏度的大小决定补入量的多少，若黏度低可增加补料量，反之则减少补料量，黏度过高还可适量补水，放罐前24 h停止补料。前体一般在24～39 h，当发酵液变浓、pH高于6.5时开始补入，每隔24 h加一次，全程共加4或5次，总量为0.7%～0.8%，遇发酵单位增长趋势好时可适当多加。

⑤通氨。发酵后期通氨可提高发酵单位和成品质量，若直接加氨水，则以滴加为佳。

⑥发酵液黏度的控制。在一定的黏度范围内，红霉素C含量与发酵液黏度呈负相关的关系，即成品质量与黏度有正相关的关系。因此，适当提高发酵液黏度能减少红霉素C的比例，从而保证成品质量。

发酵液黏度与搅拌功效、氮源补入量及培养温度有关。通过减慢搅拌转速、改变搅拌叶型式、降低罐温、增加有机氮源补量，滴加氨水等能提高发酵液的黏度。但黏度过高会影响溶解氧的浓度，单位水平明显下降，所以必须控制发酵液的黏度，既要保证红霉素C的含量少，又不影响发酵单位。

⑦泡沫与消沫。因发酵培养基有黄豆饼粉，故在培养基消毒及通空气时泡沫较多，可采取接种后不开搅拌的措施，逐步将通气量增大。等菌丝长浓后，再开搅拌，以减少消沫剂的用量。一般以植物油（豆油或菜油）做消沫剂，不宜一次多量加入，尤其是后期，会促使菌丝自溶，并给提炼带来困难。

(4)异常情况及处理

①停电影响。停电超过 2h 会使发酵单位水平很明显地下降，若发生在 100 h 后还会导致发酵液转稀，成品质量也受到影响。

②染菌处理。一般染菌后即应降温至 28 ℃培养，并加入洁尔灭。需密切注意发酵液过滤速度的变化，若低于一定数值则要提前放罐。遇单位下跌，暂时放不出的发酵液需加 0.15%的甲醛，停止搅拌，冷却待放。但在染短杆菌或某些球菌时，则要通过不同加入量的试验视其杀菌效果。若发现发酵液污染某些杂菌，甲醛量需增至 0.5%才能达到杀菌的目的。

③发酵液浓度特别低。可一次性加入酵母粉和蛋白胨，以促使菌丝生长。

8.4 氨基酸的发酵生产

8.4.1 概述

有机酸分子中一个或一个以上的氢原子被氨基取代的产物称为氨基酸。氨基酸构成了所有生物所需的各种各样的蛋白质，人类要维持生命活动，就必须获得各种氨基酸。氨基酸在食品、医药、工业、农业等行业有广泛应用。

自然界中有 20 多种氨基酸，其生产方法有提取法、合成法、酶法和发酵法。据报道，生产氨基酸的大国为日本和德国，日本的味之素、协和发酵及德国的德固沙是世界氨基酸生产的三巨头。他们能生产高品质的氨基酸，可直接用于输液制剂的生产。我国从 20 世纪 60 年代开始用发酵法生产谷氨酸，目前已具有相当规模，对赖氨酸、天冬氨酸和丙氨酸等一些氨基酸也已先后分别用发酵法和酶法生产。国内生产氨基酸的厂家主要是天津氨基酸公司、湖北八峰氨基酸公司，但目前无论生产规模及产品质量还难与国外抗衡。目前，发酵法已成为氨基酸生产的主要方法。

按照生产菌株的特性，发酵法生产氨基酸可分为 4 类：第一类是使用野生型菌株直接由糖和铵盐发酵生产氨基酸，如谷氨酸、丙氨酸和缬氨酸的发酵生产；第二类是使用营养缺陷型突变株直接由糖和铵盐发酵生产氨基酸，如利用谷氨酸棒状杆菌对高丝氨酸营养缺陷型生产赖氨酸、利用谷氨酸棒状杆菌对精氨酸营养缺陷型生产胍氨酸等；第三类是由氨基酸结构类似物抗性突变株生产氨基酸，如蛋氨酸、鸟氨酸的生产等：第四类是使用营养缺陷型兼抗性突变株生产氨基酸。此外，还有为避免氨基酸生物合成途径中的反馈抑制作用而添加中间产物的发酵法，即以氨基酸的中间产物为原料。用微生物转化为相应的氨基酸。

以淀粉水解糖为原料通过利用氨基酸生产菌进行代谢发酵生产谷氨酸的工艺，是最成熟、最典型的一种氨基酸生产工艺，主要由 4 部分组成，即淀粉水解糖的制备、谷氨酸的提取和精制。下面以淀粉质原料谷氨酸发酵为例，介绍氨基酸的发酵生产工艺。

8.4.2 谷氨酸的发酵工艺流程

谷氨酸的发酵工艺流程如图 8-7 所示。

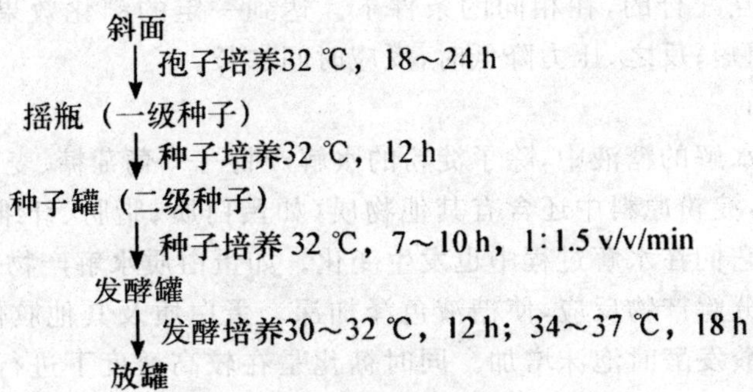

图 8-7 谷氨酸发酵工艺流程图

8.4.3 谷氨酸的发酵生产过程

8.4.3.1 淀粉水解糖的制备

淀粉水解糖制备的工艺很多，有酸法、双酶法、酸酶法等工艺过程。下面介绍酸酶法淀粉水解糖制备工艺过程，如图 8-8 所示。整个生产过程可分为如下几部分。

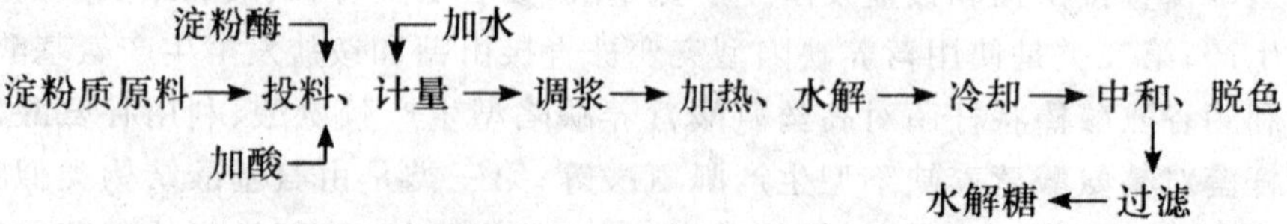

淀粉酶→投料、计量←加水
淀粉质原料→投料、计量→调浆→加热、水解→冷却→中和、脱色
加酸→投料、计量
中和、脱色→过滤→水解糖

图 8-8　酸酶法淀粉水解糖制备流程图

(1)调浆

淀粉的酸解必须先将淀粉原料调成粉浆,保持一定的浓度及酸度(pH),然后将料液泵入水解锅,在一定的条件下进行水解糖化。粉浆的浓度、酸的浓度及糖化时间等对淀粉的水解反应、复合分解反应有直接的影响。因此,在酸糖化中必须合理地加以调节控制。淀粉水解时,淀粉乳的浓度越低,水解液的葡萄糖值越高,色泽越浅。

(2)水解

淀粉水解是用蒸汽直接加热操作的。压力与淀粉水解反应速度成正比,压力升高,水解反应速度加快。在淀粉水解时,为加快水解速度,提高设备的生产能力,可采用增大水解反应压力的方法。水解压力和时间在水解过程中是相互配合的,在相同的条件下。达到一定的糖化效果,压力升高时,反应时间短;反之,压力降低时,反应时间加长。

(3)中和

在淀粉水解的糖液中,除了淀粉的水解产物——葡萄糖、麦芽糖等单糖及低聚糖外,淀粉原料中还含有其他物质(如蛋白质、脂肪、纤维素、无机盐等复合物),它们在水解过程中也发生变化。如蛋白质水解产物——氨基酸能与葡萄糖分解产物反应,使糖液色泽加深。蛋白质及其他胶体物质的存在将使谷氨酸发酵时泡沫增加。同时糖化是在较高酸度下进行的,糖化液的 pH 低,因此必须加以中和、脱色、除杂,才能供发酵使用。

由糖化锅压出来的糖化液温度很高(140～150 ℃),需经冷却才能进行中和。中和的目的是降低糖化液酸度,调节 pH,使糖液中胶体物质凝聚析出,便于过滤除去。

通常采用的中和剂为纯碱,也可采用烧碱配成 NaOH 溶液。用纯碱中和,反应较温和糖液质量有保证,但是产生泡沫多;用烧碱中和要注意防止碱局部过浓,使葡萄糖发生焦化变为焦糖(在温度高时更易生成),焦糖的存在能抑制谷氨酸菌的生长,增加糖液色泽及精制困难。在操作中为避免发生上述情况,常将碱配成一定的浓度,然后再用于中和。

(4)脱色

水解糖液中存在杂质,对氨基酸发酵不利,也影响氨基酸的提炼,常需进行脱色除杂处理。糖液脱色方法有活性炭吸附法及离子交换树脂脱色法等。

①活性炭吸附法。这是国内大多数工厂采用的方法,它的优点是工艺简单,操作容易,脱色效果好。可根据糖液颜色深浅控制投炭量。用活性炭脱色,常采用粉末状活性炭。活性炭耗量视糖液色泽情况与活性炭质量而定。一般粉末炭用量相当于投淀粉量的 0.6%～0.8%。糖液脱色效果与投炭量(及炭本身质量)有关外,脱色温度及 pH 也有影响。脱色温度低些,对脱色效果较为有利,但温度也不宜过低,温度过低将使糖液黏性加强,难以过滤;温度高则脱色效果较差,一般在 70 ℃左右脱色较好。活性炭在酸性条件下脱色能力较强。由于活性炭脱色主要是靠本身所具有的大表面积及无数微小孔隙。将色素分子吸附在炭粒表面上,因此,脱色作用需保证一定的搅拌时间(半小时以上),使活性炭充分起作用。活性炭除起脱色作用外,尚有助滤的作用。

②离子交换树脂脱色除杂。离子交换树脂脱色具有选择性强,脱色效果较好,便于管道化、连续化及自动化操作,减轻劳动强度的优点。

(5)过滤

通常都采用板框压滤,用于脱色的活性炭在这里起过滤介质和助滤剂的作用。

8.4.3.2　菌种的扩大培养

(1)斜面培养

谷氨酸产生菌主要是棒杆菌属、短杆菌属、小杆菌属及节杆菌属的细菌。除节杆菌外,其他 3 种有许多菌种适用于糖质原料的谷氨酸发酵。这些菌都是好氧微生物,都需要以生物素为生长因子。中国谷氨酸发酵生产所用的菌种有北京棒杆菌 AS1.229 和钝齿棒杆菌 AS1542、T6-13、FM84-415 等。其生长特点是适用于糖质原料。需氧以生物素为生长因子。这些菌株的斜面培养一般采用由蛋白胨、牛肉膏、氯化钠组成 pH 为 7.0～7.2 的琼脂培养基,在 32 ℃培养 18～24 h。检查合格后放冰箱保存备用。

(2)一级种子培养

一级种子培养采用由葡萄糖、玉米浆、尿素、磷酸氢二钾、硫酸镁、硫酸铁及硫酸锰组成,pH 为 6.5～6.8 的液体培养基,以 1 000 mL。三角瓶装液体培养基 200～250 mL 进行振荡培养,在 32 ℃培养 12 h,如无污染,质量达到要求，贮于4℃冰箱备用。

(3)二级种子培养

二级种子用种子罐培养，接种量为发酵罐投料体积的1%，培养基组成和一级种子相仿，主要区别是用水解糖代替葡萄糖，一般于32 ℃下进行通气培养7～10 h。经质检合格可移种至发酵罐(或冷却至10 ℃备用)。

二级种子培养结束时，要求无杂菌及噬菌体感染，菌体大小均匀，呈单个或八字排列，活菌数为10^8～10^9个/mL，摄氧率大于1 000 μg/(mL・h)。

8.4.4 谷氨酸发酵的工艺控制

谷氨酸发酵要控制好相应培养条件，以利于积累大量的谷氨酸。一般菌体生长期几乎不产酸，大约12 h，此期泡沫较多并放出大量发酵热，必须进行冷却。菌体生长停止就转入产物合成期，此期菌体浓度基本不变，糖与尿素分解后产生α-酮戊二酸和氨主要用来合成谷氨酸。发酵后期，菌体衰老，糖耗缓慢，当酸浓度不再增加时需及时放罐，发酵周期一般为30 h。

(1)培养基成分及其控制

发酵培养基的成分与配比是决定氨基酸产生菌代谢的主要因素，与氨基酸的产率、转化率及提取收率关系很密切。碳源是构成菌体和合成氨基酸的碳架及能量的来源。氮源是合成菌体蛋白质、核酸等含氮物质和合成氨基酸的来源，同时在发酵过程中还用来调节pH。

氨基酸发酵培养中，不仅菌体生长和氨基酸合成需要氮，而且氮源还用来调节pH，因此氮源的需要量比一般发酵(如有机酸发酵等)要多。谷氨酸发酵的碳氮比为100∶(15～21)，碳氮比为100∶11时才开始积累谷氨酸。在消耗的氮源中，合成菌体用的氮源仅占氮的3%～6%，合成谷氨酸氮源占30%～80%。在实际生产中，采用尿素或氨水为氮源时，有一部分氮用来调节pH，另一部分氮源被分解随空气逸出。因此用量更大。在谷氨酸发酵培养中，当糖浓度为12.5%、总尿素量为3%时，碳氮比为100∶28。不同的碳氮比对氨基酸生物合成产生显著的影响，例如谷氨酸发酵中适量的NH_4^+可减少α-酮戊二酸的积累，促进谷氨酸的合成；过量NH_4^+会使生成的谷氨酸受谷氨酰胺合成酶的作用转化为谷酰胺。

另外氨基酸发酵还需要无机盐、生长因子等物质。

(2)生物素的影响及控制

生物素作为催化脂肪酸生物合成最初反应的关键酶乙酰CoA的辅酶，参与脂肪酸的生物合成，进而影响磷脂的合成。当磷脂含量减少到正常值的一半左右时，细胞发生变形，谷氨酸能够从胞内渗出，积累于发酵液中。

生物素过量，则发酵过程菌体大量繁殖，不产或少产谷氨酸，代谢产物中乳酸和琥珀酸明显增多。

(3)种龄和种量的控制

一般情况下，一级种子种龄控制在 11～12 h，二级种子种龄控制在 7～8 h。一次初糖谷氨酸发酵的接种量一般以 1% 为好。种量过多使菌体生长速度过快，菌体娇嫩，不强壮，提前衰老自溶，后期产酸不高；种量过少则菌体增长缓慢，发酵时间延长，容易染菌。

(4)温度的影响及控制

氨基酸发酵的最适温度因菌种性质及所生产的氨基酸种类不同而异。从发酵动力学来看．氨基酸发酵一般属于 Gaden 分类的Ⅱ型，菌体生长到一定程度后再开始产生氨基酸，因此菌体生长最适温度和氨基酸合成的最适温度是不同的。谷氨酸发酵，菌体生长最适温度为 30～32 ℃。菌体生长阶段温度过高，则菌体易衰老，pH 高，糖耗慢，周期长，酸产量低，如遇这种情况，除维持最适生长温度外还需适当减少风量，并采取少量多次流加尿素等措施，以促进菌体生长。在发酵中、后期，菌体生长已基本停止，需要维持最适宜的产酸温度 34～37 ℃，以利于谷氨酸合成。

(5)pH 的影响及控制

pH 对氨基酸发酵的影响和其他发酵一样，主要是影响酶的活性和菌的代谢。例如谷氨酸发酵，在中性和微碱性条件下(pH 7.0～8.0)积累谷氨酸，在酸性条件下(pH 5.0～5.8)则易形成谷氨酰胺和 N-乙酰谷氨酰胺。发酵前期 pH 偏高对生长不利，糖耗慢，发酵周期延长；反之，pH 偏低，菌体生长旺盛，糖耗快，不利于谷氨酸合成。但是，前期 pH 偏高(pH 7.5～8.0)对抑制杂菌有利，故控制发酵前期的 pH 以 7.5 左右为宜。由于谷氨酸脱氢酶的最适 pH 为 7.0～7.2，氨基酸转移酶的最适 pH 为 7.2～7.4，因此控制发酵中后期的 pH 为 7.2 左右。

生产上控制 pH 的方法一般有两种。一种是流加尿素，另一种是流加氨水。国内普遍采用后一种方法。

①流加尿素的数量和时间主要根据 pH 变化、菌体生长、糖耗情况和发酵阶段等因素决定。例如当菌体生长和糖耗均缓慢时，要少量多次地流加尿素，避免 pH 过高而影响菌体生长；菌体生长和糖耗均快时，流加尿素可多些，使 pH 适当高些，以抑制生长；发酵后期残糖很少，接近放罐时应尽量少加或不加尿素，以免造成浪费和增加氨基酸提取的困难。一般少量多次地加尿素，可以使 pH 稳定，对发酵有利。

②流加氨水。因氨水作用快，对 pH 的影响大，故应采用连续流加。

(6)氧的影响及控制

各种不同氨基酸发酵对溶氧的要求不同,不同的种龄、种量、培养基成分、发酵阶段及发酵罐大小要求的通风量不同,因此在发酵过程中应根据具体需氧情况确定。例如谷氨酸,在长菌阶段,如果通风量过大,而生物素缺乏,会抑制菌体生长,表现出耗糖慢、pH 高、菌体生长缓慢等现象。在产酸阶段,需要大量供氧,如通气量不足,往往表现出 pH 低、耗糖快、长菌不产酸,会积累乳酸和琥珀酸。而这时通气量过大也不利于 α-酮戊二酸进一步还原氨基化,会大量积累 α-酮戊二酸。因此,只有在适量通气条件下。才有可能大量积累谷氨酸。

(7)防止噬菌体和杂菌的污染

在氨基酸发酵中基本上都是好氧发酵,因此,杂菌和噬菌体的防治工作特别重要。一定要从空气、培养基、设备、环境等各方面严格把关。谷氨酸生产菌一般都是生物素缺陷型,而在发酵培养基中又大多是控制生物素适量,所以谷氨酸生产菌对噬菌体和杂菌的抵抗能力较弱。如发酵过程中污染杂菌或噬菌体(特别是噬菌体),轻则谷氨酸收率低、难提取,重则倒罐,造成很大的经济损失。

8.5 维生素的发酵生产

维生素(vitamin)是人和动物维持生命活动所必需的一类营养物质,也是一类重要的药物。维生素主要以酶类的辅酶或辅基形式参与生物体内的各种生化代谢反应:维生素还是防治由于维生素缺乏引起的各种疾病的首选药物。

维生素可采用化学合成、动植物提取和微生物发酵等方法生产。目前采用微生物发酵方法生产的维生素有维生素 C、维生素 B_2、维生素 B_{12} 等,其中以维生素 C 的发酵生产规模最大。

8.5.1 维生素 C

维生素 C 又被称为抗坏血酸,能参与人体内多种代谢过程,是人体必需的营养成分。此外,它具有较强的还原能力,可作为抗氧剂,已在医药、食品工业等方面获得广泛应用。

利用微生物发酵生产维生素 C 的方法有半合成法、两步发酵法(包括两种不同的方法)、重组菌一步发酵法等几种。

半合成法：一般指莱氏法(Reichstein)(图 8-9)。其工艺流程大致为：D-葡萄糖→D-山梨醇→L-山梨糖→双丙酮-L-山梨糖-2-酮基-L-古龙酸→L-抗坏血酸(维生素 C)。半合成法指的是化学合成中的由 D-山梨醇转化 L-山梨糖的反应采用弱氧化醋杆菌(*Acetobacter suboxydans*)或产黑醋杆菌(*Acetobacter melanogenum*)发酵完成，其他反应仍采用化学合成法。

两步发酵法有两种。

一种是我国发明的两步发酵法：采用两种不同的微生物进行两步生物转化，先采用弱氧化醋杆菌进行将 D-山梨醇转化为 L-山梨糖的发酵，在此基础上再采用假单胞菌(*Pseudomonas sp.*)进行将 L-山梨醇转化为 2-酮基-L-古龙酸的发酵(图 8-9)。2-酮基-L-古龙酸再经盐酸转化可生成维生素 C。该种方法与半合成法比较具有所需设备少、成本低、“三废”减少等优点。目前不仅在国内推广使用，而且已向国外转让该技术。1991 年，瑞典一家药厂以 550 万元人民币买走上海三维制药公司维生素 C 两步发酵法专利，创造了中国医药史上第一项软技术出口的记录。

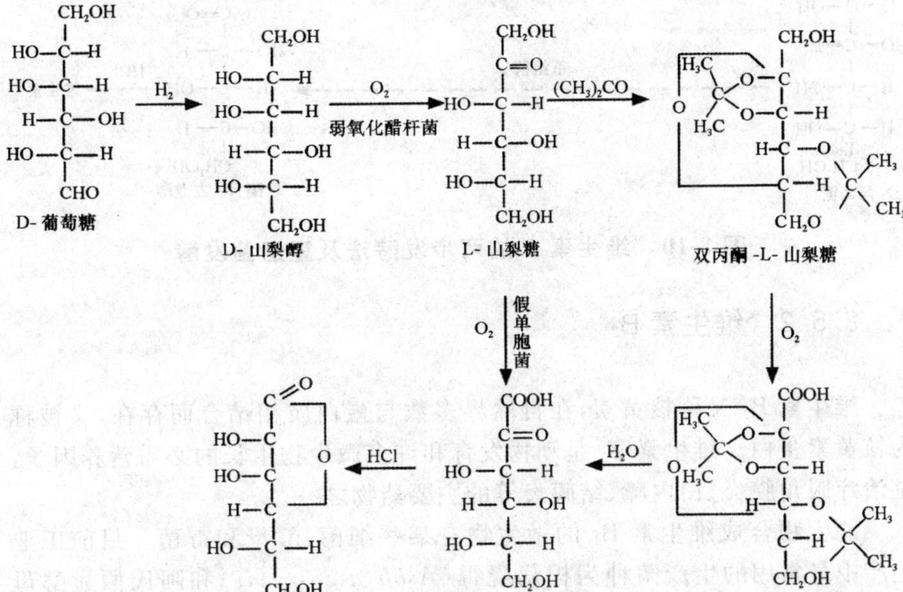

图 8-9　维生素 C 两步发酵法及半合成法

另一种两步发酵法(为了区别于我国发明的两步发酵法在图 8-10 中写成两步发酵法)也是采用两种微生物进行两步生物转化，先采用欧文氏菌(*Erwinia sp.*)将 D-葡萄糖转化成 2,5-二酮-D-葡萄糖酸，再采用棒状杆菌

(*Corynebacterium sp.*)将2,5-二酮-D-葡萄糖酸转化成2-酮基-L-古龙酸。此种两步发酵法与目前维生素C生产中使用的莱氏法和我国发明的两步发酵法相比,不占有优势,因而未投入工业生产。但其研究工作为重组菌一步发酵法提供了基础。

重组菌一步发酵法:是将棒状杆菌的2,5-二酮-D-葡萄糖酸还原酶基因克隆到欧文氏菌体内,构建基因工程菌来完成从D-葡萄糖直接转化成2-酮基-L-古龙酸的一步发酵法(图8-10)。这种发酵法采用了现代生物技术,其应用前景很好。

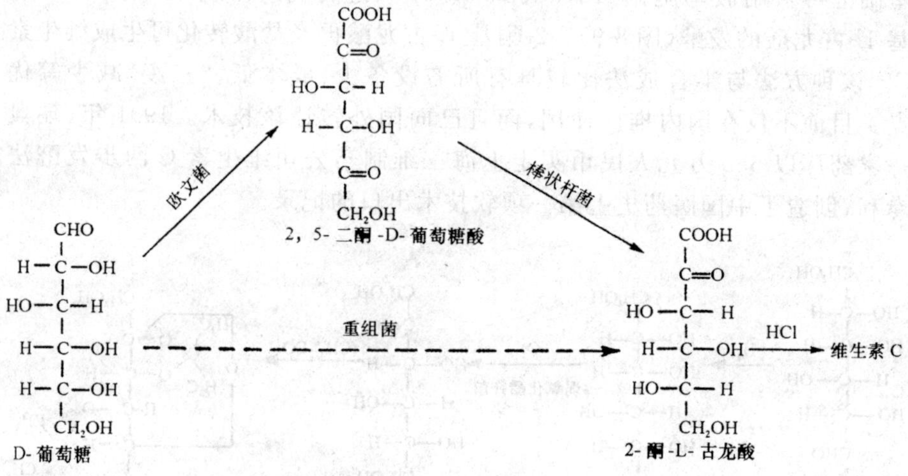

图8-10 维生素C的两步发酵法及重组菌发酵

8.5.2 维生素B_2

维生素B_2又称核黄素,在自然界多数与蛋白质相结合而存在,又被称为核黄素蛋白。维生素B_2是动物发育和许多微生物生长的必需营养因子,是治疗眼角膜炎、白内障、结膜炎等的主要药物之一。

能生物合成维生素B_2的微生物有某些细菌、酵母和霉菌。目前工业生产中最常用的生产菌种为棉病囊霉(*Ashbya gossypii*)和阿氏假囊酵母(*Eremothecium ashbyii*)。目前生产维生素B_2的方法主要是发酵法。但值得注意的是维生素B_2属于初级代谢产物,初级代谢产物的积累通常受到较为严格的终产物反馈调节控制,不能大量积累。因此,为了打破发酵生产中的终产物反馈调节控制,生产此类发酵产物的工业菌株通常是代谢上有缺陷的经过人工诱变处理筛选的突变菌株。此类突变菌株通常是与产物合成相关的营养缺陷型、产物结构类似物抗性突变株、细胞透性改变的突变株。

采用此类突变株进行产物的发酵生产，往往会遇到发酵生产时生产菌株不稳定的难题。因为在发酵培养过程中生产菌株的回复突变，将导致生长处于优势的回复突变株取代生产菌株，使发酵归于失败。如何采取措施保持生产菌株的稳定对于维生素 B_2 的发酵至关重要，其方法参见本章氨基酸一节中“控制生产菌株稳定的方法”。维生素 B_2 的发酵通常采用二级发酵，这不同于抗生素通常采用的三级或四级发酵，二级发酵与三级或四级相比较，是比较有利于生产菌株稳定的。

8.5.3 维生素 B_{12}

维生素 B_{12} 是含钴的有机物，简称钴维素。钴维素及其类似物参与机体内许多代谢反应，是维持机体正常生长和造血作用最重要的一种维生素，是治疗儿童恶性贫血的首选药物。

维生素 B_{12} 目前主要用微生物来生产。能产生维生素 B_{12} 的微生物有细菌和放线菌，酵母和霉菌不能产生维生素 B_{12}。用微生物生产维生素 B_{12} 有两种打法。一种是从链霉素、庆大霉素等发酵后的废菌体中提取。为了提高 B_{12} 的产量，需要在发酵培养基中加入适量的钴盐。即使如此维生素 B_{12} 的发酵产量仍然很低，一般每毫升只有数微克。此法属于抗生素生产中的综合利用。另一种生产方法是用薛氏丙酸杆菌(*Propionbactetium shermanu*)等微生物来直接发酵生产。此法每毫升发酵液中的维生素 B_{12} 可达数十微克。

以下简单介绍以丙酸杆菌发酵生产维生素 B_{12} 的发酵工艺要点：

碳源与氮源：采用葡萄糖有利于细菌生长，采用乳糖有利于发酵产量。氮源一般选择酵母膏、玉米浆、氨水等。

无机盐：镁离子和钴离子有利于发酵产量。

前体物质：氰化亚钴、5,6-二甲基苯解咪唑和甘氨酸有利于发酵产量。

发酵条件：接种量 10%，发酵温度 28～30 ℃，发酵周期 120 h，氨水流加，pH 控制在 6.5～6.8，发酵 48 h 后开始补加糖水，72 h 后补加前体。

8.6 多糖的发酵生产

微生物多糖可以分为胞外型、构成型和胞内贮藏型。细菌、酵母和真菌可产生多种多糖，但到目前为止，尚只有少数几种在工业上获得应用，工业上重要的微生物多糖见表8-4。微生物生产多糖的底物主要是蔗糖、葡萄糖和其他简单糖类。碳源决定了微生物所产多糖的质量和数量,而碳源的浓度影响到转化率。一般来说,过多的氮源会降低碳源向胞外多糖的转化。

多糖的生产过程是耗氧的,由于培养基的黏度随着多糖的形成而增大,氧向细胞内的传递也会变得越来越困难,因此解决过程中的氧供给对多糖的生产至关重要。

表8-4 工业上重要的微生物多糖

多糖	微生物来源	发酵底物
面包酵母糖聚糖	啤酒酵母	葡萄糖
热凝多糖	琼脂杆菌属,粪产碱杆菌	葡萄糖
右旋糖苷	肠膜状串珠菌	蔗糖
短杆霉多糖	出芽短梗霉	葡萄糖浆
硬化葡聚糖	葡聚糖核盘菌	葡萄糖葡萄糖,葡萄糖浆
黄单孢菌多糖	甘蓝黑腐病黄单孢菌	葡萄糖

细菌合成多糖的pH一般是6～7.5,而由真菌合成多糖的pH则为4～5.5。合成多糖的许多微生物对某些元素有严格的要求,但有些金属离子会抑制多糖的合成。图8-11是临床右旋糖苷生产工艺流程。

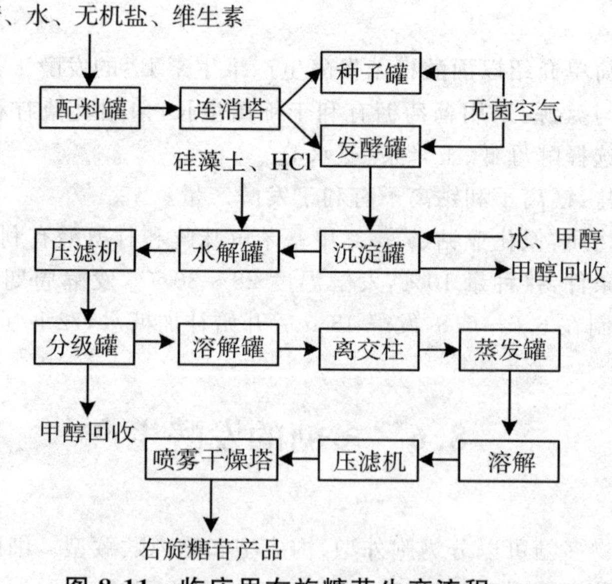

图8-11 临床用右旋糖苷生产流程

8.7　国内外微生物发酵工程制药行业现状和发展前景

生物药物的三大来源为微生物、植物和动物，由于植物和动物的生长周期比较长、收集量有限，因此开发新型生物药物的重点逐渐转向微生物和海洋生物。近年来，随着生物工程的发展，尤其是基因工程和细胞工程等现代生物技术手段的发展，许多植物和动物中的控制珍贵药物的基因通过生物技术可以转入到微生物中，进而在发酵过程中表达，实现大规模收获珍贵药物。同时也使得发酵制药所用的微生物菌种不仅仅局限于未然微生物的范围内，已建立起来的新型工程菌株可以生产天然菌株所不能产生或产量很低的生物活性物质，拓宽了微生物制药的研究范围。目前应用微生物发酵工程研究开发新药，改造和替代传统制药工业技术，加快医药生物技术产品的产业化规模和速度是当代医药工业的一个重要发展方向。

如今，应用微生物发酵的产品类型繁多，在一些发达国家中，利用微生物发酵产品总产值约占国民经济总产值的 5%，年平均增长率为 7%，其中微生物药物尤为重要，其产值可占微生物发酵工程产品的 20%以上，而且经微生物发酵的抗生素，或以微生物发酵的产物作为母核经改造而成的半合成抗生素占整个临床用药的 50%。而且，微生物发酵制药目前研究的重点和发展方向还包括：①利用工程菌开发生理活性多肽和蛋类药物，如干扰素、组织纤溶酶原激活剂、白介素、促红细胞生长素、集落细胞刺激因子等；②利用工程菌研制新型疫苗如乙肝疫苗、疟疾疫苗、伤寒及霍乱疫苗、出血热疫苗、艾滋病疫苗、避孕疫苗等；③应用 DNA 重组技术和细胞工程技术开发的工程菌或新型微生物来生产治疗或预防心血管疾病、糖尿病、肝炎、肿瘤、抗感染、抗衰老以及计划生育方面等的新型药物。

目前，现代微生物发酵工程已经成为规模庞大的现代化企业。

同时发酵工程是生物技术实现工业化的基础，是微生物细胞产物通向工业化的必由之路，生物技术产品的开发是以医药、医疗领域的市场为最大，其在先进国家中的产值年增长率达 25%左右，可见微生物发酵工程药物在现代医药生物技术发展中所占地位的重要性。随着生物技术和发酵工程技术的发展，微生物发酵工程医药工业也会得到飞跃的发展。

参考文献

[1]李明春,刁虎欣.微生物学原理与应用[M].北京:科学出版社,2018.

[2]盛贻林.微生物发酵制药技术[M].7版.北京:中国农业大学出版社,2016.

[3]程殿林.微生物工程技术原理[M].北京:化学工业出版社,2014.

[4]姚汝华.微生物工程工艺原理[M].广东:华南理工大学出版社,2013.

[5]周长林.微生物学[M].北京:中国医药科技出版社,2015.

[6]韦革宏,杨祥.发酵工程[M].北京:科学出版社,2014.

[7]巩健.发酵制药技术[M].北京:化学工业出版社,2015.

[8]王宜磊,方尚玲,刘杰.微生物学[M].武汉:华中科技大学出版社,2014.

[9]王伟东,洪坚平.微生物学[M].北京:中国农业大学出版社,2015.

[10]刘晓蓉.微生物学基础[M].北京:中国轻工业出版社,2017.

[11]张利平.微生物学[M].北京:科学出版社,2012.

[12]魏明英.发酵微生物[M].北京:科学出版社,2016.

[13]吕正兵.生物工程制药学[M].北京:科学出版社,2012.

[14]胡相云.微生物学基础[M].北京:化学工业出版社,2015.

[15]袁建琴,高斌战.动物细胞与微生物发酵工程制药[M].北京:中国农业科学技术出版社,2010.

[16]罗合春,李永峰.生物制药工程原理与设备[M].北京:化学工业出版社,2007.

[17]朱博,李强.工业微生物混合发酵的研究进展[J].绿色科技,2011(07):238-240.

[18]周楠,姜成英,刘双江.从环境中分离培养微生物:培养基营养水平至关重要[J].微生物学通报,2016,43(05):1075-1081.

[19]聂明,李怀波,万佳蓉,周传云.工业微生物遗传育种的研究进展[J].现代食品科技,2005(03):184-187.

[20]盛祖嘉.微生物遗传育种的国外动态[J].微生物学报,1973,13(01):84-90.

[21]温惠娟,陈海增. 微生物发酵工程的应用[J]. 黑龙江科技信息,2011(27):153.

[22]刘嵘明,梁丽亚,吴明科,姜岷. 微生物发酵生产丁二酸研究进展[J]. 生物工程学报,2013,29(10):1386-1397.

[23]姬德衡,钱方,高学明. 发酵工程在功能食品开发中的应用[J]. 食品科技,2002(07):9-10+13.

[24]修志龙,邵惠鹤. 微生物发酵过程的温度控制[J]. 控制工程,2005(S2):34-36+96.

[25]王宇智. 微生物发酵过程建模及控制开发环境的研究[D]. 天津:天津科技大学,2003.